近代日本の農村社会と農地問題

島袋 善弘 著

御茶の水書房

近代日本の農村社会と農地問題

目　　次

目　次

序章　日本農業史研究の経緯と本書の構成……………………　3
　　1. 本書の出発　3
　　2. 群馬県強戸村の農村社会運動　4
　　3. 「1920～30年代における農村社会運動の展開——運動の方向について——」　6
　　4. 著書『現代資本主義形成期の農村社会運動』(1996年)　8
　　5. 本書の構成　11

第1章　1920～30年代農村社会変動の経済的基礎……………　17
　　はじめに　17
　　1. 重化学工業化と都市化　17
　　2. 都市と農村の格差の拡大と農村問題　19
　　3. 農業日雇賃金上昇と米価低迷　23
　　4. 1930年代——農業・農村問題の深刻化と政策的対応　24

第2章　1920～30年代の農民組合の農村認識と運動方針……　27
　　　　——長野県の分析——
　　はじめに　27
　　1. 昭和恐慌前（1929年まで）の農民運動　29
　　　　(1) 日本農民組合長野県連合会・労農党支部　30
　　　　(2) 農民自治会　30
　　2. 昭和恐慌前（1929年まで）の農民運動の意識　33
　　3. 昭和恐慌期（1930～34年）の農村社会運動　34
　　4. 昭和恐慌（1930年）以降の農民運動の意識と方向　36
　　　　(1) 昭和恐慌下の農民組合の意識と模索　36
　　　　(2) 農民委員会運動の提起とその後　40

むすび──全国の動向について　46

第3章　「小作争議状況」と小作料調整　…………………… 49
　　　　──長野県の分析──

はじめに　49

1. 1920年代前半──小作争議状況と農民組合の出発　52
    (1) 地主小作関係──小作争議状況　52
    (2) 農民組合の農村認識と農民組合の出発　54
2. 1920年代後半──小作争議の本格化と農民組合　60
    (1) 小作争議状況　60
3. 組合の小作争議認識　65
4. 1930年代──昭和恐慌期　67
    (1) 小作争議状況　67
    (2) 農民組合の転換　71

むすび──全国的動向との関連　75

補論1　小作料調整システムの形成　82
補論2　小作争議と社会主義運動　84
補論3　農民運動の転換はインテリ指導部によって農村の現実を無視してなされたものか？　85

第4章　小作料調整システムの形成と村落の平和祭 ………… 87
　　　　──山梨県の分析──

はじめに　87

1. 小作争議が始まる前の地主小作関係　88
2. 小作争議の出発と小作料調整　90
    (1) 小作争議の勃発　90
    (2) 地主の対応・農民組合・協調組合　93
3. 小作料調整システムの形成と村落の「平和祭」　96
4. 協調システムの形成と農民組合の運動方針　104

むすび──小作争議と農民意識　109

補論1　農政官僚の小作争議・農民組合・協調組合・平和祭についての認識　111

補論2　土地返還争議について　113

第5章　地方紙の小作関係報道……………………………117
　　　　──山梨日々新聞の分析──

はじめに　117

1. 小作関係の理解（1910年代）　117
2. 小作争議の出発と小作農擁護の論調　121
3. 小作料調整の進展と「言論」（社説）　123
4. 恐慌期の「言論」の変化　128
5. 総　括──小作関係報道と市場経済的理智の促進　130

第6章　小作関係調整システムの形成と「小作争議の時代」の終焉 ……………………133

はじめに　133

1. 小作争議先進地　135
   (1) 香川県　135
   (2) 岡山県　142
   (3) 岐阜県　146
   (4) 新潟県　149
2. 都市周辺農村　151
   (1) 愛知県　151
   (2) 東京府　153
   (3) 神奈川県　154
3. 小作争議後発地　156
   (1) 青森県　156
   (2) 岩手県　157
   (3) 大分県　158

むすび──総括　160
   (1) 小作料調整　160

（2）小作関係の調整　161

第7章　1930年代の農業・農村利益要求……………………165
　　　　　――昭和前期政治史の基礎過程――

　はじめに　165
　1. 農会　166
　2. 農業団体・養蚕関係団体　173
　3. 町村・町村長会　184
　4. 不況対策　191
　5. 農民組合・無産政党（農村社会運動）　195
　6. 総　括　202
　　　（1）農会　202
　　　（2）農業・養蚕関係団体　203
　　　（3）町村会　203
　　　（4）農民組合・無産政党（農村社会運動）　204
　補論　戦時体制下の農業利益・農村利益　205

第8章　農地改革過程の特質……………………………………209
　　　　　――村落内調整の意識――

　はじめに　209
　1. 農地改革推進体制――軍政部・県・農業会　210
　　　（1）軍政部　210
　　　（2）県農地部　211
　　　（3）農業会　211
　2. 改革前土地取り上げの実態　212
　3. 農地改革過程――村落内調整の特質　215
　4. 土地取上げをめぐる意識　219
　　　（1）市場経済意識　220
　　　（2）共同体的生活（経済）意識　222
　むすび――全国の動向について　225

第9章　小作争議発生・終息の経済的条件……………………229
　　　　　――米生産費調査の検討――

　　はじめに――米生産費調査（小作農）の特徴　229
　　1. 米生産費の特徴　231
　　2. 米生産費調査の検討　233
　　3. 農民組合の小作損益計算書について　237
　　補論1　小作経営の改善はどの程度だったか　240
　　補論2　地域別・府県別小作料の推移　241

第10章　日本資本主義と農地所有……………………………243
　　　　　――地主の寄生形態およびその展開――

　　はじめに――課題　243
　　　（研究史の検討　1）中村政則の「地主制史研究」について　244
　　1. 地主の寄生性――原理的考察　247
　　　（1）小作料の水準　247
　　　（2）農業雇用労働（年雇）の展開　248
　　　（3）「V」水準の位置　250
　　　（4）地主の寄生性＝資本主義体制への寄生　253
　　　（研究史の検討　2）暉峻衆三『日本農業問題の展開　上』
　　　　　について　255
　　2. 資本主義の発展と地主の寄生性　257
　　　（1）資本主義の発展期　257
　　　（2）資本主義の変質期　258
　　　（3）現代資本主義の政策　260
　　　（4）戦時下の農地政策　260
　　　（5）農地改革　261
　　3. 総　括　262

第11章　農地政策の連続性と断絶性……………………………269
　　　　──農地改革について──

　はじめに──課題　269
　1. 大内「農地改革論」の概要と問題点　270
　　（1）大内説の概要　270
　　（2）大内説の問題点　272
　2. 資本主義変質期以降の農地政策──英・独・仏について　274
　　（1）イギリス　274
　　（2）ドイツ　275
　　（3）フランス　277
　3. 農地政策の連続性と断絶性　278
　　（1）資本主義の変質期以降の農地政策　278
　　（2）大型小農化傾向との関連　278
　　（3）戦時統制・戦後農地政策について　278
　　（4）社会政策的農政としての農地政策　279
　　（5）結論　279
　4. 総　括　280

第12章　書評と反論……………………………………………285
　　　　──研究状況に対するコメント──

　　（1）庄司俊作著『近代日本農村社会の展開』書評　285
　　（2）「『現代資本主義形成期の農村社会運動』──坂根嘉弘氏の批判に応えて──」　289
　　（3）林　宥一著『近代日本農民運動史論』書評　292
　　（4）横関　至著『農民運動指導者の戦中・戦後』書評　297

終章　総括と展望…………………………………………………301

あとがき……………………………………………………………303

近代日本の農村社会と農地問題

序章

日本農業史研究の経緯と本書の構成

1．本書の出発

　本書の出発は大学院（一橋大学）での日本経済史の共同調査にある。1968年から永原慶二・中村政則両先生のゼミで1920～30年代の群馬県の農業・農村資料調査を行っていたが、その中で注目すべき村として、新田郡強戸村を自分の調査対象とすることになったのである。強戸村に着目したのは、1920～30年代に農民組合が村政・村農会・産業組合を掌握し「無産村」と呼ばれ、全国的にみても極めて特徴のある村であるという理由である。この「特異な」個別事例から日本の農業問題解明の手掛かりをつかむ試みを始めることとなった。

　ところで、第二次大戦前（農地改革前）の日本農業の基本的な部分（関係）は地主制（地主小作関係）でとらえるのが研究上の通説、農業関係者の誰も疑いをさしはさまない常識とされていた（現在も続いているというべきかも知れない）。ここで述べるまでもなく、地主小作関係は、①高率の小作料（収穫高の4～6割の小作料を米で納める）、②所有権が強く小作農の権利（耕作権）は弱い、③小作料を米で納め「年貢」と呼ぶ、この3点に示される「半封建的」関係とされた。しかし他方で、日本の農地所有の特徴は中小地主の層が厚く（中小地主と自作農・自小作農は階層的に連続している）、大地主はむしろ特異な存在であるということももう一方の事実であり、これも研究者の共通認

識である。

　このような研究状況の中で、強戸村の「特異な」農民運動を農村社会運動全体の中にどう位置づけ、その延長線上に日本の農業・農村（地主小作関係を含めて）をどのように理解するかということから日本農業史研究を始めることになったのである。

2．群馬県強戸村の農村社会運動

　大学院修士課程の2年間の成果が、修士論文「1920～30年代の村政改革運動」（『一橋論叢』1971年、後に『現代資本主義形成期の農村社会運動』1996年所収）である。強戸村の小作争議と村政改革については先行研究があり、新たな資料で新たな論点を発見できるかが問われていた。従来使われていたのは法政大学大原社会問題研究所の強戸村関係資料と強戸村のわずかな資料であった。修士論文では、①群馬県議会図書室に所蔵されている農業関係資料、「小作争議台帳」、「小作調停台帳」、②強戸村須永家の資料、③「朝日新聞群馬版」「上毛新聞」（前橋市立図書館蔵）の資料で強戸村の分析を行った（法政大学大原社会問題研究所の強戸村関係資料は全く使ってない）。

　強戸村の小作争議・村政改革の特徴を拙著『現代資本主義形成期の農村社会運動』で要約すると次のようになる（引用は同書の頁、傍点引用者）。

　強戸村の農民組合とその運動は1921年に小作争議として出発した。小作争議のあと農民組合は村政機関に進出、村会議員選挙で議員の過半数を獲得して村政改革を開始し、村農会の総代選挙で過半数を占めて村農会の改革を行い、また農民組合が産業組合を設立する。農民組合長須永好（自作上層農）の指導の下で行われた改革は、農業経営者全体の利益を図るもの（村政での税負担改革、農業諸機関の運営など）であったが、それは小作争議指導と並行してなされた。

　資料を読むうちに、従来の地主小作関係理解（農村把握）からはみ出すいくつかの事実に気がついたことが修士論文の（そしてその後の研究の）メインテーマとなった。

　その一つは1932年の小作争議である。1932年の小作争議について記した文書の中に、農民組合側は「相手方たる地主中には作戦上須永某始め大衆党（農民

組合と一体の政党）系地主25名を含ましめたり」という文章を発見したことである（165頁）。農民組合と共同歩調をとる地主がまとまりとして存在するというのはどういうことだろうかということが大きな疑問として立ち現れるのである。

　二つ目の事実は、恐慌下の農民運動についての須永好の新たな理解（1931年）である。須永は、小作争議中心からの転換を模索する。「農村恐慌はますます深刻化して来た。農村問題の考察もその基礎を一変しなければならない」「従来と全然方向を転へてやらなければならない。――強戸村の対立を超越して」（166頁）という言葉がそれを示している。

　三つ目の事実は、組合長須永好の「転向」声明（1933年）である。小作争議のさらなる展開の困難に直面した時点で、新聞に「転向声明」として載った須永の談話は、「農村窮乏の原因が何にあるかを一言にしていへばそれは資本主義経済なるが故にと云ふべきである」「小地主・自作農及び小作人の和合は、現在の農民運動の立体化という理論からいっても、当然さうせねばならないものと考へて居る。大衆党員全体としてもこの和合に少しの異論もなく、13年間のにらみ合をさらりと捨てて、これから心を一つにして村の平和をつくらうといふのです」（170頁）というものである。この談話は運動の継続と運動の転換を内容とするものであり、運動からの撤退や、圧力への屈伏を含むものではない。その意味で「転向」という性格の談話ではない。

　以上3点は、従来の農民運動理解、農村理解を超える事実であり、それを組み込んだ論証が必要であると考えたことが、その後の研究の出発点となった。

　強戸村についてのこの論文は全体として、研究上の通説・農民運動関係者の常識では想定されてない内容をもつものであり、地主―小作関係（農村の経済社会関係）を全体として見直す必要があることを示すものであったが、修士課程の2年という短い期間で書き上げたものであり、また、研究テーマの大きさからいっても個別実証を超えてすぐに全体的な歴史的展望を得ることは不可能であった。

　群馬県強戸村の論文についての最初の論評は、1972年の『史学雑誌』の「回顧と展望」である。この論評は、同じ時期に書いた他の論文と合わせてコメントした11行のやや長い文章となっている。

　1921～33年頃の強戸村を例として「村政改革闘争」を分析した好論文であ

り、これまでの農民運動史研究が「農民闘争＝小作争議として展開された」ことに対する一つの批判となりえている。しかし未だ個別事例の分析であり、「錯雑した農民運動のトータルな把握」のための歴史的位置づけはなされていない（『日本歴史学会の回顧と展望』1987年、山川出版社、「1972年の回顧と展望」56頁要約）。

　強戸村の論文は『日本史研究入門』（1982年、東京大学出版会）でも紹介され、「小作争議以外の運動に注目し、『農村社会運動』として多様な運動へ眼をむける（研究は）島袋善弘論文が……一つの契機となった」（128頁）と、新たな研究動向を提示したことを指摘している。

3.「1920～30年代における農村社会運動の展開――運動の方向について――」

　その後数年の模索過程があって、強戸村の論文に対する『回顧と展望』のコメントに答えるべく書いたのが「1920～30年代における農村社会運動の展開――運動の方向について――」（『山梨県立女子短期大学紀要』13号、1980年。のちに前掲書所収）である。この論文は、強戸村についての実証分析が個別事例にとどまるものではなく、全国的・一般的な性格をもつことを実証したものである。

　同論文では、日本の近代的農民運動が、小作争議として出発し、1920年代～30年代はじめは小作争議中心で展開したが、昭和恐慌を契機に「小作争議中心からの脱却＝自作農・中小地主を含んだ運動への転換」が図られたことを論証したものである。旧来の研究では全農全国会議（共産党の強い影響を受けていた）の「農民委員会運動」が「反独占闘争の萌芽形態」として検討されてきたのに対して、提起されたのは小作争議とは異質な組織、異質な論理をもつ運動であることを論証したものである。それには従来気付かれなかったか、無視された事実の発見が根拠となった。その事実は、以下のような諸点である。

　（1）社会大衆党の「全体農民運動方針大綱」（1933年7月）――恐慌に対応する方針。

小作農を対象とし小作争議を形態とする在来の唯一の農民運動は近来の農業恐慌の激化によって変化されたる農村諸形態に対する適応性を漸次に失ひ今や漸くその孤立性と弱化は著大となりつゝある。かゝる形勢に鑑み……新運動方針は……農民運動の領域を既存の小作的農民運動からこれを横に発展拡大し協同組合、医療組合、負債整理組合等の農村新運動方針を起動し博大するにある。換言すれば新運動方針は小作農を組織対象とする「部分農民運動」を発展し小作農、自小作農、自作農等、全勤労農民を組織対象とする「全体農民運動」を展開し……一大農村政治運動を建設せんとする（30頁）。

(2) 農民組合の組織原則の転換（1938年2月、大日本農民組合）

　　全国農民組合の主要部分によって結成された大日本農民組合は組合構成員について「在来の組合は小作人だけの組合といふ印象を与へ、且つかゝる組織方針をとってゐたが、大日本農民組合は、全村的規模において組織することを眼目とし、したがって、小作農、自作農及び小地主をも包含……するものである」（34頁）。

(3) 勤労農民運動の確認（1939年4月、大日本農民組合「全体性農民運動具体化大綱」）

　　吾々が全体性農民運動を提唱せしは昭和7年であった。その当時……農業恐慌の深化に基き……耕地飢餓と農家の借金奴隷化は小作農階級の問題たらず、更に進んで全農村的性質を帯びるに至ったことを認識したからである。故に、また、吾々の活動も、ただ単に、土地所有・非所有の関係を基点とするの不合理なるを認め、運動の目標をば小作権擁護から、さらに発展せしめて……農村全経済機構の各分野を対象とすべきことを指摘したのであった。ところがその当時公式の批判は農民組合運動は如何なる抗弁があろうとも小作組合運動に局限せられざるを得ないというものであった（34〜35頁）。

(4) 農民組合の組織原則の明確化（1938年2月、日本農民組合総同盟の方針）

　　「中小地主に対して――本組合は小作、自小作、自作農即ち勤労農民を主体とするは他言をまたず。我等は没落地主群をして我等の好意的

中立者若くは同盟軍たらしめ、地主群を分裂、大地主を孤立せしめ、之を個々に撃破すると共に都市金融財閥を討伐すべきである」。「我国農民運動は稍もすれば小作争議に依って解決せらるゝと思ふことは我々の遺憾とする処である。小作農民の権益擁護の為に地主の不当利得に対抗することは勿論必要であるが併し今日農村は地主対小作人の問題のみを解決することによって救はれるものでない」(39頁)。

以上のような諸点を組み入れて農村社会運動を小作農民運動ではなく、勤労農民運動と規定し、それを次のように総括した。
　Ⅰ．1920年代の運動……小作争議中心の運動
　Ⅱ．1930年代の転換（恐慌期以後）……小地主・自作農を含む運動が支配的形態となり、地主小作の対立（小作争議）は副次的な対立となる（43頁）。

この論文は、農村の経済社会関係を全面的に見直す必要性を提起したものである。大島清氏はこの論文の結論を要約した上で「一般に常識化された共通認識に対する新たな問題提起である」（大島清『経済志林』48-3、1980年、法政大学経済学会）と簡潔にコメントしている。論文の意味を的確に指摘したものであろう。大島氏のほか長原豊氏にも評価してもらった（『天皇制国家と農民』1989年、日本経済評論社）。

4．著書『現代資本主義形成期の農村社会運動』(1996年)

上記2論文を中心に、(1)「小作争議分析の新たな視点」、(2)「戦後改革期の農村社会」、(3)「総括・現代資本主義形成期の農村社会運動——歴史的位置」などの論文を加えて刊行したのが『現代資本主義形成期の農村社会運動』である。要点は次のとおりである。

(1)「小作争議分析の新たな視点」
　　小作争議を単純に地主階級と小作人階級の間の敵対的な対立関係の現

れとしてではなく、農業経営者同士の対立の側面をもつという問題意識で検討した。
(2)「戦後改革期の農村社会運動」
　　農地改革をめぐる地主小作間の対立は部分的・例外的なものであり、この時期は全体として農政・農村の民主化（農地改革・村政民主化・農業会民主化・供出制度民主化等）の実現をめざす農村社会運動が高揚した時期である。
(3)「総括・現代資本主義形成期の農村社会運動——歴史的位置」
　　現代資本主義と農業・農村との関係の特質を所得・生活の平準化と、政治過程（政策決定過程）への農村諸組織（農民組合を含む）の介入・参加ととらえる。農村社会運動を、農村内部の所得を平準化し、また都市との所得格差の是正を求める、現代資本主義の内実形成を促進する運動として位置づける。加藤榮一説の現代資本主義理解（現代資本主義を福祉国家への転換ととらえ、政治・社会の民主化、生活レベルの平準化の実現を図る）を基礎とする理解である。

　『現代資本主義形成期の農村社会運動』に対して社会経済史学・歴史学の主要な学会誌に書評が掲載された。
　『歴史学研究』（沼田誠）720号は、同書の内容を、著者の意図を汲んで丁寧に紹介した書評である。『土地制度史学』（西田美昭）163号は、評者の「戦前期においては小作争議が農民運動の主軸という認識をもっている」という理解からのコメントである。西田コメントの意味は、①西田著『近代日本農民運動史研究』（1997年）において玉真之介の小農論を批判した部分が示している。その中で「戦前日本農業における地主制の重み、戦前日本農民運動における小作争議の重要性を確認」すべきだとし、「仮に『日本農業＝地主制』『農民運動＝小作争議』という把握が一面的であるとするなら、玉は『日本農業＝？』『農民運動＝？』とするのであろうか」（同書61頁）と指摘している。収穫量の4～6割にのぼる小作料を基軸にしないで日本農業は語りえないということである。②西田書評のもう一つの論点は農民運動の種々の形は小作争議を基礎とするものとして評価すべきだというものである（拙著の中で強戸村についての

個別実証論文だけは評価できるとコメントするのはその認識に基づく)。

坂根書評の批判は、羽原正一の農民運動の経験に基づく言葉「農民委員会の――実践が出来たところは、全国に一つもないと思います」、「そういう活動は言葉の上で言われ、若干の人はそういう活動をしようとしましたが、農民組合全体としてそういう活動が出来たわけではなかった」(『季刊現代史』5号、1974年66～67頁)という言葉に示される。その言葉に基づいて、①小作争議以外の「農民委員会」運動などは農民運動中央指導部インテリの観念論である、②小作争議以外の農村社会運動に実体はない、という2点で批判する。坂根書評については、研究会でよく顔を合わせた沼田誠氏から「著書をきちんと読まないで書いた書評ではないか。反論を書くべきだ」という助言があって、書いたのが、『社会経済史学』(64-5号)所収の「『現代資本主義形成期の農村社会運動』――坂根嘉弘書評の批判に応えて――」である(本書第12章所収)。

西田・坂根書評は、1970年代の研究視点(地主小作関係で農業・農村を考える)からの批判である。両者の批判を一言でいえば拙論は「実体のない絵空事」だということである。拙論の立場からいえば、(1) 主要な農民組合の全国組織が例外なく小作争議中心の運動を自己批判的に総括して運動の転換を提起せざるをえなかったことについて説明が必要ではないか、(2) 両者は通説の立場からの「感想」を述べるか、農民運動活動家の「記憶」「感覚」を述べているに過ぎない、という2点の疑問は依然としてある。しかし、本書をまとめるにあたって、西田・坂根の批判が提起した疑問に答えるには次の3点を論証する必要があるのではないかと考えるに至った。

(1) 1930年代の農民組合全国組織が提起した「小作争議からの脱却」という主張が正しいとすれば、「小作争議の時代の終焉」を論証することが必要。
(2) 「全国的な運動の転換」には県レベルでの論証による裏付けが必要。
(3) 地主小作関係が農業・農村の中軸でないとすれば農業・農村問題の全体像はどのように論証され、地主小作関係はどう位置づけられるか。

本書は、この3点を念頭においてまとめたものである。

以上が1996年刊行の『現代資本主義形成期の農村社会運動』に至るおおまかな研究上の経緯である。その後、大学の雑務のあわただしさと、『甲府市史』『山梨県史』の編纂に追われ、また新たな研究を構想できずに日を過ごすことになった。しかし、『山梨県史』の編纂過程で農業・農村の資料（特に農地改革関係資料）をみているうちに、『現代資本主義形成期の農村社会運動』の延長上に農業・農村を新たな視点で理解できるのではないかと考えるようになった。山梨県の農地改革資料を読む過程で得た視点（「農村・農民の市場経済意識」と「村落内調整」）で1920～30年代の農業・農村を理解し、その上で農業・農地問題の理論的基礎を論証することが本書の課題である。

　あらかじめ各章の課題と概要を記し、本書の構成を示しておきたい。

5．本書の構成

　第1章　1920～30年代農村社会変動の経済的基礎

　1920～30年代の農村社会で起る政治的・社会的変動の経済的条件を検討することを課題とし、本書全体の基調となる章である。1920～30年代の農業・農村問題は、一つには商工業と農業の生産力格差問題およびその生産力格差を基礎とする都市と農村の経済的・社会的格差の問題であり、二つには地主小作関係の緊張（＝小作争議）である。前者については第1次世界大戦以降進展する二重構造に基づく産業間格差（商工業と農業）の拡大と地域間格差（都市と農村）の拡大で説明し、後者については都市化にともなう農村日雇賃金を含む賃金上昇（米の生産費を上昇させる）と植民地米の移入急増による米価低迷（米生産の収入減少）、その結果として小作経営悪化で説明を試みた。

　第2章　1920～30年代の農民組合の農村認識と運動方針――長野県の分析――

　前著『現代資本主義形成期の農村社会運動』について県レベルで実証を試みた論文である。この論文は、農民組合の農村認識と1920～30年代の長野県における農村社会運動の転換を解明する。また論文を総括して、1929年恐慌による日本の市場経済システムの破綻（＝市場の失敗）を経験することを通じて、地主小作関係（土地制度・小作料）は日本の市場システムの一部であるという認

識と、農業・農村・農民の課題は市場経済システム全体（地主小作関係、農産物価格、税金、農村組織など）ととらえる認識に到達したという結論を示した。農村社会運動全体の展開の中で、強戸村の実証研究は点の分析であるのに対して、第2・3・4章の分析は長野県・山梨県を対象とする面の解明である。

　第3章　「小作争議状況」と小作料調整——長野県の分析——

　第2章の背景にある農村社会の地主小作関係認識がどのようなものであったかを検討した。農村社会で地主小作関係は、市場システムの一環として認識され、小作争議は市場システムの部分的調整という意味をもっていたことを論証したものである。市場システムの部分的調整を行う上では、必ずしも激しい形をとる必然性はない。実際、農村社会での調整は農民組合指導の小作争議ではなく、村農業会または農事組合による調整、一時的な調整役（農村のリーダー＝村長・農会長など）、不作時の調整機関設置の調整で行われる場合が多く、常設の協調組合はむしろ例外的なものではないかと思われる（村落内調整は「小作調停法」で補完される）。

　第4章　小作料調整システムの形成と村落の平和祭——山梨県の分析——

　第3章の論証を前提として、多数の小作争議が発生した山梨県の小作料調整システムの形成過程を検討する。小作争議は、小作料が農村の市場経済意識からみて「合理的で」「公平な」水準に到達するときに終焉を迎え、多くの村落で「平和祭」が挙行されることになる。

　第5章　地方紙の小作関係報道——山梨日々新聞の分析——

　地方紙「山梨日々新聞」は小作争議に関する大小の記事を多数載せる。報道の基調は、1920年代前半までは地主の「横柄」・無自覚を批判し小作農の生活改善を求め、1920年代後半以降地主小作両者の理智と協調を求めるものになる。小作争議報道は小作争議・小作料について農村社会の共通意識の形成を促進し、小作関係の改善・村落内調整の条件を作り出す役割を果した。

　第6章　小作関係調整システムの形成と「小作争議の時代」の終焉

　本章は、農林省農務局編『地方別小作争議概要』を資料として、地主小作関係調整の全体像を小作関係の村落内調整という視点から見直すことを課題とする。小作関係調整のパターンを三つのタイプとし、①小作争議先進地として香川・岡山・岐阜・新潟県を、②都市周辺農村として愛知・東京・神奈川を、

③争議後発地として青森・岩手・大分を検討する。留意したポイントは、(1) 小作争議の出発、(2) 小作争議の落着、(3) 小作調停法・小作官の役割、(4) 土地返還問題の調整、(5) 小作組合・農民組合の動向、(6) 1934年災害時の小作争議・小作組合、(7) 小作争議以外の農民運動、(8) 農民組合の産業組合活動、の8点である。

　第7章　1930年代の農業・農村利益要求——昭和前期政治史の基礎過程——

　1920年代の小作争議で地主小作関係が調整された結果、小作争議の継続が地主小作双方に不利益であるという意識が農村で共有されるようになり、地主・小作・自作農を一体とし農業・農村の不振打開を求める農村諸団体の動きが活発になる。この章では、農業の破綻・農村の困窮に対して、農業団体・農村団体・政党が農業利益・農村利益を図る役割を担い（農業・農村の要求は農会・産業組合・町村会・政党などでまとめられる）、その要求は政策調整過程に反映されるようになることを論証する。

　第8章　農地改革過程の特質——村落内調整の意識——

　農地改革過程で地主の土地取り上げが広範に行われたが、それは「村落内調整」という形で行われた。この論文では、改革過程の「村落内調整」について、農地調整の意識・論理と方法を検討することを課題とする。山梨県の改革過程を検討した結果、農地改革過程で地主・小作農双方に、①農地価格が著しく市場価格から逸脱しているという共通の市場経済意識、②戦後混乱期に地主の生活保障のために耕作地の調整を行うべきだとする共同体的生活意識があり、「村落内調整」が広範に行われることになったという結論をえた。

　第9章　小作争議発生・終息の経済的条件——米生産費調査の検討——

　本章は、帝国農会・農林省の米生産費（小作者）の検討で小作争議の発生・終息のメカニズムの説明を試みる。小作争議は小作料が小作農の市場経済意識から乖離することによって広がるが、市場経済意識は米生産費の賃金（農業日雇賃金）を基礎とするものである。本章では米生産費の賃金充足率の変化をみることによって小作争議の発生と終息を検討した。結論的には、1922〜25年の小作争議の広範な展開で米生産費における小作農の賃金充足率は上昇し、小作争議が広まる条件は消失に向かうことを論証した。

第10章　日本資本主義と農地所有——地主の寄生形態およびその展開——

この章では日本の市場経済システムと農地問題との関係について理論的考察を行う。従来日本資本主義と「地主的土地所有」（地主・小作関係といいかえてもよい）とは異質な生産関係とされる傾向が強く、その相互関連の論理的解明は充分になされているとはいえない。そこで本章では、第1に先行研究を検討し、その問題点を明らかにしつつ、資本主義と土地所有との関連（地主の寄生形態といってもよい）について、どう理解すべきかを提示する。そして第2に、その理解を前提として、資本主義の発展とともに、地主の寄生形態がどのように展開するかを検討する。結論として、①地主の寄生とは日本の市場経済システムへの寄生であるということ、②資本主義の変質期以後、寄生性が社会政策的農政に支えられるという性質が加わること、③農地改革（地主階級の解体）は、敗戦に続く占領政策として地主の階級的利益をほとんど無視して行われたことを論証した。市場経済システムの一部としての農地所有についての理論的考察を試みた論文である。

第11章　農地政策の連続性と断絶性——農地改革について——

この章では1970年代における農地改革論（連続説と断絶説）を、①資本主義の変質期以降の農地政策の展開、②資本主義の変質期以降における各国農地政策の特質との対比、③1950年代後半以降の農地賃貸借の展開（耕作権不安定下での現物小作料形態での賃貸借の拡大。現象的には農地改革以前の地主小作関係に復帰する）、という三つの視点から見直すことによって、農地改革論を再構成することを試みた。検討の結果、農地改革は、地主階級の解体という点では資本主義の変質期以降の政策として連続性を有するものであるが、占領政策の下で、地主階級の利益を全面的に否定したという点で断絶性の強い政策であるという結論をえた。

農地改革が資本主義社会の経済改革として行き過ぎた改革であったことが、改革過程で「市場経済意識」に基づく村落内調整（＝地主への小作地返還）を広範に発生させることになったのではないかと思われる。

第12章　書評と反論——研究状況に対するコメント——

農業・農村・農村社会運動について学会の研究状況との関連（拙論との距離というべきか）を示すために、出版された研究書についての「書評」と拙著に

対する書評についてのコメントを収録した。
　終章　総括と展望

第1章

1920〜30年代農村社会変動の経済的基礎

はじめに

　本章は1920〜30年代の農村社会で起る政治的・社会的変動の経済的条件を検討することを課題とする。1920〜30年代の農業と農村社会の問題は地主小作関係を中心に議論されることが一般的であるが、ここではまず1920〜30年代の日本経済全体の中で農業と農村の経済的な位置を確認し、日本の市場経済システムが農業・農村にどのように向き合うことを迫られていたかという問題意識から出発し、植民地農業を含めた日本経済の再編過程の問題として農業・農村・地主小作関係を検討する。

1．重化学工業化と都市化

　第1次大戦を契機として重化学工業化が進むのにともない、経済が二重構造化（大企業と中小企業・農業との生産力格差を基礎とする経済構造の変化）する[1]。表1-1にみるように農林水産業と鉱工業との実質成長率の差は大きく開き、都市化の進展とともに発展する他産業を合わせた成長率（「その他合計」の欄）でみても農林水産業は顕著な差を付けられる。第1次大戦中の1916年以降1935年までの農林水産業の成長率が0〜1％台であるのに対し鉱工業は3〜

表1-1 実質経済成長率

(%)

	農林水産業	鉱工業	その他共計
1901-05	1.71	4.56	2.20
06-10	1.58	6.61	2.79
11-15	2.37	8.09	3.63
16-20	0.86	4.70	4.36
21-25	0.72	3.31	2.21
26-30	1.26	6.66	2.26
31-35	0.95	7.41	3.89

出所:『長期経済統計1 国民所得』p.246。
数値は各期間の平均。

表1-2 産業別実質国内純生産と就業人口

	産業別実質国内純生産（100万円）			就業人口（1,000人）		
	農林水産業	製造業	その他共合計	農林水産業	製造業	その他共合計
1910	2,160 (100.0)	937 (100.0)	7,030 (100.0)	15,307	3,314	25,263
15	2,544 (117.8)	1,378 (147.1)	8,231 (117.1)	15,111	3,682	26,123
20	2,825 (130.8)	1,638 (174.8)	10,143 (144.3)	14,726	4,568	27,261
25	2,839 (131.4)	2,021 (215.7)	11,999 (170.7)	14,381	4,741	28,301
30	2,932 (135.7)	3,057 (326.3)	12,575 (178.9)	14,721	4,732	29,619
35	2,842 (131.6)	4,391 (468.6)	15,619 (222.2)	14,998	5,279	31,644

出所:『長期経済統計1 国民所得』pp.226～29（1934-36年価格）、『長期経済統計2 労働力』pp.204～11。

7％台、その他産業を合わせた平均成長率は2～4％台であり、成長率の差は明らかである。経済成長率の差は産業別国内純生産（実質）の差に直結する。表1-2はそれを示している。1910年を100とする指数で、1920年までは差が開く傾向があるとはいえ大きくはない。しかし、農林水産業で1920年の130.8が1935年には131.6とほとんど変化がないのに対して製造業では468.6、全産業では222.2と1920年代以降その差は拡大する。この間、就業人口に農林水産業の微減、農林水産業以外の増加という変動がある（表1-2）中で、表1-3にみるように就業者1人当たり純生産（実質）は1920以降農林水産業ではほとんど変化がないのに対して製造業は著増、その他共合計でもかなりの増加がみられる（1915～35年の間に農林水産業1.1倍、製造業2.2倍、全産業で1.6倍となる）。

表1-3 就業者1人当り産業別国内純生産（実質）

(単位：円)

	農林水産業	製造業	その他共合計
1910	141.1	282.7	278.3
15	168.4	374.3	315.1
20	191.8	358.6	372.1
25	197.4	426.3	526.3
30	199.2	646.0	424.6
35	189.5	831.9	493.6

出所：表1-2から算出。

表1-4 産業別国内純生産構成の推移

(単位：%)

	農林水産	鉱工業	建設業	運輸通信等	商業サービス	合計
1900	39.4	16.8	4.5	3.9	35.4	100.0
10	32.5	21.5	4.6	6.7	34.7	100.0
20	30.2	24.1	5.0	8.0	32.7	100.0
30	17.6	25.7	5.9	13.0	37.8	100.0

出所：『長期経済統計1 国民所得』p.202から算出。

　日本経済の産業構造は大きく変わり（表1-4）、1930年には農林水産業は17.6％、鉱工業は25.7％、運輸通信・サービス業等が50.8％を占めるようになり、1次産業中心の経済社会から2次・3次産業中心の経済社会に転換する。農業と他産業との生産性格差の拡大は農業に対する政策的対応（農業保護政策＝産業間の所得配分調整）を必然化する。

2．都市と農村の格差の拡大と農村問題

　産業構造の変化は産業が立地する地域の経済力の変化をもたらす。直接国税がその地域の担税能力＝経済力を示すものと想定すると地域別経済力は表1-5のようになる。表1-1・2に示される農林水産業と製造業・全産業の経済成長・国内純生産の差から1915年以降都市と農村の格差拡大が始まっていることが推測されるが、1925年以降でみても東京・大阪と東北6県・九州8県との

表1-5　直接国税負担額でみた地域別経済力

(単位：千円)　(　)は地域別比率

	東京	大阪	東北6県	九州8県	全国計
1925	103,892 (26.8)	45,668 (11.8)	22,511 (5.8)	34,135 (8.8)	387,629 (100.0)
30	111,289 (29.3)	51,389 (13.5)	19,482 (5.1)	30,770 (8.1)	380,071 (100.0)
35	143,657 (33.6)	69,440 (16.3)	14,578 (3.4)	30,119 (7.0)	427,272 (100.0)
40	1,011,061 (37.2)	593,338 (21.8)	46,398 (1.7)	142,224 (5.2)	2,717,811 (100.0)

出所：『主税局　統計年報』

表1-6　1人当り直接国税

(単位：円)

	東京	大阪	岩手	宮崎	全国平均
1925	23.16	14.92	3.01	2.97	6.48
30	20.57	14.51	2.32	2.45	5.89
35	22.55	16.16	1.54	2.06	6.17
40	137.46	123.79	4.66	6.99	37.17

出所：『主税局　統計年報』

経済力の格差拡大は顕著である。1925～40年の15年間に日本経済全体の中で東京が26.8％から37.2％へ、大阪が11.8％から21.8％へ比率を伸ばすのに対して、東北6県は5.8％から1.7％へ、九州8県は8.8％から5.2％へ縮小する。これを1人当たり直接国税でみると（表1-6、名目値）、東京が23.16円から137.46円に5.9倍に、大阪が14.92円から123.79円へ8.3倍に増加するのに対して、岩手は3.01円が4.66円へ1.5倍に、宮崎は2.97円から6.99円へ2.4倍に増えるにとどまる。直接国税の平均課税額でみると地域間の経済力の格差は都市在住者と農村在住者の経済力の差となり、しかもその差は年とともに拡大していることがわかる。

このように都市と農村との経済力の格差が拡大する中で、農村（町村）の行財政は変化への対応を迫られる。町村の歳出は1920年以降拡張に向かう（表1-7）。1915年を100として1935年には実質で2.6倍となる。主要項目をみると、教育費2.7倍、土木費3.3倍、衛生費2.1倍、勧業費33.7倍、社会事業費95.9倍、役場費1.9倍、警備費3.6倍、公債費6.7倍である。教育費は小学校費・実業補習学校費等、土木費は道路橋梁費・用悪水費等、衛生費は伝染病予防費・下水道費等、勧業費は産業奨励諸費、社会事業費は救護費等、警備費は消防費等を内容とする。そのうち国政事務費による歳出増加がかなりの部分を占め、地方財政を圧

表1-7　町村歳出

(単位：千円)

	教育費	土木費	衛生費	勧業費	社会事業費	役場費	警備費	公債費	その他共計
1910	49,189 (85,397)	11,836 (20,548)	3,945 (6,848)	879 (1,526)	92 (159)	19,922 (34,586)	990 (1,718)	7,615 (13,220)	114,328 (198,486)
15	47,863 (82,522)	11,649 (20,084)	4,899 (8,446)	649 (1,118)	80 (137)	23,813 (41,056)	1,372 (2,365)	3,501 (6,036)	122,735 (211,612)
20	158,809 (110,284)	30,523 (21,196)	14,640 (10,166)	5,009 (3,478)	1,132 (786)	64,944 (45,100)	4,377 (3,039)	5,200 (3,611)	357,878 (248,526)
25	211,720 (160,881)	39,832 (30,267)	19,238 (14,618)	7,572 (5,753)	3,021 (2,295)	78,238 (59,451)	7,375 (5,604)	17,104 (12,996)	451,914 (343,399)
30	211,740 (202,816)	39,889 (38,207)	26,597 (25,476)	9,039 (8,658)	12,989 (12,441)	79,670 (76,312)	7,595 (7,274)	34,875 (33,405)	498,147 (477,152)
35	224,486 (224,486)	66,032 (66,032)	17,614 (17,614)	37,701 (37,701)	13,143 (13,143)	76,445 (76,445)	8,596 (8,596)	40,375 (40,375)	560,377 (560,377)

出所：『地方財政概要』による。（　）は実質価額（消費者物価指数でデフレート。1934～36年＝100。消費者物価指数は『長期経済統計 8 物価』p.134による）。1910年の「社会事業費」は「救助費」の項目。

迫した（1933年農山村の歳出総額に対する国政事務費の割合は農村で70％、山村で68％、そのうち農村の純負担は58.5％、山村で53.8％である）。国政委任事務が増加したのは1920年代に多数の農業その他の産業奨励に関する法令、社会政策的諸法令、保健衛生関係法令の公布等に基づくものであり、国政事務にともなう補助金・交付金の増加があるとはいえ、地方歳出を増大させ、困窮させる要因となった[2]。

ところで、表1-7の歳出項目中国政委任事務がかなりの部分を占めるとはいえ、教育費は教育条件の改善、土木費は生産・生活条件の整備、衛生費は農村の医療・健康の増進、勧業費は農業生産の増加、社会事業費は福祉の向上など農村の生産・生活に関わる時代の要請に応じる施策の費用項目である。役場費は事務量の増加にともなうもの、公債費が町村の役割拡大にともなう費用増と考えれば、警備費（治安維持を目的とする部分がある）以外基本的には町村財政は農村の生産・生活に密着した行政機能を果しているといえる（町村財政は農村在住者の生活条件の整備だけでなく、農業保護政策の役割をも担っていることに留意する必要がある）。

表1-8 直接国税に対する地方税負担比率

	地方税（千円）				直接国税に対する地方税負担率（％）			
	東京	大阪	東北6県	九州8県	東京	大阪	東北6県	九州8県
1925	53,610	37,955	62,515	83,614	51.6	83.1	277.7	245.0
30	62,872	41,688	56,028	83,631	56.5	81.1	287.6	271.8
35	79,540	54,801	50,831	83,434	55.4	78.9	348.7	277.0
40	246,954	147,775	50,368	110,201	24.4	24.9	108.6	77.5

出所：『主税局　統計年報』。1940年の地方税負担率低下は1940年の地方財政制改革による。地方税負担率＝地方税／直接国税×100（％）

表1-9 町村歳出・税収・累年町村債

(単位：千円)

	歳　　出	税　収　入	累年町村債	消費者物価指数
1910	114,328（198,486）	79,228（137,548）	14,339（24,894）	57.6
15	122,735（211,612）	86,908（149,841）	11,540（19,896）	58.0
20	357,878（248,526）	264,149（183,436）	29,008（20,144）	144.0
25	451,914（343,399）	269,295（204,631）	115,699（87,917）	131.6
30	498,147（477,152）	236,613（226,640）	256,305（245,502）	104.4
35	560,377（560,377）	214,631（214,631）	391,494（391,494）	100.0

出所：『地方財政概要』による。（　）は実質価額（消費者物価指数でデフレート。1934～36年＝100）。消費者物価指数は『長期経済統計8　物価』pp.134による。

　町村財政を支える地方税を負担面からみると表1-8のとおりである。直接国税負担額が経済力を示すとすれば、東北6県は経済力に比して東京の5～6倍、九州8県は5倍前後の地方税を負担していることになる（1940年の地方財税制改革後はやや低下する）。表1-9が示すように財政支出が増加する1920年以降町村税収入（実質）も増加を示すが、町村の徴税には限界があり、町村債で補うことになる。町村債は1930年には税収を上回り、35年には税収の1.8倍になる。事実上の町村財政の破綻である。町村税負担を個々の農家についてみると、収穫物の多くを小作料として徴収される小作農を別として自作農・地主の租税公課負担は商工業者の2～3倍の重さとなる[3]。

　町村財政の困窮・農村の負担過重は、経済構造の変動による産業間の生産力格差、経済力の地域間格差の拡大に日本の行財政システムが適応できなかったことによるものであり、遅かれ早かれ地域間の所得配分調整を必要とするもの

であった。

3．農業日雇賃金上昇と米価低迷

　第1次大戦を画期とする工業化・都市化は農村をも含めて賃金上昇をもたらす。表1-10が示すように、1920年以降製造業賃金・農業日雇賃金ともに上昇し、1915年に比べて1920・25年の農業日雇賃金は、名目で3～3.6倍、実質で1.2～1.6倍となる。農業日雇賃金の上昇は労働集約的な米生産のコストを高めることになる。

　他方米の供給には第1次大戦後大きな変動がある。表1-11にみるように朝鮮・台湾からの植民地米の移入が急増し、1912～15年の移入に対して1921～25年には朝鮮からの移入が4.3倍、台湾から1.8倍、1931～35年には朝鮮から9.3倍、台湾から5.1倍の移入となる。

　しかも優良品種の普及・米質改良が進み内地米に対抗しうるようになったため、米穀市場は供給過剰市場へと転換する[4]。その結果実質米価は戦時中・戦後（1916～20年）の一時的高値の後、1920～30年代を通じて低迷する（表1-12の相対価格指数）。

表1-10　賃金の推移

（男1日当り・円）

	製造業総合	農業日雇
1900	41　(84.5)	31　(63.9)
05	46　(83.6)	31　(56.4)
10	60　(104.2)	41　(71.2)
15	64　(110.3)	46　(79.3)
20	193　(134.0)	139　(96.5)
25	207　(157.3)	165　(125.4)
30	194　(185.8)	112　(107.3)
35	190　(190.0)	91　(91.0)

出所：『長期経済統計1　国民所得』pp.243～45。（　）は実質賃金、『長期経済統計8　物価』p.134の消費者物価指数でデフレート。

表1-11　日本内地の米の供給、生産、輸移入量

(単位：千石)

	供給総量	生産量	輸移入合計	朝鮮より移入	台湾より移入
1912-15	58,236	52,300	3,727 (6.4)	860 (1.5)	785 (1.3)
16-20	66,308	56,893	4,807 (7.2)	1,744 (2.6)	931 (1.4)
21-25	72,985	58,339	8,051 (11.0)	3,694 (5.1)	1,417 (1.9)
26-30	76,068	59,452	10,196 (13.4)	5,746 (7.6)	2,339 (3.1)
31-35	83,500	61,030	12,629 (15.1)	8,022 (9.6)	3,994 (4.8)

出所：『日本統計年鑑』1949年版p.814。数値は各期間の平均。（　）は供給総量に対する比率。

表1-12　消費者指数（農村）と米価

	消費者物価指数 (a)	米価指数 (b)	相対価格指数 (b)／(a)
1901-05	50.9	44.6	87.6
06-10	58.2	50.6	86.9
11-15	62.5	61.3	98.1
16-20	108.5	110.9	102.2
21-25	133.6	123.5	92.4
26-30	117.2	95.9	81.8
31-35	94.5	81.5	86.2

出所：(a) は『長期経済統計8　物価』p.135（農村物価指数）、(b) は『長期経済統計9　農林業』pp.160～61（庭先米価指数）。数値は各期間の平均。

　農業日雇賃金の上昇による生産費の上昇にもかかわらず米価は低迷するという事態は、米価引き上げ要求運動（粗収入の増加を図る）が展開されるとともに、米生産における土地所有者と耕作者の分配問題を引き起こし、地主・小作間の小作料調整が必要とされる。1920年代前半の農業日雇賃金（実質）の急上昇期に小作料減免争議が全国的に拡大する経済的条件となる。

4．1930年代――農業・農村問題の深刻化と政策的対応

　農業・農村社会の変動は1929年の世界恐慌を契機に深刻化する。重化学工業化が一層進展し、農業が停滞する中で鉱工業の成長は加速し（表1-1）、実質

国内純生産・1人当たり国内純生産ともに農林水産業と製造業・全産業との格差は拡大する（表1-2・3）。国税負担額でみた地域別経済力では東北・九州の農業県は経済的地位を低下させる（表1-5）。米価の低迷は続き（表1-12）、町村財政の歳出の増加傾向は変わらず町村債の累積額はさらに増加する（表1-7・9）。そうした中で農村の現金収入の大きな部分を占める繭価は暴落し（繭100貫当たり1925年972円が1934年には233余円へ4分の1以下に低落する)[5]、兼業機会の減少、失業者の帰農もあり、農村・農家の困窮は深まる。1930年代の農村救済を求める社会運動の経済的条件となる。

　このような農村社会の状況に対していくつかの政策が取られる[6]。一時的な所得再配分政策（救農土木事業）、農産物価格政策による所得再配分政策（米穀法・繭価安定政策等）、生産増強政策（農村組織化・経済更生計画等）、移民政策（満州農業移民）、農地政策等が主要な政策である。しかし、経済構造が大きく変わる中で農業・農村問題をどう扱うかという政策構想が未成熟で、財政的制約がある中で財政支出を抑えた生産増強政策（自力更生）が大きな役割を与えられる。従来の経済社会システムを前提とし、農村・農家が自立して（政策的な助成なしで）市場経済に適応することを求めるものである。しかし経済の二重構造が定着し、後戻りができない経済構造の下では農業・農村が自立して経済状況を上昇させることは不可能であり、農業・農村は外部からの経済好転の契機を待つしかなかった。農村・農家の経済を好転させるものは、一つは戦時にともなう経済の活況が農産物市場に好影響を与え、また農村労働力の都市への吸引による農村・農家の所得の上昇であり、もう一つは「満州」開拓移民＝農村労働力の移動による在村農家の生産増強＝所得上昇への期待である。両者は戦争が本格化するまでは並行して進むが、戦時経済の悪化とともに破綻に向かうことになる。特に後者（開拓移民）は中国への侵略と表裏一体の政策であり、敗戦時に開拓農民に多大な犠牲を強いることになる。

●注
1）二重構造については中村隆英・尾髙煌之助編『二重構造（日本経済史6）』（1989年、岩波書店）を参照。
2）『昭和財政史第14巻　地方財政』(1954年、東洋経済新報社) 157～65頁。
3）日本農業研究会編『農業租税問題（日本農業年報第8輯）』(1936年) 3～102頁。

4）持田恵三『米穀市場の展開過程』(1970年、東京大学出版会) 135〜45頁。
5）『長期経済統計　8 物価』183頁。
6）この時期の農業政策については石井寛治・原朗・武田晴人編『日本経済史 3』
　　(2002年、東京大学出版会) 第 4 章「就業構造と農業」が簡潔にまとめている。

第2章

1920～30年代の農民組合の農村認識と運動方針
――長野県の分析――

はじめに

　1920～30年代の農村・農民・農民運動に関する研究は、1980年代まで地主・小作間の小作料と小作地をめぐる関係として検討されてきた。しかし1990年代以降日本経済史の研究対象が農業・農村から離れ、また対象が次の時期に移ったこともあって、農業・農村に関する研究はむしろ戦時・戦後を解明する方向に向かっている[1]。

　研究動向に変化があるとはいえ、1920～30年代の農村人口は日本の人口の過半を越え、また就業人口では農業がほぼ半ばを占めていたことを考えると、農業・農村問題は1920～30年代の日本を知る上で大きな意味をもつことに変わりはない。本稿は、1920～30年代の農村・農民について農民運動の農村認識を運動方針から明らかにすることを課題とする。

　本稿の分析対象地である長野県は、①経済的には養蚕製糸地帯であり、農業・農村・農民・農民運動が最も強く市場経済の影響下にあった県の一つである。養蚕製糸地帯としての特徴は農業生産額構成に示される。表2-1にみるように、農業生産額の40％～60％が繭であり、その特徴を示している。しかも繭の生産額は好況・不況による変動が激しく、不況時には好況時の3分の1以下の生産額に落ち込んでいる（農業生産総額に占める比率も大きく変動してい

表2-1 農業生産（長野県）

単位：千円（千円未満切り捨て）、(%)

	米	麦	食用農産物	園芸農産物	果実	繭	農業生産総額
1925年	53,581 (28.7)	6,997 (3.8)	5,352 (2.9)	5,819 (3.1)	2,603 (1.4)	106,754 (57.2)	186,493 (100.0)
29年	18,137 (13.3)	3,924 (2.9)	3,459 (2.5)	5,957 (4.4)	2,157 (1.6)	82,469 (60.7)	135,906 (100.0)
30年	23,501 (33.3)	2,897 (4.1)	2,468 (3.5)	4,376 (6.2)	1,588 (2.3)	33,270 (47.2)	70,520 (100.0)
31年	21,075 (32.8)	2,508 (3.9)	2,271 (3.5)	3,753 (5.8)	1,471 (2.3)	31,352 (48.9)	64,171 (100.0)
35年	33,726 (38.8)	5,580 (6.4)	3,479 (4.0)	4,585 (5.3)	1,956 (2.3)	35,578 (41.0)	86,847 (100.0)

出所：「農業生産総額」は県統計書の「県産額」に「繭産額」を加えて算出。
「農業生産総額」には「工芸農産物・緑肥作物・その他」を含む。『長野県統計書』による。

る）。長野県の農業が市場経済の変動に大きく影響されていたことが理解できる。②農地所有の階層性は表2-2に示した。『田畑所有状況調査』による一人当たり所有面積は、田畑が別々に集計されており、実際よりも所有面積が小さい数値を示すとはいえ、2町未満所有者の面積合計が田では74.8％、畑では79.5％を占めている。中小地主の厚い存在が理解できる（中小地主というよりも、自作地主に属する零細地主というべきであろう）。

このような長野県の特徴は地主・小作関係以外の市場経済全体に目を向けざるをえない条件となりうるし、また、地主といっても直ちに小作農と敵対する階層とは位置づけられないことを認識させる条件になりうると考えられる。

農民運動の面では、長野県の農民運動は、共産党の影響が強く、全国農民組合では全国会議派の強力な県連合会である。全国会議派が唱えた「農民委員会運動」（昭和恐慌期における農民運動の転換を示す）がどのように形成されたかをみる上で、適切な対象であるといえよう。

長野県の農村社会運動については多くの研究成果がある。本稿はそうした研究成果を前提として、新たな視点から農民運動の意識の展開を検討したものである[2]。

表2-2　耕地の広狭別所有関係（長野県）（1941年現在）

		総数		割合	
		所有者数	面積（町）	所有者（％）	面積（％）
田	総数	178,305	79,584	100	100
	0.5町未満	134,826	25,964	75.6	32.6
	0.5-1町	27,830	19,034	15.6	23.9
	1-2町	10,882	14,523	6.1	18.3
	2-3町	2,416	6,418	1.4	8.1
	3-5町	1,271	5,208	0.7	6.5
	5-10町	733	3,938	0.4	5
	10-20町	322	3,814	0.2	4.8
	20-30町	18	413	0	0.5
	30町以上	7	268	0	0.3
畑	総数	246,539	96,587	100	100
	0.5町未満	188,519	30,662	76.5	31.8
	0.5-1町	36,367	24,882	14.8	25.8
	1-2町	16,149	21,170	6.6	21.9
	2-3町	3,283	7,630	1.3	7.9
	3-5町	1,491	5,444	0.6	5.6
	5-10町	554	3,401	0.2	3.5
	10-20町	118	1,579	0.1	1.6
	20-30町	26	628	0	0.7
	30町以上	32	1,188	0	1.2

出所：農林大臣官房統計課『田畑所有状況調査』（1943年）

【注記】本稿は、拙著『現代資本主義形成期の農村社会運動』（1996年）で明らかにした1920～30年代の農民運動の転換を県レベルで検討することを目的とする。同書は、県レベルでの運動実態・運動の転換についての実証を欠いている。本稿は県レベルでの解明によって同書の問題提起に内実を追加することになると考えている。本稿では、農民組合の農村認識と1920～30年代の県レベルでの農民運動の転換を解明する。

1．昭和恐慌前（1929年まで）の農民運動

　農民運動全体の動向を把握するのがここでの目的であるため、小作争議には触れない[3]。小作争議を含む農民運動全体がどのような意識の下に展開されたかを検討することがここでの課題である。

(1) 日本農民組合長野県連合会・労農党支部

　第1次大戦後急増した小作争議の高まりの中で1927年（昭和2）4月長野県小作人組合連合会の創立大会が開催された。結成とともに日本農民組合に加盟し、実質的には日本農民組合長野県連合会として活動をすることとなった。創立大会宣言は「吾々は今や耕作権、争議権、団結権等の政治的要求を掲げて、経済的利益の進展のためにする政治運動に迄進出しなければならない」と経済的利益＝小作争議にとどまらない運動を予定しているが、組合がもっぱら小作争議に取り組むことを想定して出発したことに疑いを差し挟む余地はない。

　創立された県連合会が最初に取り組んだのは、1927年5月12日に県下全域を襲った大霜害に対する運動であった。県連合会は5月20日に霜害対策支部代表者会議を開き、災害地の小作料5割以上の割引を要求することを決め、いくつかの町村で座談会・講演会を開いている[4]。

　小作争議以外の運動には労農党支部が中心となって取り組んだ。「飯田、松本に支部を置く労農党では、六月初旬から相策応し長野に於ける北信支部の結党式をまって南北信気脈を通じてまづ霜害低利資金の増額を叫び、次いで農民の意思を充分に知らしめる方策として臨時県会の招集を知事に請願すべく画策すると共に、中央と連絡して自転車税、車税の廃税を期すべく目的貫徹のため内務、大蔵両大臣及び本県知事に請願運動を起すことにし宣伝ビラを配布する一方街頭で署名を求めんとした」。労農党の要求は「一、霜害被害高に相当する金額の長期低利資金の貸付　二、被害地の地租並に特別地租の免除　三、家屋税、自転車税、荷車税の撤廃　四、霜害救済に対する臨時県会の招集」という4項目である[5]。

(2) 農民自治会

　長野県下の農民運動で、日本農民組合と並ぶもう一つの大きな潮流は農民自治会の運動である。1925年（大正14）12月1日農民自治会全国連合が発足し、北佐久郡御牧村出身の竹内団衞は中心的な役割を担った一人となる。

　農民自治会の運動は、無産政党の動きとは対立し、日本農民組合の運動とも違う道を歩むものであった。竹内も、現在はブルジョアとプロレタリアの対立

よりも、都会と田舎の対立の方が重要であり、農民は、「心あらば地主までも一致」して、農民自治の実現に起ち上らなければならないと「都市による農村の従属」を問題にしている[6]。

1925年に独自の農村組織として誕生した農民自治会は長野県を拠点として運動を展開した。農民自治会の特徴は「従来の農民運動は地主・小作人の争議」であったが（第一期）、しかし「今や農業耕作者は、地主も、小作人も、自作農も、打って一丸となり、近代商工主義、都市中心主義に対して、弓を引かねばならない秋に面してゐる」、（第二期）「悩める小地主諸君よ、……全農耕者の危機と社会的正義に自覚し、……農耕作者全体と団結して、都会集中商工主義と、それに移転せんとしつゝある大地主に向ひ、奮然と戦ひを宣すべきである」という言葉に示されている[7]。

農民自治会の組織的な特徴は小作人組合に対して、全村的組織を対置したところにある。したがってその運動も小作争議以外の農村・農民の問題に取り組むこととなる。

農民自治会が第一に取り組んだのは農会廃止運動であった。「完全に大地主擁護の御用団体である」、「農会費も又わし達を苦しめる」、「村農会の存在が徒らに莫大な経費を無駄にするのみで何等農事改良に裨益することなき」などの理由で農会廃止に取り組んだ。特に北佐久郡で運動が広がり、農民自治会発祥の地＝北御牧村では農会廃止が村民運動にまで高まり、1928年には農民自治会の主唱により村農会は自然消滅に追い込まれた（この運動は県の農会保護育成政策の強化などにより1928年以後退潮に向かう）[8]。

農民自治会の最大の運動は1927年金融恐慌下に発生した霜害を契機とする「農村モラトリアム運動」である。

1927年5月12日の大霜害の被害は、長野県農会の調査では、春蚕桑園面積の65％におよぶものであり、加えてこの年は旱害に見舞われ農村・農家は惨憺たる状況であった。大霜害の惨状に対していち早く立ち上がった民間団体は農民自治会北信連合であった。戦術は政府の台湾銀行救済策のモラトリアムを逆用した農村モラトリアムの強行を構想した。北信連合は農民自治会長野県連合とともに農村モラトリアム期成同盟を結成し運動を進めた。27年7月には、モラトリアムの具体的内容として「被害桑園の年貢と納税の全免と、被害桑園の収

入に依って支払ふ可く予定した一切の費用（例へば肥料代、電灯料、借金、無尽等）のモラトリアム（支払延期）」を提案した。「この案の階級的意義は年貢を全免することにより地主に対抗し得、肥料代を延期することにより商人階級に対立し得、更に政府に補償させるといふ点では、非政党的意義をもつ」と位置づけられた。

　農村モラトリアムの呼びかけに応じていち早く行動に移った小沼村では同年7月「①無尽は月掛・年掛を問わず一か年延期する、②普通債務の履行は無利子で一か年延期する、③低利資金借入の資格撤廃を要求する」という挙村モラトリアムの実行方法を申し合わせた。この申合事項は、以後モラトリアム運動の実践目標となった。長野県連合会では7月18日、小諸町に各村から数十名を集めて協議会を開催し運動の強化を図った。この協議会では「①各村の部落で座談会・委員会を開き、極力主意の徹底に努める、②頑迷な債権者がもし法によって取立て等をなす場合は、直ちにこれを本会の期成同盟において無料で引受け、対策を講ずる、③そのために法律部を設け、顧問弁護士として布施辰治・山崎今朝弥・鷹谷信幸の三名を嘱託する。なお、自由法曹団の応援を求める、④実行方法は小沼村の例による、⑤適当な場所で、追って全県連合大会を開催する」の5項目を決定した[9]。

　農村モラトリアムは、短期間に県下を風靡する運動に発展した。村寄合で支払延期を決議したもの数か村、無尽を延期したもの数十か村、個人的に支払延期をしたものは県下霜害被害農民の大部分だといわれた。この農村モラトリアム運動は昭和恐慌下の農村救済運動に継承され、農民運動の重要な戦術となる。

　農民自治会最後の活動は佐久電気消費組合運動であった。1928年農民自治会全国連合の常任委員竹内閔衞は電灯料の値下げ運動を提唱した。まず南北佐久郡各町村に佐久電気消費組合設立の賛成者を求め、これを中核に住民の署名運動を展開し会社交渉に持込もうと企画し、12月13日から資料を携え各町村有志に働きかけた。電気消費組合運動は、村会議員・区会議員・青年会長・農家組合長などの賛同を求めて署名を集めた。1929年2月5日、回収した膨大な連名帳を携え、長野電灯株式会社佐久支社を訪れ、(1)電灯料即時三割値下げ、(2)規定の電圧供給、(3)休灯料撤廃、(4)電柱賠償金の四項目を要求する。

　電気消費組合運動は農民自治会会員の奮闘空しく、会社側の回答を引き出す

ことができず、署名運動の限界を示す結果となった。しかし電灯料問題は後に昭和恐慌下に県下各地の青年団・農民組合による電灯料値下げ運動として復活することになる[10]。

　農民組合・農民自治会以外に、農業団体の霜害対策を求める運動があった。1927年5月19日、北佐久郡では郡農会と郡蚕業組合連合会主催の霜害対策各町村蚕業組合長会議を開き、同日長野市内で県下1200余名の関係者が集まって「養蚕組合連合会霜害対策研究会」を開催した。研究会は大会決議で霜害救済対策運動を行うことになり、被害地の租税免除を税務署に申請することになる[11]。

2．昭和恐慌前（1929年まで）の農民運動の意識

　前節でみた農村の諸運動を農民組合はどのように認識し、どのように組合の方針を定めたであろうか。この節では1927年日本農民組合長野県連合会出発から1929年までの農民組合の農村認識・農民運動の課題意識について検討する。

　1927年4月の「日本農民組合長野県連合会加入案内書」[12]は、「小作人は先ず小作料の形態を以て地主の為に封建的搾取を受けてゐるのみでなく消費者生活者として都会の資本家の為に、各種の形態を以て資本主義的に搾取されてゐる」と農村の疲弊、小作人の貧窮の根源を指摘するが、「吾々は今や耕作権、争議権、団結権等の政治的要求を掲げて経済的利益の進展のためにする政治運動に迄進出しなければならない。かくて吾々運動は単に地主を相手としての経済闘争のみならず吾々の組合運動を圧迫する政府に対する政治運動に迄拡大せざるを得ない」と農民組合は小作争議のための組織であり、政治運動は小作争議を進めるための手段と位置づけていた。同年8月の「日本農民組合総本部宛長野県連合会組織情勢報告」[13]は「霜害対策支部代表者会議」について「此ノ問題ノ政治闘争ヘノ転展ノタメ労農党北信支部設立ノ積極的努力」と記している。つまり、霜害問題は農民組合の課題ではなく、労農党の政治活動に任されることになる。

　1928年3月の「日本農民組合長野県連合会第2回大会議案書」[14]で、議事として取り上げられた「繭価暴落による農民窮乏に関する件」の実行方法は

「(1) 農民大会を開催し養蚕家救済国庫補償 (2) 小農に対する無利子貸与 (3) 繭価の暴落に依る小作料の減免 (4) 養蚕家救済の大衆的請願運動を起す」と、繭価暴落を農民組合の活動課題としているようにみえるが、もう一つの議事「農民負担の諸悪税撤廃の件」の実行方法は「(1) 労農政党の運動を支持する、(2) 農民大会・村民大会を開き反対運動を起す」というものであり、政党の運動という位置づけである。

1929年2月の「全国農民組合長野県連合会第1回大会議案及報告書」[15] では、農会・産業組合の自主化、農民負担の悪税撤廃、電灯料値下げ問題が取り上げられているが、特に強調されたのは「養蚕農家救済運動に関する件」である。その運動で「昨年秋新労農党準備会は養蚕家救済の先頭に立ちて戦ひ、我が連合会はこれと共力して戦った。特に南信地方に於ては、各地に農民大会、農民代表者会議が開催され、この闘争によって我連合会南信出張所の確立を見るに至ったのであった。今年に於て養蚕農民の窮乏は倍加される。全県の貧農の結集たる我連合会は、我等に課せられる任務、土地なき養蚕農民救済の闘争を全県的に強力にまき起さねばならぬ」と運動の重要性を指摘するが、その先頭に立つのは労農党準備会であり、農民組合長野県連合会はこれと協力するものという位置づけである。とはいえ、その実行方法では「吾が連合会は養救闘争を全国の農民闘争たらしめ、全国の農民の先頭に立って養救闘争を起すため、総本部並に各地連合会に訴へると共に、全国組合会議にも本闘争を持ちこむと共に更に、各地の小作争議を従来の小作料減免闘争のみに止めず、養蚕農民が居る限り、養救闘争が結合されなくてはならぬ」と、この運動の意味を強調し、小作料問題を超える意味をもちうることを示唆している。

3．昭和恐慌期（1930〜34年）の農村社会運動

長野県では1920年代後半には小作争議だけではなく農民生活全般にわたる諸問題を取り上げることが重要な課題であったが、農民生活の窮乏に基づく自然発生的な要求が一層鋭く提起されるのは昭和恐慌期（1930年代）であった。

このような運動は、長野県では昭和恐慌より前にすでに農民自治会の運動として展開されてきたが、昭和恐慌期に再出したこの運動課題は全農長野県連合

会に重く課されることになる。全農長野県連合会によって展開された「不況対策運動」は、「借金闘争」「電灯料値下運動」「税金闘争」「製糸女工賃金不払反対運動」として展開される[16]。

なお、長野県の「農村救済運動」では、町村会・北信不況対策会や日本農民協会などの運動が注目を集めた。これらの運動は全村的運動であり、運動の直接的担い手は農村の中農層すなわち自作層・耕作地主層である[17]。ここでは1935年1月の「農村不況対策運動につき知事事務引継書」で、1934年の農民運動の概況をみておこう[18]。

県下ノ農村ハ……各種ノ不況災害相踵テ到リ未曾有ノ困憊ニ陥リタル結果、農業経営ノ前途ニ確固タル信念ヲ失ヒテ自棄的気分多分ニ増潮シ来リ自力更生ノ気分ノ減退ト共ニ只一途県若ハ政府ノ匡救対策ヲ要望スルノ趨勢ヲ順致スルニ至リタルカ、之ガ為昨年六月以来十二月迄ノ間ニ県下各地ニ発生シタル不況対策ニ関スル各種陳情・請願・集会等ノ運動件数ハ合計三百六十五件ノ多キニ達シ其要望スルトコロ頗ル多種多様ニ亘リタルガ其主ナルモノヲ要約スレバ

　一、蚕糸業ニ対スル根本的対策樹立運動
　一、各種負債支払猶予ニ関スル運動
　一、政府米払下ニ関スル運動
　一、農村匡救事業施行要望ニ関スル運動
　一、町村財政調整交付金制度確立ニ関スル運動
　一、小学校教育費全額国庫負担要望運動
　一、小作料減免ニ関スル運動
　一、低利資金融通要望運動

等ニシテ何レモ現下窮乏農村ノ切実ナル要望ニ属スルカ就中匡救事業ノ急施・飯米対策・町村財政調整交付金制度確立問題等ハ最モ痛切ナル問題トシテ対策ノ如何ニヨリテハ憂フベキ事態ノ惹起ヲモ想起セシムルカ如キ実状ニアリ、而シテ之等運動関係団体ハ県会議員・町村長会・各種産業団体其他左、右ノ思想運動団体並関係者等頗ル多様ニ亘リ、其運動ハ昨年九月、十月ニ於テ最モ高潮ヲ見タルガ……今後ノ動向ニ付イテ一層ノ注意警戒ヲ要スルモノアリ。

4．昭和恐慌（1930年）以降の農民運動の意識と方向
(1) 昭和恐慌下の農民組合の意識と模索

　前節のような農村社会運動の展開は、農民組合に新たな農村認識と運動方向の模索を求めることになる。

　1929年世界恐慌が日本に波及し、農村の経済状態が深刻化し始めた1930年3月に全国農民組合長野県連合会第二回大会は開かれた[19]。この大会の執行委員会の「争議部報告」で小作争議について次のように報告している。

>　わが長野県の小作争議は一般に大衆的規模の上に戦われてゐない。従って連合会の関係する争議は土地取上反対と、減免闘争に限られてをり、全国的立場からみれば農民運動の初期の状態であると云える。それは大地主が殆どなく中小地主が直接争議の対象となってをり、生産業は米作になく養蚕に農民の全生命をかけてゐるが如き特殊的な地位にあるためである。それ故に小作争議はおびたゞしい件数に上ってをり、その線に沿ってまた協調的小作組合が多数存在する。そしてそれは地主との交渉やせいぜい小作官の出動によって比較的よい条件を獲得してゐるので組織的には全農の敵対物になってゐる。

　争議件数の増加にもかかわらず、小作争議の行き詰まりと農民運動としての展開の困難な状態を示している。それに対して不況対策については「繭価安、不作、不景気等々によって秋の闘ひの波は文字通り全県下を怒濤の如く襲ったが、これを全農の影響下に──土地を農民へ──のスローガンに結びつけて戦へなかった。それは争議戦術の未熟及計画的アジ・プロの欠如によること多い」と、一つには農民組合と関与しないところで運動が広がったこと、二つには不況対策運動は小作争議と結合すべきだと指摘している。

　このような運動の状況についての認識を踏まえ、一般運動方針を提起している。議案はまず「客観的情勢」について次のように記している。

>　信州に於ては耕地が狭小にして比較的大地主が少ない……然も貧農を初め、農民の各層を通じて養蚕業が甚だ盛んであって、自作田畑、小作田畑を通

じて畑が半以上を占むる。……為に農民経済は養蚕に左右さる、事甚だ大にして、従って農民は投機的たらざるを得ない。
以上の故に信州の農民運動は発展性にとぼしく、かなり困難なのである。だがそれは断じて決定的なものではない。今や吾が全農の旗は全県下に翻ってゐる。小作料減免、土地取上げ反対運動がいたる処に起ってをり、此処にも土地を中心とする闘争の展開の曙光を見る。
然も金解禁の影響は最も鋭く信州の農民に及ぼしてゐる。繭価惨落は農民経済を決定的破壊に導く。従って小作料、独占価格、借金等々は異常に重く感ぜられる。また繭等の下落にも関らず肥料の高値も痛感され、帝国主義的租税負担の重圧感も強い。……
かくて日本資本主義の過程しつゝある段階は、信州の農民に痛ましき迄に影響しそれは農民をかって自然発生的な争議にさへ向はしむるのみならず、租税軽減、電気料値下げ等々の運動を起こさしめてゐる。今やそれは端初的形態ではあるが全県下をセッケンしてゐる。……
これ等一切の闘争は過小農的所有と過小農的小作、一言にすれば半封建的生産関係の故に『土地を農民へ』の要求に導き得るものである。

このように長野県の農民経済が養蚕業に左右されることを理解しつつもなお、それは農民を自然発生的な小作争議に導くべきものと把握する。「客観的情勢」に続く「過去の闘争の批判」では、「総じて小作料を中心とする問題にしろ、或は農会、税金、電気料等の問題にしろ、大衆的には戦われなかった」とする全般的な批判に続いて、養蚕農家救済運動については次のように批判する。

養蚕家運動は信州に於ては最も重要性あるものである。だがこの運動も養蚕農民一般に対する呼びかけに終って、これを如何なる見地より如何に発展せしむべきかに就ての階級的な見通しを欠いてゐた。貧農から地主に至るまで、一連の養蚕農民と言ふ見地は階級的にはあり得ない。あくまで貧農の立場から畑小作料の減免要求を掲げて、土地を中心として地主との対立を明にすると共に、養蚕農民損失国庫補償等の要求が為さるべきであった。損失補償によって共通の利益を感ずる中、小農は貧農に追従するは必然である。然るに貧農の立場を捨て、養蚕農民一般の立場よりする運動は

農村に於ける階級対立を消却し、一路小ブルジョア的運動に向かはざるを
　　得ない。吾々は貧農の立場からこの問題を取扱ひ、先ず地主への闘争によ
　　って組合の拡大強化に資すると共に、中小農をも広く動員して大衆的に闘
　　ひ、性質上勢ひ国家権力に対する運動に発展せしむべきである。

　農民運動は養蚕農民救済運動の独自性を否定し、あくまで地主・小作の階級的立場にこだわるべきであるという主張である。
　このような「客観的情勢」についての認識と「過去の闘争の批判」に続いて提起された「一般運動方針」では、「貧農を中心とする中、小農をより広汎に闘争に動員し、小作料減免運動より更に高利、租税、独占価格、自治体に対する問題にまで戦線を延し、戦争反対、悪法反対等々の問題の為めにも戦はねばならぬ。然もその中心的重要点は勿論、土地問題である」、小作料減免闘争は「直接地主に対する吾々の闘争であり、農民運動の基本的な、また端初的な闘争である」と、小作争議は農民運動の中心的・基本的なものであり、特別な運動として位置づけられている。
　1931年4月の「全国農民組合長野県連合会第3回大会議案書」[20]もほぼ前年の大会と同じであるが、主張が明確になっている。「執行委員会報告」の「養蚕農民救済運動の展開」は次のように記している。

　　春繭の出廻期になって、平均相場「一貫目十円」といふ未曾有の安値が市
　　場を支配して、養蚕農民の肝玉を寒からしめた。ために自然発生的にでは
　　あるが全県下に所謂不況対策運動が席ケンした。このブルジョア的運動に
　　対立して貧農に闘争目標を与へ、政治的に経済的に農民の貧窮化を克服す
　　る闘争として農村に於ける階級闘争を一段と先鋭化するため、次の如きス
　　ローガンを掲げて養蚕農民救済の闘争を精力的に戦った。
　　　畑小作料を全免しろ！
　　　借金を棒引しろ！
　　　税金は資本家地主からとれ！
　　　肥料・農蚕具は無償で貸せ！
　　　養蚕の損失は国庫で補償しろ！

ここでは「全県下の不況対策運動」を対立すべきブルジョア的運動とし、「農村に於ける階級闘争」＝小作争議を一段と先鋭化すべきだと位置づける。

「議案」の「長野県に於ける情勢」では、養蚕農民救済運動と小作争議との関係を次のように述べている。

> 長野県に於いては特に養蚕業の発達がある。製糸工業の発達によって早くより農業の半は製糸原料生産としての養蚕業に化してゐる。従って恐慌は最も鋭い形で長野県下の農民を圧してゐる。現金収入の道を全く失ひ、借金は加速度に量んで行く。……養蚕業の破滅は農民を自然発生的に闘争に駆り立てる。争議件数は著しく増加し、ここにも土地問題の解決を要求してゐる。……
>
> 農民闘争も深まりゆく窮乏化と労働者階級の決死的闘争との影響によって、広汎なる農民層を動員し、闘争は比類なき深刻さを見せてゐる。北海道に、秋田に、新潟に、山梨に流血の暴動化をさへ見た。その他の地方に於ける争議の波もその頂点に土地問題の解決と云ふ要求が表れてゐる。地主的、寄生的土地所有の打破へ！　土地を農民へ！　小作農、貧農の声は拡大して行く。

ここでは養蚕農民問題の重要性にもかかわらず、それは頂点である土地問題に向かうものされている。「過去の闘争に於ける批判」の中で「不況対策の闘争」は次のように記している。

> この闘争の多くは貧農独自の立場を捨てて、村に於ける中農以上の有力者の指導の下に起された様である。従って問題はたゞ村或は部落全体と云ふ立場から論議せられて、戸数割二割減或は教員給の問題が主要なるものとなってゐた。それは村の支配的地位にある者のみを利益し吾々には殆んど利益がない。これは要するに吾々の独自的階級的立場を捨てて上流の有力者の笛におどった為めである。
>
> 吾々は何事によらず不断に農村に於ける階級的対立をハッキリ認めて、その上に対策を立てるべきである。従って不況対策も吾々の側からすれば先づ小作料減免が第一になる。ここに於いて地主対小作と云ふ農村に於ける階級的対立は前面に押出され、貧農を吾々の陣営に獲得出来るのだ。不況

対策の農民大会は故に計画的に持たれて、小作料、税金、借金の問題をも取上げて、貧農指導の下に広汎な農民層を動員しなければならない。

不況対策運動は、農村に於ける階級的対立＝地主・小作関係を前提として考えるべきであること、また小作争議から出発しなければならないことを主張する。

不況対策運動についてのこのような見方は、「一般の運動方針」ではもっと明確となる。「養蚕農民の為の闘争」では「農村に於ける階級対立の厳密なる認識の上に方針が立てられる。先ず第一に小作料の問題が出され、強力に戦はれなければならぬ。副次的に養蚕の損失、国庫補償のスローガンが掲げられて広汎なる農民層を貧農の指導の下に動員して戦はれるべきである」と小作争議優先と養蚕農民救済運動の副次性を指摘し、「税金、借金、独占価格に対する闘争」では「ともすれば小ブルジョア的運動に陥る危険性がある。これに対しても貧農の見地から……取扱はるべきである」と、運動の危険性を指摘している。県下で広汎に展開した電灯料値下闘争については、「農村に於ける小ブル的進歩青年を指導者とする各郡市青年団は電灯料値下げ運動を現実に戦ってゐる。だが、これは階級的立場から戦はれてゐるものではない。吾々はかかる小ブル的電灯料値下運動を一蹴して、今や立ち上らんとしてゐる貧農大衆と共に、厳然たる階級的立場に立って『階級対階級』の闘争としてこの闘争題目を取上げなくてはならない」と、「小ブル的運動」として敵意さえ示している。

(2) 農民委員会運動の提起とその後

全農長野県連合会は小作争議重視の主張を繰り返したが、恐慌下に展開された農村救済運動に対する全農の立ち遅れは決定的であり、全農は農民との結びつきの点から運動全体の見直しを迫られることになった。1931年10月20日に県連合会常任執行委員会は指令第12号「農村に漲る不平、農民の持つ要求の調査に関して」[21]を発して、次のように新たな方針・政策のために農民の生活状態調査を指示している。

『収穫の秋』を前にして農民の窮乏は実に深刻である。昨日まで持ってゐた明るい希望をも今日は美事に投げ出さなければならない。農村にある勤

労大衆の大部分—小農・貧農・プロレタリヤ—はおしなべて、生きて行くことに困難の状態にある。
そこでこの、すべてを失ひ、或は失ひかけてゐる勤労農民は生きんがために切実な要求をひっさげて、正に闘争にケッキしやうとしてゐる。かくて今日、農村に於ける諸々の階層は、あらゆる場面にその不平と不満を漲らしてゐるのだ。(中略)
吾が全国農民組合はこの秋に当って、大衆の不平・不満・要求を統一して取上げ、明確なるプロレタリアートの方針と対策を示さなくてはならない。それがためには、農民大衆の生活状態を具さに調査し、不平不満をえぐり出すことを絶対に必要とする。特に秋季闘争に当ってそれを緊急の仕事とする。
農村における各種の詳細なる基本調査に関しては、近くその準備に取りかゝるが、取敢えず次の調査を各支部は精力的に行はねばならぬ。
▽村・部落に起りつゝある（或は起らんとしている）諸問題について
▽農民の持ってゐる一切の不平と要求について
　◇部落・村・県・政府に対して　◇地主に対して　◇産組・農会に対して　◇会社（電燈・製糸）銀行に対して　◇神社・寺院に対して　◇高利貸に対して　◇其他に対して

農村社会の現実から迫られて提案された1932年3月の「全国農民組合長野県連合会第四回議案書」[22]は、全農全国会議派の「農民委員会運動」を提起している。「議案」は過去の運動の反省から出発する。「議案」の最初の部分にある「勤労農民の多数者獲得に関する決議」はそれを示している。
　県内にある勤労農民の多数者は階級闘争の組織外にあり、封建的搾取と資本主義的搾取の重圧にその生活を押し潰されてゐる。この多数者を労働者階級の同盟軍に獲得する任務こそ吾々に課せられてゐるのである。……
　これまで吾々の取り来たった闘争の道は、勤労農民を獲得するにあまりにもギコチなかったりまた一人よがり的で、農村内に於ける農民の結合の様相等に対する調査の不充分のために成功してゐない。農民は部落的自治機関、諸々の農事小組合、消防組、農会、青年婦人会、頼母子講、神社氏子、

小作組合、ブルジョア政党等々によって相互に結びつけられてをり、従って、それ等に対して持ってゐる不平・不満はいろいろの形に於いて発現しやうとしてゐるのだ。ことに農業恐慌の進行、戦争の拡大に当面して凡ゆる不平・不満は政治的要求にまでバク発するの形勢さえある。……
そこで吾々は、勤労農民の多数者を獲得するために、次の方法の実行を決議する。

1．小作争議を含めて、一切の日常利害の問題を巧みにとらえて大衆を闘争──特に農民委員会運動を通じ──に参加せしめ、全農へ、或は、農村労働者組合へ組織する。
2．闘争中の農民（例へは水利、耕整、電灯料工事等々）に対しては応援と協力の手を有効にさしのべ、場合によっては、共同闘争委員会を作って戦ふ。

ここで注目すべき点は、小作争議が農民運動の特別な形態とはみなされてないという点と、村落を活動の拠点とし、小作農民運動から脱却して農民運動を勤労農民運動として展開することを主張している点である。「階級的立場」という言葉に代わって「勤労農民」という言葉が繰り返し使われる。

第4回大会に提案された最も重要な議案は「農民委員会運動に関する件」である。その要点は次のとおりである。

一、吾々は昨年度に於いて農民委員会による闘争を日程に上し、農民委員会を恒常的な階級闘争の組織と規定して「農民委員会を作れ」の運動をやってきた。そのために組合では小作争議をやり、農民委員会では、借金其他の闘争をやるといふが如く、切りはなして理解してゐたゝめに多くの理論的実践的混乱を闘争の上に引起してゐた。
二、吾々の問題は小作料の問題から発端してもそれは決してそれだけではなく借金・税金・及び独占価格其他の要求とからみ合ってゐることを知ってゐるし、事実また組合はそれらの諸闘争を戦ってゐるのである。……吾々が勤労農民の多数者を獲得する闘争に於ける、当面必要不可欠の闘争形態として農民委員会運動を、小作料はもとより、様々複雑の要求を契機にして、広く、間断なく闘争に立ち上がらせることが目標であ

る。
三、吾々は従来組合と組合外大衆との間に対立的傾向さへ生ぜしめ、組合は組合員だけの利益を守るものと大衆に考えさせてゐた。これは大衆獲得技術のヘマなこと、支配階級のデマにもよるが、根本的には組合を固定化してゐたことに原因がもとめられる。……
四、吾々は部落を基礎として、それから各種の特殊事情—自然的、社会的、交通、産業上、政治上、軍事上—に対応させて農民委員会運動を、どんな小さな要求からでも取上げて発展させることが必要である。……
五、一昨年全県下に席捲した不況対策運動は疑ひもなく大衆の創意性による農民委員会運動であった。従ってその要求題目は種々様々ではあったが、農民の生活と切実に結びついてゐる点を看取し、今後発展する農民委員会運動の一助としなければならぬ。………
六、……かくてこの運動を強行することによりてのみ、吾々勤労農民の多数者獲得に成功し、労働者階級の同盟軍としての任務を果し得るであらう。

　農民委員会運動の提案は、不況対策運動の評価について反省し、小作農民運動から脱却した上で、村落活動を踏まえた勤労農民運動を呼びかけている。運動の反省について、「議案」の最後に記載されている「過去の闘争の批判」は次のように明記している。

　　多数の支部に於ては未だ闘争を減免闘争に終始せしめて、これを自治体闘争に、独占価格闘争に、暴圧反対闘争等々に導くべき充分なる契機を持ちながら、それへ発展せしめ得なかった事は……闘争の拡大化、大衆行動化政治闘争化への努力の不足によるものである。全農を小作料減免、若しくは土地制度に対する闘争のための組合とみなす誤謬は、実践的に克服すべきである。……
　　県下各地に自然的に発生した、かの不況対策運動などは明かに農民委員会運動であった。たゞ吾々の働きかけの不充分さが、あの好条件にめぐまれた大運動を無効果に終らしめたのである。……長野県の如く養蚕農民の大多数を有するところにあっては特に農民委員会運動による闘争を準備すべ

きである。

　ここでは小作料・土地問題のための組合ではないことが明示されている。
　1932年10月の「全国農民組合長野県連合会秋期闘争方針書」[23]は、前年秋以降の農民委員会運動の展開を次のように総括している。
　　吾々は昨秋の闘争から新なる農民運動の形、農民委員会活動を、村落に於ける貧農を中心に中小農までも動員して、政府、県、村に対しても各種の要求を掲げて戦ってきた。殊に今春の不況対策・請願の富農・地主・フアッショ的農民運動の波の中をこの農民委員会活動によって乗り切り、部分的失敗、誤謬は犯したが全体的には全農全会の旗を一歩高く推し進め農民闘争の革命的昂揚化につとめて来たのである。
　　飯米獲得、払下米無料配給、値下の運動は佐久・上小・伊那地方に於いて役場への大衆的要求提出、村会の看視、署名運動で戦ひ、差押へ、競売反対の闘争は全県下各地で国家権力の弾圧に抗して戦はれ、伊那・長水には債務者同盟、借金者組合の組織を残してゐる。
　　電灯料の値下期成同盟・断線反対会は電気資本に対して闘争し、区有林・村有林の無償伐採の自由及び分配の闘争をも署名・調印・大衆的交渉で戦った。

　1933年10月の「全国農民組合長野県連合会全農拡強に関する意見書」[24]は、全会派の政治的偏向について自己批判しつつ、農民委員会活動の経験を踏まえて運動の担い手と運動の転換を明確に示している。
　　豊作飢饉の中にフアッショの危機を防衛し農民大衆を吾陣営に動員するために、特に今日自作農、没落小地主等の階層をも吾戦列に獲得するために全農拡大中央委員会に吾長野県連左の意見を提案するものである。
　　○非合法の線に副ふた会議派の戦術はその著しきセクトと誤謬のために今日に於ては全く大衆から遊離してしまった。これは会議派が自ら認めてゐる所であり会議派の中心勢力であった長野県に於ける指導者達が続々と転向（町田、若林、山本等）しつゝある事実に徴しても明らかである。
　　（中略）

○ 今日の社会情勢は地方的、部分的の闘争を通してみても政治的結合なしには勝利的解決が困難であるし単なる小作争議、土地闘争に終始するに於てはファシズムの危機に曝らされてゐる中農階層を吾陣営に動員することは出来得ない。(中略)
○ 故に現在の如き吾全農の傾向に対しては、農民大衆の信頼をかち得ないし、従ってファシズムの浸潤に対抗し得ない欠陥を今日の全農は持ってゐることを率直に認識しなければならない。
○ 先ず高度のスローガンたるファッショ粉砕を叫ぶ前に農村全体獲得の(自作農並に没落段階にある小地主等即ち日本に於ては農村に於ける中堅階級)のために具体的方針を確立すべきである。
○ 従来の指導部は少数インテリ派によっての指導に規定されたかの感がある。勿論過渡期にある今日全農がインテリの必要を認るもそれと並行したる農村の現実に最も深き理解と経験を有てる分子を従来より多く含めた指導体を確立することこそ、当面に於ける全農拡強の唯一の条件である。(後略)

　ここでは明確に自作農・小地主が獲得の対象とされている。ファシズムの危機を強調する政治主義的な面があるとはいえ、農民運動の構造転換を明確に示しているといえよう。
　この文書は小作争議として出発した戦前の農民運動が試行錯誤の末にたどり着いた到達点を示している。それは中小地主の厚い存在、都市と農村の経済格差の拡大という中で、恐慌による農村の窮乏を経て到達しえた認識であったと言えよう。
　その後の全農長野県連合会は「1933年春の二・四事件の嵐に依って致命的な打撃を受け、支部の解消・離脱・旧幹部の個人的転向・没落等々によりまったく殱滅の状態に追ひやられて」しまうが、運動の方向に変化はない。1935年12月の「全国農民組合長野県連合会再建懇談会世話人　農民戦線統一につき提案書」[25]は、「勤労農民大衆は何処に何を求めて戦ふべきかに迷ってゐるのがその実相ではありますまいか。……然して最近、農村内の支配者層でさへが救済・請願・陳情・更生の運動の先頭に立ち、農民運動を一つの全村的、地方的

運動にまで伸展させるモメントを作って、新分野を与へてゐることは、……吾々は大いに注意と関心を向けなくてはなりますまい」と、勤労農民運動を目指すべきだと記している。また1936年4月の「全国農民組合長野県連合会再建・統一運動ニュース」[26]も、部落活動を地道にコツコツやることの重要性を指摘し「当面する諸情勢は、勤労農民大衆の生活防衛の戦ひを必然的に要求してゐる……勤労農民大衆の現実の利害を基礎とする運動方針を打ち立つべき絶好の秋である。土地の問題、負担軽減の問題、負債整理、生業資金獲得、村政の問題等々山なす闘争題目が目の前に横たはってゐる」と勤労農民運動の方針を確認している。

むすび──全国の動向について

　全国農民組合長野県連合会の農村認識の模索過程は、全農全会派の典型的な事例を示しているというよりも、恐慌期を経る中で転換を示す日本の農民組合全体の模索過程を示していると考えるべきであろう。
　1933年7月22日の社会大衆党中央執行委員会は、次のように小作農を組織対象とする「部分農民運動」から全勤労農民を組織対象とする「全体農民運動」への転換を提唱している。
　　小作農を対象とし小作争議を形態とする在来の唯一の農民運動は近来の農業恐慌の激化によって変化されたる農村諸形態に対する適応性を漸次に失ひ今や漸くその孤立性と弱化は著大となりつゝある。かゝる形態に鑑み……新運動方針は……農民運動の領域を既存の小作的農民運動からこれを横に発展拡大し協同組合、医療組合、負債整理組合等の農村新運動を起動し博大するにある。換言すれば新農民運動方針は小作農を組織対象とする『部分農民運動』を発展し小作農、自小作農、自作農等、全勤労農民を組織対象とする『全体農民運動』を展開し……一大農村政治運動を建設せんとする（傍点──原文）[27]。

　この「部分農民運動」から「全体農民運動」への転換の提起は農村・農民問題の本質を突いた言葉と理解される。小作争議が農業・農村問題の「部分」で

あるという発見と、あるべき農村認識は「全体的」であるという発見である。
　「部分」「全体」は日本の市場経済システムについての認識と考えられる。いいかえれば、地主小作関係（小作料・土地制度）は日本の市場経済システムの一部分であるという認識と、農業・農村・農民の課題は市場経済システム全体（地主小作関係、農産物価格、税金、農村組織など）ととらえる認識への到達である。この認識に到達するには、農村全体の困窮という形で日本の市場経済システムの「破綻」（＝「市場の失敗」）が昭和恐慌によって明らかになるまで時間を必要としたのである[28]。

●注
1) 西田美昭編著『戦後改革期の農業問題』(1994年、日本経済評論社)、森武麿・大門正克編著『地域における戦時と戦後』(1996年、日本経済評論社)、森武麿『戦時日本農村社会の研究』(1999年、東京大学出版会) など。
2) 長野県の農村社会運動に関する研究成果には、長野県下伊那青年運動史編纂委員会編『下伊那青年運動史』(1960年、国土社)、青木恵一郎『改訂増補長野県社会運動史』(1964年、巖南堂)、西田美昭編著『昭和恐慌下の農村社会運動』(1978年、御茶の水書房)、安田常雄『日本ファシズムと民衆運動』(1979年、れんが書房新社)、大井隆男『農民自治運動史』(1980年、銀河書房) などがある。
3) 小作争議を含む農民運動の展開については『長野県史　通史編第8巻（近代2）』(1989年)、『長野県史　近代史料編第8巻（3）』(1984年)、安田常雄前掲書（特に264～320頁）を参照されたい。
4) 『長野県史　通史編第8巻（近代2）』300～302頁。
5) 大井隆男『農民自治運動史』(1980年) 267頁、273頁。
6) 竹内悠久兒「まづ貴公から」(『自治農民』1926年4月創刊号)。
7) 渋谷定輔「第二期農民運動の方向」(『自治農民』1926年4月創刊号)。
8) 大井前掲書244～250頁。
9) 大井前掲書259～274頁。
10) 大井前掲書307～327頁。なお農民自治会は昭和2年に岡谷山一林組（製糸工場）争議の支援活動を行うが、省略する（同前279～296頁）。
11) 大井前掲書255頁。
12) 『長野県史　近代資料編第8巻（三）』15～17頁。
13) 『長野県史　近代資料編第8巻（三）』22～25頁。
14) 『長野県史　近代資料編第8巻（三）』29～34頁。
15) 『長野県史　近代資料編第8巻（三）』40～50頁。
16) 恐慌期長野県の農村社会運動については多くの研究成果がある。特に安田常雄『日本ファシズムと民衆運動』が詳細に明らかにしている（同書320～353頁参照）。
17) 安田前掲書403～440頁参照。

18）『長野県史　近代資料編第8巻（三）』227～230頁。
19）以下の引用は「全国農民組合長野県連合会第二回大会報告議案」『長野県史　近代資料編第8巻（三）』64～79頁。
20）『長野県史　近代資料編第8巻（三）』104～132頁。
21）「全農長野ファイル」（法政大学大原社会問題研究所）。
22）『長野県史　近代資料編第8巻（三）』160～189頁。
23）『長野県史　近代資料編第8巻（三）』197～203頁。
24）『長野県史　近代資料編第8巻（三）』219～220頁。
25）『長野県史　近代資料編第8巻（三）』231～232頁。
26）『長野県史　近代資料編第8巻（三）』233～236頁。
27）『社会大衆新聞』53号＝1933年7月15日。
28）ここで農民運動の「正しさ」について記しておこう。農民運動が正しく展開したか否かを判断（判定）することは困難である（というよりむしろ不可能であるというべきかも知れない）。というのは農民運動が、農業・農村・農民の諸問題を一気に解決することは現実には不可能であるから、歴史的なある時点での運動の評価は、どの課題を突破口にして農業・農村・農民の経営・生活の改善を図るか、いいかえれば運動のリーダーが時代の空気をどう読んで有効な運動を行うかということにかかっている。的確に時代の雰囲気を読み込めば運動は拡大し成果を得るであろう。しかし、時代を読み間違えると運動は挫折する。昭和恐慌期は小作争議を過大評価したことによる運動の挫折と転換の時期であったいえよう。この点は本稿が明らかにした農民組合の認識の展開から説明しうることである。なお、農民組合が恐慌期に運動の転換を迫られたことは、必ずしもそれ以前の運動が間違っていたことを意味するものでないことは断るまでもない。したがって「農民自治会」の農村・農民認識とその運動が「正しい」ものであったと単純に評価することはできない。とはいえ「農民自治会」の農村・農民認識とその運動がその後の農民組合に引き継がれるべきものを含んでいたことは強調しておくべきであろう。

第3章

「小作争議状況」と小作料調整
―― 長野県の分析 ――

はじめに

　1920～30年代の農村・農民・農民運動に関する研究は、1960年代まで地主・小作関係とその対立（小作争議）を中心として検討され、多くの個別実証が重ねられてきた。しかし従来の研究では、膨大な数の個別実証が詳細になされたにもかかわらず、地主・小作関係は農村社会全体の中で的確に位置づけられなかったのではないかと思われる。いいかえれば、地主小作関係が農村社会を規律することを前提として農村・農民をとらえているのである。1970年代以降の研究では地主小作関係以外の諸問題も論証されてきた。例えば西田美昭編著『昭和恐慌期の農村社会運動』（1978年）、安田常雄『日本ファシズムと民衆運動』（1979年）は、農村・農民・社会運動を広く論証している。しかし地主小作関係を論理構成の基礎にしているという意味では1960年代の研究と本質的に異なるものではない。

　すでに拙著『現代資本主義形成期の農村社会運動』（1996年）が明らかにしたように、地主・小作関係はそれだけを詳細に検討してもその農業・農村・農民問題全体の中で本質的な点はみえてこない。日本の農村社会で地主・小作関係の本質を明らかにするには、従来の小作争議分析とは異なる視角・方法が必要だと思われる。本稿では、小作争議を個々の争議からみるのではなく、県レベ

ルで、面として俯瞰する方法で検討する。

　本章は、1920〜30年代の農民・農村・農民組合が小作争議をどのように受け止めていたかということ（いいかえればその小作争議認識）を検討することによって、この時期の農村における土地問題の意味を明らかにすることを課題とする。

　本章では長野県の地主小作関係の存在状況、小作争議の処理状況を検討するが、その際の視角は農村・農民の「市場経済意識」と「地主小作関係の村落内調整」である。

　地主小作関係において「市場経済意識」の核となる概念は「相当小作料」である。「相当小作料」とは「農村・農民の市場経済意識に相当する小作料」、「1920-30年代にふさわしい小作料」、「農村の経済諸関係とつりあう小作料」という意味である。相当小作料は那須皓『農村問題と社会理想――公正なる小作料――』（1925年）[1]がおよその基準を与えていると考えてよい。以下その概要を記そう。

　まず「本邦在来の小作料は、旧慣又は地主の特別恩顧に依らずして需給関係に依りて自然に決定せらるゝ場合には、多くは小作人間の競争の結果として甚しき高額にまで競り上げられて居る。……本邦過半の小作経営に於ては、企業益は云ふも愚かの事、自家の労働に対する世間並の労賃すら得て居らぬのが普通である。若し強ひて世間並の労賃と云ふならば、そは其の地方に於て農業経営に従事せる者の間に於ける平均的労働報酬を意味するに過ぎないのであって、其の額は此等経営者の最低生活を辛うじて維持し得る限度を超ゆる事が出来ない」と、小作農業経営の置かれている厳しい状態をみた上で、小作農の労働報酬の低さと小作争議の根拠を次のように説明する。

　　略同じ品質の労働が他業に於て一般的に受くる所の労賃より遥かに低位にあるは勿論、近時に於ては雇傭農業労働者が受くる所の賃銀よりも更に一段と低きものである。そは経営者及び其の家族の労力が、家庭其他の事情により、有利なる労働市場を逐ひて自由に転々する能はざる、特別に不利なる事情の下に置かるゝに基きて発生したる所の、特別に不利なる労賃を示すに過ぎない。……此の意味に於て本邦に於ける小作料軽減運動は、失はれたる労賃の回復運動である。そは単に多数の力を恃む妄動にあらずし

て、社会経済的に正当なる成立の根拠を有するものである。

このように「小作料軽減運動の合理性は之を認めざるを得ぬ」と確認し、「小作料がどの辺まで低下せらるべきかは、農民殊に小作農民労力の移動性の増減と、一般労働市場の状況と、及び小作運動そのものゝ社会的勢力とによりて左右せらるゝであろう」と小作料決定の一般的条件を提示したあと、現実の小作料決定を論じる。

> 農地価格に対する或る利率を其儘地代として徴収する主義は……妥当なる小作料を決定すべき基準となり得ない。然るに一方、労賃並びに企業益を先ず耕作者が収得して、其の残額を以て小作料と云ふ説も実行上、理論上種々の支障あること……である。……斯く資本本位の見方も、労働本位の見方も、共に現実の問題として小作料に関する争議を解決する力を持たぬものとすれば、吾人は此所に或る意味に於て両者の妥協たる第三の立場に立って、此の問題の解決を図らねばならぬ。而して夫れは最も常識的であり、容易に争議当事者の諒解承認を得る見込あるものであり、既に各地に於て採用実施せられたる例もあるものである。何ぞや。即ち地主小作人双方の農業経営に関する支出負担を別々に計算し、之に按分比例して収穫を分配すると云ふ案、これである。……斯の如くにして、地主は減価せる土地に対する相当利率を、新小作料として受取り、小作人は又、以前より稍優れるも尚且、相当以下の労賃を、自家労働に対して受取ることゝなる。地主小作両者の犠牲は、略均等である。……公正なる小作料採用は、現小作料を二、三割低下する事を意味するかも知れぬが、地主側としては小作争議の為に不断に不愉快なる生活を送り、又事実に於て屡々三割位に当る減免をなすことあるに比して、敢て苦痛多しとは云へまい。社会的にボイコットせらるゝよりも、寧ろ合理的基礎の上に立ちて堂々と小作料を徴収し、小作者と協調の途を講ずるを賢なりとする。小作者側も亦妄りに多数の力を恃みて、無謀過大なる要求をなし、時として乱民の態度に出づるが如きことを慎み、至当とせらるゝ小作料減額を得て満足すべきである。

以上のように、那須皓は小作料の合理的基準の形成を提示し、その意識が共

有されることを期待する。那須皓の算定法は地主取分に配慮する「按分法」であるが、地主の土地資本利子が低く設定され、逆に小作農の労賃水準が強く意識される。那須の算定法では1920年代前半の小作料が「二、三割低下する事を意味する」ことになり、小作農・農村の「市場経済意識」に近い水準だと考えられる。

「相当小作料」には那須皓の議論のほかに、労働の移動費用、非金銭的な「便益」（家族・親戚・友人等の生活情報ネットワーク）、村落共同体構成員であることの利益などがあると考えられる。また「家名・家産・家業の存続を追求する農家規範の存在が、……農業や農地へ執着させたこと」[2]が、小作料調整の一要因となった。

1920～30年代に農村社会で共有された「市場経済意識」は、「相当小作料の実現」と考えるべきではないかということが本稿の出発点である[3]。「市場経済意識」「相当小作料」による検討で小作料調整の論理と、仕組みが理解しやすくなると考える。

1．1920年代前半——小作争議状況と農民組合の出発

(1) 地主小作関係——小作争議状況[4]

第１次大戦後、地主・小作関係に変化の波が押し寄せる。この事情について県の調査「自大正七年至同十一年　農業争議並小作人団体等県調」[5]は「欧州大戦勃発以来我国社会思潮ノ変遷ト労働運動ノ紛糾トハ著シク小作人ヲ刺戟シ、地主小作人ノ関係ニ変化ヲ来シ稍モスレハ小作人ハ相団結シテ地主ト相争ヒ漸次階級的観念ヲ認識スルノ傾向アリ、大正九年頃ヨリ小作問題ハ警察上注意警戒ノ必要アルヲ認メラルヽニ至レリ」と述べているが、小作争議について深刻な認識はない。1920年以降の小作問題の概要について同調査の「重ナル農業争議ノ状況」の項では「大正十年ハ農作減収ノ結果県下全般ニ渉リ小作料ノ減額ヲ要求スルモノ頻出シタリト雖モ之等ノ大部分ハ地主小作人相協調シ争議ト認ムル程度ニ至ラスシテ解決シ其ノ数個人要求二五、三九一、団体要求一五三件九、一一〇人ナリ、此ノ中大正十年中ニ解決ニ至ラサリシモノ個人要求五〇四、団体要求二件一七六人アリシモ、大正十一年ニ入リ逐次解決シツヽアリ紛糾セ

ントスルモノナシ」と記されている。1918年12月25日から1920年1月25日に渉る上高井郡須坂町を中心とする付近村落小作人280余名の小作争議は、「今後小作相場ノ決定ニハ小作人側ヲ参加セシムルコトヽナシ解決シ、大正九年十二月小作相場協定ニ当テ小作人代表者ヲ参加セシメ尚小作人等ハ代表者選定等ノ必要上、上高井連合小作人組合ヲ組織シ爾来両者ノ間円満ナリ」と記しており、全般的には地主小作人間の「協調」「円満」「紛糾セルモノナシ」という円満な争議経過・解決であることが理解される（争議経過・解決は村落内でなされたと理解してよい）。

なお1920年～21年には南佐久郡、北佐久郡で紛糾する争議があったが、「警察署長・町村長・其ノ他村内有力者仲裁シ何レモ解決ヲ為シタリ」と、村落内調整を基本とする調停で争議は収束している。意識的な農民組合運動を展開した埴科郡戸倉村が村落内調整で解決しない唯一の争議であった[6]。

地主小作関係のこのような状況は1927年に至っても基本的に変化はない。「昭和二年五月　小作争議概況等につき知事事務引継書」[7]は、農民運動について「本県ハ蚕糸業盛ンニシテ米麦栽培ハ寧ロ農家副業タルノ感アリ、且耕地分配比較的均衡ヲ保チ教育ノ普及セル結果県民理智ニ富ミ加フルニ大都市ノ影響ヲ受クル事ノ比較的少ナキ等ノ原因等ニ依リテ小作運動ハ従来盛ナラサリシナリ。県内ニハ約七十ノ小作組合アレトモ活動セルモノ少ナク僅カニ数組合カ互ニ連絡ヲ採リ又外部ニ対シテ徐々ニ指導勧誘シツヽアリシ状態ナリ」と運動の停滞を指摘し、争議の内容については「本県従来ノ小作争議ハ其ノ内容簡単ニシテ風水旱害ヲ原因トシテ一時的ノ小作料低減ヲ目的トスルモノ其ノ八割ヲ占ム、根本的ノ小作条件改善ヲ目的トシテ永久的小作契約ヲ改正セムトスルモノハ約二割ナリ、争議ノ経過ニ付テモ最初団体行動ヲ採ルトシ結局ハ個人対個人ノ解決ニ移シテ妥協スルヲ普通トシ多少紛糾セルモノニテモ小作官ノ勧告ニテ解決スルヲ普通トス」と小作争議の穏和な状況を記し「継続中ノ小作争議ハ現在一件モナシ」と小作争議の全体状況を締めくくっている。「個人対個人ノ解決」とされる争議は団体行動を前提とするものであり、村落内の合意を含んだものと理解される。

小作争議は、紛糾があっても基本的には村落内調整で解決していたことを示している[8]。

(2) 農民組合の農村認識と農民組合の出発

(農村認識)

　小作争議が起きる前の地主小作関係では、小作農は地主の力の前に対抗する力をもたなかった。この状況について小野陽一は次のように記している[9]。

> 大正十二年にも、小野の村（埴科郡雨宮県村——引用者注）では早く冷気が来てしまったので、稲の実入りが悪く大不作であった。それで小作人が集会をしたが、地主に一撃でやられてしまったのだ。その時地主等が契約小作料に対し納入を少なくしたやうな場合は、それを証文にして、大正十三、四年に迄亘って徴収したのであるが、全般的な不作だったから、契約小作料の額に達するものは少なかったのだ。それでも減免運動は成功しなかった。……当時の実収小作料は、全国平均して大抵玄米一石の割合だのに、小野の村は多いのは、一反歩籾八俵（五斗三升俵）の小作料の所もある。そんな所では小作人の利益は、一反歩、五斗三升俵で三俵位のものだから、此れでは肥料代十五円程を引いたら、何にも残らないのだ。裏作の大麦は小作人の利益になるけれど、これとて大麦の当時の価格一駄十円以下では、肥料代を差引けば僅の手間代にしかならなかった。これでは小作人は、どうして食って行けるであろうか。その生活の惨めさは都会人の想像もつかぬことで、魚など刑務所囚人よりも少いくらいである。だから小作による労働のみでは到底生活することが出来ないから、小作人階級では子女を工場、主として製糸工場に稼がせぬものは殆んどない。そこで此等の姉妹は、1ヶ年親の膝下を離れて、七、八十円から腕の極良い者で三百円位の稼ぎ高を持って、十二月の末に帰って来るのだが、それでも小作百姓の暮しは楽にならなかった。

　このような地主小作関係にもかかわらず、後年の回顧で小野陽一は農村認識を次のように語っている。

> なる程農村の窮乏の根本原因は、資本主義生産様式の持つ矛盾に相違ない……日本に於ては、全国的に小作地より自作地が多く、自作地より小作地が多いのは、僅に北海道、新潟、香川県位のもので、其他の県下では、何

れも小作地よりは自作地が多いのだ。従って日本農村構成の基調は、小作農でなく自作農であるのだから、小作争議と云へども、それは小地主と小作農人との小ぜりあいに過ぎぬのだ。

小作料が不合理に高率の場合は兎に角、ただ地主を資本家とのみ見ての争議は、徒に争議のための争議に終って、結局共倒れとなって、しまいには行詰ってしまうにきまってゐる。内部に於て闘争を続けることは、決して農民自身を窮乏より救ふの途ではない。……小野は日本の農村が、一つの共同体として、現在の経済組織の矛盾、及び農村自身の生産様式から来る矛盾を、解決して行かねばならぬと信じた。其処に小作問題の如きは、その一部としては、解決されねばならぬのである[10]。

中小地主を村落共同体の構成員とし、小作問題を農業・農村問題の一部とする見方である。類似の認識は、農民運動の担い手に共有されていたのではないかと思われる[11]。

1925年4月19日、20日の両日東京芝公園協調会館において開催された政治研究会（「政治研究会」は、1924～26年の間組織された無産政党組織の準備団体）第2回全国大会で長野県から提案された議案について若林忠一（長野県の中心メンバー）は次のように述べている[12]。

北信支部では満2ヶ年に亘る実践の成果を大会に上程すべくそれが検討に全力を集中した結果「農村の基本的調査に関する件」という議案を提出することに執行委員会の意見は一致した。この内容は「農村には地主、地主兼自作、自作、自作兼小作、小作というように幾多の階層があるが、これらの階層はそれぞれ独自な利害をもって時に対立、時には協調している。プロレタリヤの闘争に当って、これらの階層が如何なる動向をとるかは、実に重大問題である。そこで農村の基本的調査を行って、農村階層の動向を予知し得るようにする事が急務である」という要旨であった。

農村の階級・階層構成の複雑性を指摘し、農村社会運動のための調査研究の必要を訴えている。農民運動の出発時から農村の対立関係は地主─小作関係に単純化して理解されてはいなかったのである。

（農民組合の出発）

このように農村の社会経済関係の複雑さが議論の対象になっていたにもかかわらず、農民運動は小作争議として始まり、農民組合は小作農民組合として出発した。

長野県で最初に記録されている小作人組合は、1913年に結成された小県郡長瀬村の長瀬甲組小作人組合である。その組合規約は「地主ト意思ノ疎通ヲ謀リ各自家業ニ精励シ共力一致農業ノ改良発展ヲ期スルヲ以テ目的ト」し、「天候不順ノ為メ不作ノ場合ハ総会ノ決議ニ依リ誠意地主ト交渉シ不穏ノ行為ヲナサヽル事」を定めている[13]。地主と協調しつつ小作条件の改善を目指す規定である。

農民組合結成の動きが始まるのは第1次大戦後である。この事情について県の調査「自大正七年至同十一年　農業争議並小作人団体等県調」[14]は、「欧州大戦勃発以来我国社会思潮ノ変遷ト労働運動ノ紛糾トハ著シク小作人ヲ刺戟シ、地主対小作人ノ関係ニ変化ヲ来シ稍モスレハ小作人ハ相団結シテ地主ト相争ヒ漸次階級的観念ヲ認識スルノ傾向アリ、大正九年頃ヨリ小作問題ハ警察上注意警戒ノ必要アルヲ認メラルヽニ至レリ」と述べている。また同調査の「地主又ハ小作人団体並ニ地主小作人ノ協調団体」の項は、次のように述べている。

> 上高井連合小作人組合ハ大正九年十二月二十日上高井郡須坂町ヲ中心トセル一町三ヶ村ノ小作人ヲ以テ組織シタルモノニシテ之カ動機ハ従来小作相場ノ決定ハ地主側ノミニテ行ヒ来リシニ、大正八年十二月地主側ノ決定セル小作相場高キヲ以テ小作人等ハ之カ割引ヲ要求シ爾後小作相場ノ決定ニハ小作人代表者ヲ参加セシメラレタシト主張シ、大正十二年十二月ニ及ヒ遂ニ小作人代表者ノ参加ヲ容ルヽニ至リ小作人側ハ代表者選定等ニ団結ノ必要ヲ認メ組合ノ組織ヲ為スニ至レルモノニシテ之ニ伴ヒ大正十年一月ニ至リ連合組合区域内ニ三団体ノ組織アリ。

> 大正十年県下全般ニ渉リ農作減収ノ結果各地小作料ノ割引ヲ要求スルモノ頻出シ之カ要求ヲ達スル為メ小作人ノ団結スルモノ著シク増加シ、同年十月以降十七団体、大正十一年二月迄四団体ノ組織ヲ見ルニ至レリ。

小作人組合の結成は小作料調整のための代表者組織の必要性によるものであ

り、村落単位で組織されるのが大部分であった[15]。

　小作人組合の結成は時代の流れであった。個別的な小作問題はただちに全国的な組織と関わりをもった。『信濃毎日新聞』で個別事例をみると、埴科郡戸倉村では1922年1月12日の小作人組合設立総会後、20日には日本労働総同盟会長の鈴木文治らを招いて講演会を開催している。このような動きは周辺の町村にも影響を与えた。戸倉村の小作人組合結成が「動機で、茲数日中に杭瀬下村にも小作人組合の設立を見る事となり、発会当日鈴木友愛会長か、其他の理事が来援する事となって居る。他の町村でも小作人組合を作るべく、何れも計画を進めて居るらしいので、今秋までには各町村に小作人組合の設立」をみるであろうと報道している[16]。

　しかし、1920年代前半の長野県で農民組合の組織はなかなか広がらなかった。
　例えば、大正1922年1月「古瀬伝蔵ハ出身地関係ヨリ本籍地西筑摩郡大桑村ニ帰省シ専ラ同組合ノ趣旨宣伝ニ努メ……日本農民組合大桑村支部ヲ設置シテ上京シタリシカ本人上京ニヨリ組合指導者ヲ失ヒタル同支部ハ自然解消トナリ」、同年12月には上田市で日本農民組合関東連盟の塚田富太郎が「自宅ニ支部組織準備会事務所ヲ設置シ専ラ組合員ノ勧誘ニ務メタルモ共鳴者ヲ得ル能ハスシテ中途挫折」、1923年には下伊那郡下条山田河内小作組合を中心に日農関東連盟の支部組織を試みたが「共鳴者ヲ得ル能ハスシテ自然立消ヘノ状態ニ陥」った。1924年には上伊那郡各地で日本農民組合支部組織運動を行ったが、「当該組合運動ハ一、二主義者ノ運動ニシテ我国情ニ適セサルモノト認識シ之ニ共鳴スルモノナキ而已ナラス其ノ運動行動者ヲモ嫌気排撃セリ」という状況であった[17]。

　しかしきっかけがあれば小作争議が広がり、農民組合の組織化が進む条件は整いつつあった。1925年に転機が訪れる。北信一帯への稲熱病の襲来である。小野陽一の活動をとおしてみよう[18]。

　秋には「稲熱病の被害はハッキリ表れて、稲の穂首の所は黒くなって、穂は枯れてしまふのが多く、そのうち甚大の被害を受けたのは、田一面真白になって居た」。小野は村（埴科郡雨宮県村）の小作人を調べて、小作対策の相談会を開いた。「二十人近く集まったが、口々に困る困るとは云って居るが、仲々纏りがつかなかった」。しかし機は熟していた。その後の経緯について小野は

次のように記している。

　十月になってから、小野は村の小作人組合を結成して、その第一回の演説会を、村の公会堂で開いた。これは此の地方では最初の小作問題の演説会であった。その日の準備のために、小野と堀田は随分と遠く迄ビラ配りに飛び廻った。三百人ほど入れる会堂が殆ど一ツパイになって、南條村小作組合の塩野と松尾の二人が小作争議の実験談を試みた。小野は其の夜、農民の運動に全生命を捧げる悲壮な決意を示した。
　その夜から小野は農民組合の組織に全力を注いだ、村と其の隣の村で懇談会を開いた。自分の村には組合の組織が出来上った。十日程たって当時新潟県連合会に居た浅沼を呼んで、小野の隣の区で演説会を開催すると、四百名程度の農民が参集した。それから、寺尾、東福寺、清野、東條の各村で演説会を開いて、組合の組織と争議の指導をした。争議は殆んど小作人側に有利に解決されたことは云ふ迄もない。其の一方小野はプロパガンダにも全力を注いで、日本農民組合長野県連合会の存在や、小作争議の発展状況を、全県下の農民大衆に知らしめるために、各新聞にレポートを送ることも忘れなかった。また既存小作組合が、大した日常闘争も展開しなゐので、それに対して働きかけるために、それ等の団体の所在を調査して、印刷物やプリントを送ることにした。

　この時期には、熱意のあるリーダーが現れれば状況が急速に転換する条件は整っていた。そしてそれは小作争議の有利な解決を得ることによって加速された。
　小作争議・農民組合についての認識は、1920年代に急速に部数を拡大した新聞報道によって農村に広まり、また農村の日常生活の話題となった。例えば「高村家の小作争議──の問題は、当時周囲に相当の影響を及ぼしたらしく、私は梓橋駅で電車を待合せていたとき、この問題が電車の乗客の話題になっていたのをきいた」[19]という回顧談はこの時期の農村での情報伝達の一端を物語っている。

（協調的小作組合と協調組合）

この時期までに結成された「小作組合」（実体は小作料調整を目的とする村落ごとの「協調的小作組合」である）と、地主と小作人を構成員とし小作料調整を目的とする「協調組合」の特徴を大井隆男の論文で検討しておこう。

まず「小作組合」（県レベル、全国レベルの連合会に属しない単独の小作組合・農民組合）について検討しよう。

「果敢な運動にもかかわらず弾圧により戦時下に沈黙を余儀なくされた」農民組合に対して、特定地域に局部的な組織をみたにとどまる協調的な「小作組合」として北佐久郡平根村「上平尾小作組合」を検討する[20]。

「上平尾小作組合」は1925年11月に結成される。その規約は「一.本組合員ハ農事ニ精励シ生産ノ発達ヲ図ル事、二.地主対小作者ノ円滑ヲ図ル事、三.春秋二期ニ総会ヲ開キ農事改良ニ付各自意見ヲ交換スル事、四.郡県ノ技師並ニ小作官ノ臨席ヲ仰ギ農事ノ振興ヲ図ル事」と、農事改良を重視し、官僚機構との関係に配慮し、協調的小作組合らしい目的を掲げるが、その本来の意図は第四条「組合員ハ天候不順ニテ不作ノ場合ハ、組合総会協議ヲ以テ地主ニ対シ年貢ノ減納ヲ請願スル共、若シ応ゼザル場合ハ組合一同相当ノ処置ヲ取ル事」にあると考えてよい。組合の相談役6名には自作農を含む人望ある有力者・非組合員3名が含まれていた。

小作組合は発足早々小作料1割減を勝ち取り、翌年には小作料永久減という宿願を達成した直後に「上平尾小作組合」は解散し（官憲の圧力によるといわれる）、新たに「平根村農事研究会」として再発足することになる。「平根村農事研究会」は地主との協調および農事の改良発達を表面に出しているが、基本は小作組合の規約と変わらず、小作料減免の交渉を繰り返している。しかしその後小作問題解決の主導力は農事研究会から村農会に移り、やがて戦時下に解消していった。

このように協調的な小作組合の活動は農事改良を組み込んでおり、地主小作間の調整は、多少の軋轢をともないながら村落内でなされた。いいかえれば地主小作間の調整は農事改良の一環として取り上げられ、軋轢のレベルは基本的に村落内で調整されうるものであったと考えられる。

次に小作料の村落内調整の仕組みである「協調組合」について検討しよう[21]。

キリスト教信者（地主）主導で1913年10月に結成された南佐久郡岸野村「沓沢区農事改良備荒貯蓄会」の目的は「従来の温情主義〔＝前近代性〕から脱皮して、地主を親作・小作を子作としてとらえ直し、これに自作を加え、同等の資格をもつ三者が一体となり、地域ぐるみで小作料の適正化・農業生産力の向上・地域社会の改善を図るところにあった」。会の事業は、（1）小作料の適正化、（2）農事改良、（3）備荒貯蓄の三つに要約できる。会の特色をなす小作料の適正化（標準田調査規定）の方法は、標準田の経営→稲坪切（刈）→評議員会による小作料標準決定の3段である。このような小作料決定方法は「会創立以来年ヲ閲スル二十年ニ及、此ノ間作柄不良、小作料割引五回ニ及ブモ、会員善ク規約ノ精神・条目ニ遵由シ融和協調ノ間ニ問題ヲ解決シ些ノ紛争ナク、三者協同ノ幸福ニ忠実ニ努メ来リタル結果、農村問題根絶ノ好模範トシテ帝国農会・県農会・中央協調会認ムル処トナリ、好個調査資料ヲ提供シ、本県自治展覧会ヨリ受賞ス」ることとなった。

会の活動は沓沢区にとどまることなく、坪刈り方式は岸野村内に拡大普及して小作問題解決の有効な手段となった。岸野村の周辺町村には小作争議台頭期の争議激発地があったにもかかわらず、また無産政党や農民組合の働きかけが激しかったにもかかわらず、岸野村は特色ある村づくりによって、小作争議の発生をみず、また農民組合の結成をみることもなく、無風地帯を形成したのである。

この「沓沢区農事改良備荒貯蓄会」は長野県における協調組合の先駆であり、親作・自作・小作一体化による小作問題解決と農業改良推進という発想のもとに着実な成果を収めた。協調組合は、地主主導の農村改良事業団体であり、農事改良と地主小作関係の調整＝安定が一体のものと考えられていた。小作料問題は村落内の協調的な組織の手で実現されるレベルのものであったと考えてよいであろう。

2．1920年代後半——小作争議の本格化と農民組合

(1) 小作争議状況

県の小作争議についての認識は1920年代後半になっても大きな変化はみられ

ない。「昭和二年五月　小作争議概況等につき知事事務引継書」[22]は農民運動について次のように報告している。

　本県ハ……耕地の分配比較的均衡ヲ保チ教育ノ普及セル結果農民理智ニ富ミ加フルニ大都市ノ影響ヲ受クル事ノ比較的少ナキ等ノ原因ニ依リテ小作運動ハ従来盛ナラサリシナリ。県内ニハ約七十ノ小作組合アレトモ活動セルモノ少ナク僅カニ数組合カ互ニ連絡ヲ採リ又外部ニ対シテ徐々ニ指導勧誘シツヽアリシ状態ナリ、……本県従来ノ小作争議ハ其ノ内容簡単ニシテ風水旱害ヲ原因トシテ一時的ノ小作料低減ヲ目的トスルモノ其ノ八割ヲ占ム、根本的ノ小作条件改善ヲ目的トシテ永久的小作契約ヲ改正セムトスルモノハ約二割ナリ、争議ノ経過ニ付テモ最初団体行動ヲ採ルトシ結局ハ個人対個人ノ解決ニ移シテ妥協スルヲ普通トシ多少紛糾セルモノニテモ小作官ノ勧告ニテ解決スルヲ普通トス……継続中ノ小作争議ハ一件モナシ。

　小作組合の活動は低調で、小作争議は出発点での団体行動の後、個別交渉に移るという形で解決をみるパターンである。個別交渉は団体交渉（村落内調整）を踏まえ個別事情を組み入れた解決であったと考えてよいであろう[23]。
　しかし、このような県の認識にもかかわらず、小作争議は広がりを示し始めていた。農林省農務局『地方別小作争議概要（昭和七年）』は次のように伝えている。

　昭和二年迄ハ争議ノ発生数量ハ全国各府県ノ平均数以下ニアリソノ解決亦容易ナリキ然レドモ昭和三年頃ニ至リ不況ノ影響漸ク深ク農村ニ浸潤シ農家ノ経済不如意トナルト共ニ一方日本農民組合ノ支部北信各地ニ結成セラレ急激ニ争議ヲ増加スルニ至レリ而シテ……昭和五年農産物特ニ繭価暴落シタル結果金納桑園小作料不合理トナリソノ減額ニ関シ争議ヲ頻発スルニ至レリ[24]。

　1927年以後小作争議は増加し全国農民組合県連合会の勢力も拡大するが、小作争議が激しい様相を呈するのは例外的であった。
　1929年には争議に際して小作側から妥協を求める動きが目立つようになる。10月28日の『信濃毎日新聞』は、「小作側、拝み倒しの新戦術」という見出し

で、この年の「小作争議状況」を伝えている。

　更埴地方の本年稲作は昨今鎌入期に至ってその不作殊に著るしきものあり、各町村とも大並二割乃至三割減を唱へられ甚だしきに至っては収穫皆無の場所が可なりに上る模様で、これがため昨今の農家は全く唖然たる状態である。従って本年の小作争議は先づ更埴が中心地と見られ、既報の屋代町字粟佐の減免要求を始めとして戸倉村等から小作料減免の叫びが挙げられ更にその他の諸町村における小作人の間にも目下寄々協議が進められてゐるので本月下旬から来月初旬にかけて続々之が要求が現れるものと観測されて居る。例年更埴の小作争議は大部分思想的背景を持ち、従って県下でも比較的悪性のものとして解決頗る至難の状態であったが、今年は俄かにその戦法が一変され、新傾向を現してゐるのが特に注目されてゐる。即ち従来に於ては小作人の団結が極度に硬調され稍もすれば地主に対し一種の威嚇的態度が示される結果却って反感を買ひ解決を長引かする嫌ひがあったが、これは結局小作人側としても決して有利でなく、殊に本年の不作は一般的のものであって、地主とてもある程度まで既に承認してゐるものが多いので今年の如きは地主に対しその実情を訴へると同時に嘆願的戦術を以て泣き落としの一策を用ふるのが巧妙にしてかつ効果を収むる方法であらうといふので目下各地の小作人はいずれも穏便に出てゐるので本年は斯くして悪性の小作争議は極めて少ないものと見られてゐる。

戸倉部落では一割強減を要求
　埴科郡戸倉村地方における本年稲作は最近鎌入れ前にして一般的に二割乃至三割の減収を予想されてゐるが、同村字戸倉部落の小作団体農事組合では二十六日午後一時から同区宗安寺内に小作人百七十余名の総集会を開き本年の不作に対し協議の結果従来の田年貢一反歩籾六表二斗に対し一割減、目方が一升二百七十匁に対し十匁減の都合小作料一割三分八厘減額要求を地主小林荘左衛門氏ほか四十余名に申込むことに決定し、二十七名の交渉委員を挙げ取敢ず二十七日からおのおの手分けして交渉中であるが、小作人側の意向としては何分本年の不作は地主とても或る程度まで承認してゐることで、殊に一割三分八厘の要求は本年の状態から見て決して高率のものでなく、従って地主においても容認するものと思ふからとて極めて穏当

な方法を取り円満解決を希望してゐる。

地主と協調か／戸倉村磯部区

埴科郡戸倉村字磯部部落でも小作人八十余名はこの程総会を開いて小作料減額問題につき協議したその結果本年は不作であり米の質が粗悪であるから成るべく充分結実せしむるため来る三十一日まで鎌止めを行ひ三十日地主二十余名の立会を求めて区内隈なく実況視察を行ひこれを全部投票によって減収歩合を決定する事になった。同区は昨年度に於ては猛烈な争議を惹起し形勢一時悪化し漸く解決を見た程であるが、本年はあくまでも地主と協調的態度を以て進むものと見られてゐる。

合法的手段で要求／上小農民組合の決議

上小農民組合外二団体の小作料軽減問題協議会は二十六日午後一時から小県郡滋野村公会堂で開催されたが、出席者は三十余名で本年の作柄につき協議の結果最低三割減の小作料減額を地主に要求することに決定したが、その手段は合法的なものを選び参加団体小県郡内十五組合、南北佐久二十組合員の調印を取り、小作地の坪数を調査し坪刈り行って各方面の減収歩合を計算した表を作りこれを地主に提示して減免要求をするもので、交渉については個人関係を絶対に受付けないこと等を決定した。而して同地方大地主である小諸町柳澤禎三氏に対しては別に柳澤小作人会といふ団体を作りこれを東信農民代表者会議が支持する形式を取り三十日を期し交渉を開始するもので、事務所は滋野村赤穂柳澤洛氏方に設置したが、今後の進出は注目される。

一部紛糾を予測させる動きもあるが、小作側の動きは、軋轢を避けて実利を得るという小作農の意思（＝打算）に基づくものであるともいえるが、むしろ予測される妥協点を探るという方法が取られるようになったことを意味すると考えてよいであろう。おそらくその妥協点は地主にも了解可能で小作農としても了解できる範囲に収まるという予測が立つものであった。紛糾が予測された大地主柳澤に対する小作料減額問題は、柳澤家の葬儀を契機に解決する[25]。その間の経緯について、1930年3月28日の『信濃毎日新聞』次のように報道している。

小作人の純情は美し／地主、柳澤氏感激して／争議忽ち解決す／平均一割五分減額して訴訟も取下げ
　小県郡神科村に於ける小作人茅野将男氏外三十五名対大地主柳澤禎三氏に対する小作料減免問題は農民組合の運動となり、幾多の波乱を生じ結局小作調停裁判まで事件を持ち上げてしまったが、その後に至り当の柳澤禎三氏死亡により同氏葬儀に際して小作人一同が誠意を示して会葬したこと等から柳澤家嗣子憲一氏との間に頗る融合の気分を生じたので二十六日同村古里区長宮島新三、清水清、茅野堅一郎氏等の外小作人代表等が午後二時北佐久郡山辺村の柳澤氏邸に於て会見を行った結果、交渉が意外にすらすらと進んで、従来五分減に対する更に八分見当の割引を承諾し結局一割三分より二割、中には五割二分等の減額を承諾し、結局平均一割五分の減額となり又畑作も一割の引下げを決定して解決を見たので直に二十七日上田区裁判所に提起中の調停裁判の取下げを行い、又争議中農業倉庫に共同保管中の年貢米も引き出して直に小作料を納入するなど意外にもすらすらと同問題を解決した。

　この間の経緯は、紛糾しているようにみえる小作料減額問題も多少のきっかけと仲裁者の介在で解決するものであることを示している[26]。
　村落で小作料問題がどのように扱われたか、個別事例を取り上げてみよう。上高井郡川田村町川田農村愛護団（農事組合または単独小作組合とみられる）は1928年4月に小作相場協定の恒常化を求めて町川田総代に申請書を提出している。その理由は次のとおりである。
　農民生活ハ日ニ日不安定ヲ続出シ、今ヤ全国ヲ挙ゲテ益々農村ヲ疲弊ニ導テ行ク、之ヲ救済シ安定スベキ真剣ナル烽火ハ各地ニ勃発シツヽアル秋ニ於テ、吾等ハ本団ノ設立ヲ謀リ、農村問題ノ全部デアル小作料ノ協定ヲ時ノ組総代小林常二郎氏ニ請願シ、同氏ノ熱心ナル斡旋ニヨリ地主会ノ了解ヲ得ルニ至リ、以後年々組総代ノ調停ヲ煩シ両者共譲歩シ合ヒ理解アル小作相場ヲ出現シ好結果ヲ見ルニ至レルハ、之レ実ニ疲弊ノ極ニ在ル本組ノ現状ニ直面シテ寔ニ新生面ヲ開拓セルモノトス、茲ニ此ノ協定会ヲ永遠不変ノモノトシ益々充実タラシメンコトヲ希ヒ、本団ハ春季総会ノ決議ニ基

キ町川田区ノ行事トシテ組合規約中ニ編入相成候様、特別ナル御配慮ヲ願フモノナリ[27]。

　その後、不作であった1934年に小作協定がなされている。1934年の「小作相場協定録」は次のように記録している[28]。

　　正総代小林勝二郎ヨリ本日ノ協定会ニ就テ本年ノ作柄ニ対シ懇談ヲナシ適当ナル相場ヲ円満ニ協定セラレ度旨ヲ述べ、議事録署名員ニ地主中ヨリ西沢博男代理北島真二、北村正一、愛護団中ヨリ依田直作、伊藤庄之助ノ四氏ヲ指名シ承諾ヲ得タリ、之ヨリ懇談ニ入ル、双方意見中、本年ノ作柄ハ先ヅ近年ニナキ不作ニ付意見ノ一致ヲ見タリ、依テ組総代ヨリ双方ノ見込相場ノ発表之方法ヲ如何ニスベキヤヲ諮リシニ、従来ノ書面ニ依ルコトニ決シ、双方ニ於テ書札ヲナシタリ、（中略）
　　第一回第二回ノ書札ヲ対照シタルニ、双方ノ相場甚タシク懸隔アルニ付、双方ニ於テ再考熟議ノ上第三回ノ書札ヲ改メテ提出セラレタキ旨ヲ述べ、懇談ノ結果双方ニ於テ書札ヲナス、
　　第三回書札、……組総代及参事員ニ於テ対照シタルニ双方ノ相場ハ尚ホ甚ダシク懸隔アルニ付、何回書札ヲナスモ双方ノ意志堅ク折合ガ付カズ、而テ総代及参事員ニ白紙ニテ委任スルコトニ地主及愛護団代表満場一致ヲ以テ委任スルコトニ決定セリ、
　　茲ニ於テ総代及参事員ニテ協議研究ノ上相場ヲ決定シ……発表セリ。

　結果は地主小作の中間の「相場」を提示し、決定されている。村落内の交渉による妥協成立である。

3．組合の小作争議認識

　「昭和二年八月　日本農民組合総本部宛長野県連合会組織情勢報告」は、1927年までの小作争議は「自然発生組合の組織」によるものであり、「大正十年頃一般的不作ニ際シ我ガ信州ニモ県下数ヶ町村ニ亘リ小作争議ガ勃発シ、以後毎年数ヶ町村ニ同様ノ争議ガアッタガ何レモ其ノ要求ガ少額デアッタノデ何

レモ小作人側ノ勝利ニ帰シタ」[29]と報告している。小作農の要求は地主と容易に妥協できるレベルであり、争議は村落内で解決した。

「昭和四年二月　全国農民組合長野県連合会第一回大会議案書」[30]は、小作料減免闘争について「養蚕―違蚕、繭価安―による窮乏と、不作に原因して小作争議の嵐は全県下を文字通り席捲した。が、これを全部われわれのものとして全県的に統一し、強力なる大衆運動にまで組織することは出来なかったが、各支部、準備会は畑小作料二割―六割、田小作料一割―四割の減免に成功し、多くの単独小作組合をも、精力的な応援によって勝利せしめ得た。しかしながら組織的実力の不足はもう一歩を前進せしめ得ず、単独組合を獲得する迄に到らなかった」と一定の成果を強調しつつも組織が拡大しなかったことを指摘する。また、県内各地の小作組合については「県内各地に組織されてゐる単独小作組合は多くはブルジョア政治運動に影響されてゐる幹部に指導されてゐるために非戦闘的であり、単なる一時的な小作料の軽減運動に満足してゐる」と報告する。小作争議は協調的に決着し、小作組合は「満足」する成果を得て、農民組合連合組織の介入を必要としてない、という認識である。

このような小作料決定方式は基本的には村落内調整であり、紛糾する場合小作調停法による解決を求めるものであった。農民組合からみると小作調停法は「農民組合運動を破壊する」ものであり、調停にあたる町村長・小作官などは政府か地主の代理人で、「小作争議調停法は戦闘的農民組合を破壊し対地主の問題を一時的にゴマ化さんとする」ものであるから、小作人側から調停の申し立てをしないようにという方針をたてている[31]。村落内調整を基礎とする小作料調整に対する反発と危機意識を示すものである。

1931年時点の県の小作争議状況認識は「管下ニ於ケル土地ノ分配ハ比較的公平ニシテ且ツ養蚕業ノ発達セル結果小作争議ノ発生ハ従来数件ニ過キサリシカ、昭和三年農民組合運動ノ勃興ニ伴ヒ農民ノ意識ハ漸次階級的トナレル為争議モ年数十件ニ激増シ、現在全国農民組合及日本農民組合ヲ両翼トシテ其ノ拡大強化運動ハ最モ注意ヲ要スヘキモノアリ」[32]と小作争議が広がることを警戒しているが、農民組合からみた小作争議状況は、むしろ争議指導（争議の拡大）が容易でないことを示している。

4．1930年代——昭和恐慌期

(1) 小作争議状況

　1930年代の長野県経済の基礎的条件について、長野県内務部農商課は次のように特徴を述べている。

　　「本県ハ……完全ニ蚕糸業ノ王国トナリ……昭和四年ニハ桑園面積約七万一千町歩ニシテ耕地面積ノ約五十％畑面積ノ六十九％ニ当レリ而シテ本県農家総戸数二十万戸ノ約八割（全国平均ハ三割九分）十六万戸ハ養蚕農家ニシテ本県農家収入中其ノ約七割ハ（全国平均一割二分）養蚕収入ナリトス。……斯クテ繭ノ市場生産ヲ通シテ農業経営ノ商品生産化ヲ著シク高メ本県農村農家ノ経済ハ一ニ繋ツテ養蚕業ノ振否ニ依存シ糸価ノ如何ニ徹底的ニ支配セラル実情ニ立チ至レリ」「本県ノ浮沈ハ一ニ蚕糸業ノ動向ニ左右セラルト謂フモ過言ニアラザル可シ」「繭価暴落ニヨル農家収入ノ激減ハ農民ノ生活ヲ脅威シ県下経済社会状勢ハ益々急ヲ告ゲ……ルニ至レリ」[33]。

　恐慌期の小作争議は、蚕糸業を中心に成り立っている農村・農家の破綻、中小地主が困窮する中で展開された。全国農民組合長野県連合会はこの状況を「生活資料の４割乃至７割を養蚕によって得てゐる長野県下の農民は……悲惨な犠牲となって、たえがたい窮乏にしんぎんしてゐる。然して自ら養蚕を行ふ中小地主は、自らの窮状を、土地なき養蚕小作農に対するあくなき誅求によって打開せんとするのだ」[34]と中小地主の対応を警戒する。

　この点について1927年４月に公表された県農会の小作地返還調査は「一昨年の農業恐慌以来農村の窮迫化はあらゆる視覚から見られて来たが七日県農会経済部から発表された五年六月より六年五月に至る一ヶ年間の小作地返還に関する調査は農村の階級的対立の先鋭化、小作人の鋭角的破局を示すものとして注目されるに至った」「地主の小作（自作の誤リ―引用者）に依るものが依然として重要な部分を占めてゐるのは、本県が多数の小地主存在と云ふ農村の特殊事情に基づくものである」と、耕作地主の存在と土地返還争議の深刻化を指摘

する[35]。

深刻な土地返還問題をかかえていたとはいえ、小作争議は全体として厳しい対立にはならなかった。『信濃毎日新聞』は1930年の争議を次のように伝えている。

「五年度に発生した長野県下の小作争議は一時的小作料の減額要求に関するもの四十八件小作契約の継続要求に関するもの二十二件以下合計八十五件で昭和六年度へ持ち越した未解決争議は四十二件であったが三月三十日現在において右のうち既に解決をみたもの三十一件新たに発生した土地返還争議僅に四件で目下のところ争議戦線異状なしの姿である。一方五年に提起された小作料の一時的減額要求は殆ど全県下に亘って未曾有の数に上り大部分は妥協成立して右の如く僅に四十八件の争議化を見たのである」[36]。

「本県ではこの程、農村恐慌時代だった昭和五年度の県下各市町村桑園小作料減免状況調査を完了した。県下三百八十三市町村のうち調査資料に足るべき回答をなして来たもの二百三十九ヶ市町村のうち争議に依って小作料減免を実現し得たもの四十八ヶ町村、百七十四ヶ町村は争議もなく減免が行はれ、他のものは減免を見なかった。争議なくして減免が行はれたものの多くは小作組合農民組合が組織されて居て地主に自覚を与へたもので地主自身発動的に減免を実行したものもある」[37]。

この二つの記事は、全県下にわたる小作料一時的減額要求はほとんど争議化することなく妥協が成立し村落内調整で解決したこと、小作組合・農民組合の存在が「地主の自覚」「自発的減免の実行」を実現させたことを示している。

深刻化することが予測された桑園小作料については「昭和五年以来発生シタル桑園小作料ニ関スル争議ハ五、六両年度ノ争議ト繭価ノ変動トノ結果大体落着点ヲ発見シ争議トナラサルニ至レリ」と、紛糾することなく調整されたと報告されている[38]。

不作の1934年の小作争議状況についても基本的な変化はない。農林省農務局『地方別小作争議概要（昭和九年）』は次のように報告する[39]。

第3章 「小作争議状況」と小作料調整　69

昭和九年度ニ於ケル情勢
本年度ノ稲作ガ風害並冷害ノ為ニ県下全般ニ著シキ減収ナリトシ繭価亦低落シタル為ニ田畑小作料ノ一時的減免争議各地ニ発生シタル為ニ争議ノ分量ハ著シク増加シタリ。……従来争議地方ト見ラレタル方面ハ地主ガ農民組合運動ニヨリ啓蒙セラレ相当小作関係ヲ理解シ来リタル結果割合ニ問題発生セズ。

争議ノ手段
小作料一時減免争議ニ於テハ小作人ハ代表者ヲ以テ主要地主ニ減免ヲ請求シタル後村当局又ハ村農会当局ニ斡旋調停方ヲ依頼スルヲ普通トス。而シテ各種ノ事情ノ為ニ争議ガ大ナル曲折ヲ経ルコトナク、ソノ調停ニ依リ解決シタルヲ以テ特殊ノ争議手段ヲ用ヒタルモノ極メテ稀ナリキ。……小作料一時的減免争議ニ付テハ何レモ大ナル紛糾ヲ見ズ解決シツツアル為ニ極メテ速カニ解決シ小作料納期ガ遷延スルニ至リタルモノハ数件ニ過ギズ。

調停者
小作料一時減ニ関スル争議ハ大部分町村農会又ハ町村長村有志ノ調停ニヨリテ解決シ、依法調停ニヨリタルモノ二件、小作官ノ法外調停ニヨリタルモノ三件ニ過ギズ。

解決ノ条件
小作料一時減免争議ハ一割乃至一割五分減ニテ解決シタルモノ量モ多ク大体減収率ノ六、七割ニシテ従前ニ比シ若干低下シタル傾向アリ。ソノ原因ハ農民組合ノ衰退、耕地不足ノ激化等ニヨリ小作人ノ対抗力低下シタルト地主ノ経済窮迫シタルニヨルモノト思料セラル。

　ここで示されていることは、①地主は「農民組合運動により啓蒙され相当小作料を理解し」、大部分は村落内調整で決着したこと、②小作料調整は町村長・町村有志の調停により、③それでも解決しない場合小作調停法または小作官の法外調停によって解決をみたこと、以上3点である。小作争議が村落内調整を基礎として解決される仕組みが形成されていることが理解できる[40]。
　「昭和十年一月　農民運動状況につき知事事務引継書」[41]は、農民組合運動、小作争議、地主組合について総括している。

小作争議状況では、「管下ニ於ケル農民運動ハ嘗テ全農全会ヲ主流トシ全農総本部派之ニ次キ相当活発ニ行ハレタリシモ……時局ノ影響ヲ強ク受ケテ組織活動ハ勿論小作料ノ減額運動等亦組織的ニ行ハレタルモノ殆ントナキモ之ニ反シ単独小作人組合及一般未組織小作人ノ小作料減額運動ハ漸次活発性ヲ加ヘツツアリ」と記されるように小作争議は組織的農民運動が弱体化した後も減少することはなかった。

単独小作組合については「単独小作組合ハ……昨秋ノ小作料減額運動ニ関シテハ広ク全県的ニ行ヒ其ノ間新ニ結成セラレタル組合ヲ見タル等其ノ動向ハ、一般未組織小作人ノ之カ運動ト共ニ大イニ注意ヲ要スヘキモノアリシヲ以テ円満公正ナル解決ニヨリテ紛争化ノ防止ニ努メタル結果二、三ノモノヲ除イテハ何レモ地主、小作人間ノ個人交渉又ハ町村会長等ノ斡旋ニヨリテ夫々実情ニ応シ円満解決」したと、活発な減免運動と村落内での解決を述べる。

小作争議全体については「昨年ノ冷風害等ニヨル稲作不良ト繭価安ハ必然的ニ小作料ノ減額問題ヲ発生セシメ、前記ノ如ク広ク全県的ニ行ハレタルモ夫々円満解決、小作争議トシテ取扱ヒタルモノハ本年七月以降ノ分ト合セ僅カニ三九件ニシテ併モ大衆動員等ヲ手段トスルモノ等殆ントナキノミナラス、其ノ大半ハ小作調停裁判ニヨルモノニシテ何レモ円満ナル解決ヲ見ツツアリ」と、円満解決（村落内調整によると考えられる）と、多少の紛糾がある場合の小作調停による決着を述べている。

なお、地主組合については「近時一般地主ト共ニ動モスレハ小作人ニ対スル態度強硬ニ出ルモノアリ、従而小作料ノ減額交渉等ニ関シ小作人トノ間感情対立紛争化ノ虞アルモノナキニアラサルヲ以テ之等ノ地主ニ対シテハ必要ニ応シ懇談理解ノ助長ニ努ムルト共ニ一般小作人側ニ対シテモ無謀ナル要求不順ナル策動等ハ之ヲ戒メ、抗争激化ノ防止ニ努メタル結果昨秋ノ小作料減額問題等ハ……概ネ円満ナル解決ヲ見タリ」と、地主を抑制する対応を示している。

地主が強硬に抵抗し争議が紛糾するのは、基本的には農民組合が村落内調整を超える要求をするか、将来村落内調整に従わない可能性を予測した場合ではないかと思われる。東筑摩郡麻績村小作料減免争議での地主の言葉「私の土地を耕してゐる小作人の真の叫びではなく急進的な赤化分子が動いてゐることが明瞭に看取されたので要求を受け容れませんでした」[42]という言葉はその一端

を示している。

小県郡西塩田村小作争議では西塩田村労資協調会（会長＝農会長・村長）による1929年12月の小作料決定（桑畑小作料最高4割引）に一般村民は従ったが、農民組合は最高5割引を要求して争議となった。地主側は農民組合の目的は村当局を追及し、村の自治機関の要職を組合員の手に掌握することにあるとして、組合の要求を拒否。紛争の後、組合の要求をかなり受け入れる代わりに農民組合を解散することで終結した。この解決条件は、村落内での小作料の調整が保証されれば、地主が一時的な減免拒否に執着するものではないことを示している。強硬な地主も村落内調整による「相当小作料」での解決を求めていたと考えてよい[43]。

(2) 農民組合の転換

（小作争議認識）

1930年3月の「全国農民組合長野県連合会第二回大会議案書」[44]は、争議状況認識と小作争議への取り組みを次のように記している。

全農は小作料減免争議を「直接地主に対する吾々の闘争であり、農民運動の基本的な、また端緒的な闘争であるため、遅れた農民大衆もこの闘争には奮起し得る」と位置づけ、活発な活動を試みた。そして1929年「九月に入って常任委員会は秋の闘争方針を決して指令し、減免要求運動の先頭を切り、各支部及準備会の関係した争議は単独小作組合等より有利に解決せしめた」と、運動の成果を強調するが、それに続けて「わが長野県下に於ける争議は二、三の例外をのぞいては主として小規模のものであり、単独組合の力或は小作調停等々によって可なりいゝ条件をかち取ってゐるために、全農の展開する闘争は非常に困難であった」と記さざるをえなかった。そして争議部報告は次のように総括する。

> わが長野県の小作争議は一般に大衆的規模の上に戦はれてゐない。従って連合会の関係する争議は土地取上反対と、減免闘争に限られてをり、全国的立場からみれば農民運動の初期の状態であると云える。
> それは大地主が殆んどなく中小地主が直接争議の対象となってをり、生産業は米作になく養蚕に農民の全生命をかけてゐるが如き特殊な地位にある

ためである。
　それ故に小作争議はおびただしい件数に上ってをり、その線に沿ってまた協調的小作組合が多数存在する。そしてそれは地主との交渉やせいぜい小作官の出動によって比較的よい条件を獲得してゐるので組織的には全農の敵対物となってゐる。

　この総括は、いくつかの興味深い指摘を含んでいる。一つには農民の生活に深い関わりがあるのは地主小作関係ではなく養蚕であること、二つには農民組合が関わらなくても「比較的よい条件」で解決しているということ、三つには協調的小作組合や地主との直接交渉による解決で（村落内調整であると考えてよい）小作農に不満がないことである。地主小作関係は基本的に村落内でほとんど解決されるもので、農民組合が介入することは困難であり、また必要ともされていないという事実である。単独小作組合は「全農の敵対物」ときめつけられるに至っている。全農の「敵対物」ときめつけられた「小作組合」（小作料問題について全農を必要としていない）が全農を排除するのは必然である。「全農の如き有力な階級闘争の部隊が農村の平和の攪乱者である」といわれるようになる（1932年全農長野県連合会第4回大会）。
　全農支部をみると、上子地区委員会の小作争議を重視する認識・方針はもっと明確である。1931年4月8日「全農上子地区委員会　第一回大会議案」[45]の「小作料全免に関する件」の議題では「吾々は生きて働くために、従ってこの不平等な階級社会を吾々のものにするために小作料全免の闘争をあらゆる農民のスローガンにすべきだと思ふ。小作料全免を闘かはずして何が吾々を解放すると言ふのか？　吾々はこれ以外の道を知らない。だから土地取上絶対反対と共に小作全免の要求を吾々の搾取者に向って要求する事が最も本質的であり最も必要な事だと確信する。誰がなんと言って反対し様が吾々意見の反対物は全て皆吾々の敵である」と小作料全免の重要性を強調する。そして単独小作人組合については、「単独小作人団体は極めておくれた意識の上、又おくれた習慣の鎖の中にとらはれて惨めな生活に喘いでゐるからこれを正しい階級意識に目覚めさせねばならぬ」と、小作農の「意識のおくれ」を指摘する。小作料問題を絶対化し、それに反対する者は「全農の敵」とするのである。

1931年4月の全国農民組合長野県連合会第3回大会[46]でも小作争議についての認識は基本的には変わらない。

　繭価の惨落、農産物価格安によって、長野県下の農民の窮乏が激化し、農村の中農層を巻き込んだ不況対策運動が広範に展開される中で開かれたこの大会では「不況対策も吾々の側からすれば先ず小作料減免が第一になる」、「小作料減免闘争……吾々の端緒的闘争であり、未組織農民組織の為にも最も有効なる闘争である」と小作料問題を最優先の課題と位置づけた。しかし小作争議の現実の展開は次のとおりであった。

　　県内各地に散在する少数の大地主をのぞいては中小地主が大部分小作農民に関係を持ってゐるため、大規模の争議として現はれたものはないが中小の減免争議は殆んど全県下をなめつくした。従って減免闘争の限りに於ても農民の要求が美事に貫徹さすことは非常に困難である。それは吾が全農の組織率が極めて低く、多くは単独小作組合を中心に闘争してゐることが最大の理由である。全農が組織した争議に於ては、如何なる小規模なものでもこれを政治闘争に発展させる努力がなされた。……吾が全農は『養救闘争』の展開と秋季闘争に全力を尽し、畑小作料全免、田五割引のアジプロを全県的に闘ったが、大衆的規模に於ける闘争にまで発展させることは出来なかった。

　この文章は、一つには中小地主地帯の小作料減免問題は厳しい対立となることなく解決したこと、二つには小作争議における全農の指導は必要とされず、小作料減免は基本的に単独小作組合で（村落内調整を意味する）解決されることを示している。

　1932年3月の全国農民組合長野県連合会第4回大会[47]は、農民委員会運動が提起され、農民運動の転換（小作農民運動から勤労農民運動への転換）を画する大会であった。その背景には、生活の窮乏にもかかわらず小作争議が困難化しているという事情があったのである。

　ところで、この時期の無産政党・農民運動の動向について、県とマスコミはどのようにとらえていたであろうか。まず、長野県内務部は次のように報告している[48]。

県下無産党ハ小作争議ニヨリ無産大衆ノ階級的闘争意識ノ激化ニ努メツヽアリシモ、経済恐慌ニ依ル無産大衆ノ上ニ押寄スル生活苦打破ノ為コレニ対スル政治的社会闘争ヲナシ、以テ階級闘争意識ヲ煽火スルニ適セル客観的社会情勢到来セリトナシ、無産大衆ヲ自己傘下ニ引キ入レ拡大化ヲ図ル好機ナリトシテ生活窮乏打開運動ニ方向ヲ転換シ大衆ノ不況請願運動ニ迎向シツヽアリ、故ニ小作争議領域ニ於ケル彼等ノ活動ハ稍沈静ノ表相ヲ呈セルニ非ズヤト思惟セラル、コレ現下経済不況時ノ小作争議ヘノ展望ノ一端ナリトス。

　不況下で農民運動の活動領域は小作争議から離れ、不況打開の方向に向かっていたことを指摘している。
　『信濃毎日新聞』は「非常時農村を省る（下）農本主義運動」と題する記事で運動の方向を示している[49]。

　　フアシズム的農民運動の主要な闘争形態は「請願運動」であった。これは……地主・小作人の区別なく農村を一体として都市の資本主義に対立させることであった。……請願運動の成功は、従来階級対立の運動を唯一の闘争形態にしてゐた全国農民組合にも著るしい影響を与へずにはおかなかった。全国農民組合も、第六十三議会に当っては、おくればせながら請願運動をはじめなければならなかった。
　　もちろん部分的に見ると飯米闘争だとか、診療闘争のやうな、特殊な成功した闘争がないではないが、しかし大体においては「請願運動」一本槍のフアシズム運動に押され気味であったといはねばならぬ。
　　この経験は小作争議本位の農民運動にある種の転換を余儀なくせしめたものであった。農村の急激な没落は、小作争議の価値を著るしく減少させた。それとゝもに農民運動の分野は一種の危機に見舞はれた。これを雄弁に物語るものは全国農民組合の非常な弛緩である。小にしては全農を活かし、大にしては日本農民運動を活かす新しい農民運動が今準備されつゝある。

　「小作争議本位の農民運動の転換」「小作争議の価値を著しく減少させた」という認識は農民組合外からも指摘されていたのである。農民組合は、この時期

の農村・農民の実感に基づく認識から運動の方向を考えざるをえない状況に追い込まれていたのである。

1932年10月の「全国農民組合長野県連合会拡強に関する意見書」[50] は、「豊作飢饉の中にファッショの危機を防衛し農民大衆を吾陣営に動員するために、特に今日自作農、没落小地主等の階層をも吾戦列に獲得する」必要性を訴え、小作農民運動からの脱却を求める意見を全農拡大中央委員会に提案するものであった。それは、小作争議の村落内調整（相当小作料での決着＝地主小作の合意形成システムの形成）の定着による小作争議の困難化、不況対策運動の全県的な展開と、農民組合の不況対策運動への取り組みを踏まえて提起されたものであった。

- 今日の社会情勢は地方的、部分的の闘争を通してみても政治的結合なしには勝利的解決が困難であるし単なる小作争議、土地闘争に終始するに於てはファシズムの危機に曝されてゐる中農階層を吾陣営に動員することは出来得ない。（中略）
- 故に現在の如き吾全農の傾向に対しては、農民大衆の信頼をかち得ないし、従ってファシズムの浸潤に対抗し得ない欠陥を今日の全農は持ってゐることを率直に認識しなければならない。
- 先ず高度のスローガンたるファッショ粉砕を叫ぶ前に農村全体獲得（自作農並に没落段階にある小地主等即ち日本に於ては農村に於ける中堅階級）のために具体的方針を確立すべきである。

ファシズムの危機を強調する政治主義的な面があるとはいえ、ここでは明確に自作農・小地主が獲得の対象とされている。農民運動の構造転換を明確に示しているといえよう。

むすび──全国的動向との関連

地主小作関係（小作料問題）を地主小作間の協調によって解決するという認識や、地主組合設立によるスムーズな交渉で小作料問題を解決する提案、地主小作関係は農業・農村問題の一部であるという理解は日本農民組合結成当初か

ら存在した。

　たとえば「地主を苦しめ、地主を倒せば小作人が良くなると思ふは大なる誤りである。……互いに協調し、相互扶助せねばならぬ」[51]とする杉山元治郎日本農民組合委員長の言葉は、日農委員長に機関誌の「創刊の辞」で触れさせる程度の広がりをもって「地主小作間の協調」という意識が存在していたことを示すものである。

　山本公徳は、杉山元治郎が小作人組合の交渉相手として地主組合の結成を望み、「小作争議を地主小作間の集団的交渉という形で生活向上の回路として制度化しようとしたものということができよう」と指摘しているが[52]、これは初期の日農の指導者が、交渉による小作料調整を制度化する意思をもっていたことを示している（村落ごとの自然条件の種々の差異を考えれば集団交渉の単位は村落と考えてよい）。小作料の位置づけについては「組合の目的は単に小作料の軽減にあると考へてはなりません、対地主のみの問題でもありません、もっともっと大きな問題です。例へ小作料は引下がっても人間らしく生活するまでは尚ほ幾つかの階段を昇らねばなりません」[53]という指摘がなされている。小作料問題の部分性の指摘である。

　地主小作関係は農業・農村問題全体の中で部分に過ぎないという理解は、1920年代に長野県と埼玉県で運動の広がりをみせた「農民自治会」の議論ではより明確に示されている。

　渋谷定輔「第二期農民運動の方向」[54]は、「農民運動の第一歩として、地主と小作人の争議をみることは、理の当然であり、毫も不思議なことではない。私はこれを以って第一期農民運動と名づけてゐる。しかし小作米の軽減には一定の限界があり、小作米の二割三割、否五割六割を地主から割引させたとて、それで決してこの問題の根本解決を見ることは出来ない。この問題は農村問題として、只地主と小作人のみの問題ではなく、農業耕作者全体の問題である」と、小作料問題には限界があること、小作料問題が、耕作者全体の（いいかえれば農村全体の）問題であることを指摘した上で「今や農業耕作者は、地主も、小作人も、自作農も、打って一丸となり、近代商工主義、都会中心主義に対して、弓を引かねばならない秋に面してゐるのである」と農村・農民全体としての課題解決の必要を提示している。渋谷定輔は農民運動の出発早々に小作料問

題の限界（部分性）を指摘し、小地主を含めた社会運動が必要であると主張しているのである。

　同様の主張は1927年の機関誌にも掲載されている。著者不明の「土地問題は耕作者組合の手で」[55]は「農民自治会は……その仕事の一として小作組合の活動に大いに力を注ぐ方針である。しかし、今迄のやうな小作組合とは少し行き方を変へ小作人の小作組合であるばかりか広く自作農までがみんな参加して、綱領の一に掲げた土地問題を徹底的に解決しやうとする。……耕作者組合を作って、小作も自作も村中一致して土地問題の解決に当たらう」と、土地問題・小作料問題の村落内での解決を提示している。渋谷定輔の議論と合わせて考えると農民自治会では小作料問題の村落内での解決（村落内調整）が共通に意識されていたのではないかと思われる。

　農民運動の出発時に存在していた農村認識（小作料問題の部分性）が共有されるには、小作争議の種々の経験（小作争議の停滞・挫折、農民組合の孤立）を必要とした。小作争議の停滞・挫折は農村・農民の市場経済意識に見合う「相当小作料」を実現する仕組みが形成されたことによるものであり、農民組合の孤立をもたらしたのは、農村で共有されている「市場経済意識」を無視した小作争議への執着＝小作争議を絶対的な突破口として社会運動の高揚を図る農民組合の運動方針であった。

　小作争議調整システムの形成（それによる「相当小作料」の実現）は、小作争議が市場経済システムの部分的調整の役割を基本的に終えたことを意味した。小作争議の困難化・「小作人組合の眠り込み」「小作争議の行き詰まり」などの言葉はそれを示すものであった。そこに恐慌による農村全般の経済的困難がやってきたことによって、農民運動は小作争議中心の運動からの脱却を迫られることになる。市場経済システム全体の破綻（市場の失敗）を市場メカニズムの一部（地主小作関係）に収れんさせる認識は農村・農民に受け入れられなくなっていたのである。その転換が小作農民運動から勤労農民運動への転換である。その転換は「部分農民運動」から「全体農民運動」への転換として明確に示される。それは小作争議による市場経済システムの部分的調整から市場経済システム全体の再編を求める運動への転換を意味するものであった。1933年7月の社会大衆党の「全体農民運動方針大綱」が明確に示しているといえよう。長野

県の試行錯誤が、全国的な模索過程の一環であったことが理解される。

「小作農を対象とし小作争議を形態とする在来の唯一の農民運動は近来の農業恐慌の激化によって変化されたる農村諸形態に対する適応性を漸次に失ひ今や漸くその孤立性と弱化は著大となりつゝある。かゝる形態に鑑み……新運動方針は……農民運動の領域を既存の小作的農民運動からこれを横に発展拡大し協同組合、医療組合、負債整理組合等の農村新運動を起動し博大するにある。換言すれば新農民運動方針は小作農を組織対象とする『部分農民運動』を発展し小作、自小作、自作農等、全勤労農民を組織対象とする『全体農民運動』を展開し……一大農村政治運動を建設せんとする」(傍点──原文)[56]。

「部分農民運動」から「全体農民運動」への転換の提起は、小作争議が「市場経済システム」の部分的調整の役割をもつに過ぎないという認識を明確にし、農業・農村・農民問題の解決には「市場経済システム」全体の編制替えが必要であるとする認識を示したものと理解してよいであろう。農民組合の全国組織にとっては市場経済システムに対する部分的批判（＝小作料の減免）から市場経済システム全体への批判に転換することを意味する。小作争議は市場経済システム全体に対する運動の一部として限定された意味をもつことになる（念のために強調しておくが、小作料問題が農民運動の課題でなくなるということではない）。

市場経済システムの再編は、長期的には「市場の失敗」に対する経済政策（「ケインズ経済学は、自由市場に任せておくと恐慌が起こるという『市場の失敗』に対する批判として登場した」)[57]として、農業に対して保護政策の拡充、農村に対して地方財政調整制度の整備でなされるものであるが、それは経済政策の構想の上でも財政事情からも恐慌期に一挙に解決することは困難であった。

それに代わって実施されたのが、農業・農村を市場経済の中に放り出すような「自力更生運動」であり、緊急避難的な「救農土木事業」あった。しかしそれよりも有効であったのは中国に対する侵略戦争をともなう経済の回復であった。それは「市場の失敗」に対する差し当たりの有効性を示すものではあったが、のちに「政府の失敗」として侵略された国々にも日本国民にも多大な苦痛

●注

1) 那須皓『農村問題と社会理想――公正なる小作料――』(1925年、1977年再版、農山漁村文化協会) 266～285頁。
2) 有本寛・坂根嘉弘「小作争議の府県パネルデータ分析」(『社会経済史学』73-5、2008年) 82頁。
3) 本稿は庄司俊作『近代日本農村社会の展開』(1991年、ミネルヴァ書房) で論証されている「協調体制論」から示唆を受けており、庄司「協調体制論」と認識が重なる部分がある。本稿の特徴は、(1) 市場経済システムの一環として小作料調整システム (協調組合はシステムの一部である) を検討したこと、(2) 論証に当って農村・農民の「市場経済意識」と「相当小作料」を分析視角としたこと、(3) 小作争議・村落内調整システムを農村問題・農業問題全体の中で「市場経済システム」「市場の失敗」との関係で論証したことにある。本稿は以上3点を中心として論理構成を試みた。従来、小作農の自家労賃意識が小作争議分析のキーワードとされてきたが、小作料調整システムとして、労働市場に限定せず、村落ごとに異なる種々の農業・農村事情を包摂した幅のある広い概念 (農村日雇賃金意識を重要な要因として含む農村・農民の「市場経済意識」) で検討したのは、「市場経済意識」「相当小作料」による検討で小作料調整の論理と、仕組みが理解しやすくなると考えたからである。
4) 「小作争議状況」とは、小作争議そのものと小作争議に至らない地主小作農間の矛盾・対立の全般的な動向を意味する。
5) 『長野県史　近代史料編第8巻（三）』(1984年) 2～5頁。
6) その後大正13年12月に『信濃毎日新聞』で報道された須坂・日野・日滝の小作争議は、紛糾が予測されたが、町長代理・農会長・小作官などの調停で解決している (『長野県史　近代史料編第八巻（三）』10～11頁)。村落内調整を基本とする解決である。
7) 『長野県史　近代史料編第8巻（三）』17～19頁。
8) 郡レベルでも同様の争議状況の報告がある。北佐久郡については次のように記されている。
「本郡における小作争議は大正一〇年に三件の紛争を数える。すなわち伍賀・高瀬・岩村田における対立であるが、高瀬の土地取り上げに対する小作人の暴行告訴事件以外は小作料値下げの紛争であった。中でも岩村田の争議の場合は荒宿区で名誉職総辞職・小学校児童休校という手段まで用いているが、しかしながら解決方法は第三者を入れて地主会に交渉する仕方をとっており、伍賀の場合は従来の小作人寄合を廃して地主小作人双方から五名の委員を出し、地主小作人ともその決定に服従するという方法によっている」(『北佐久郡誌　第3巻社会編』1957年、277～78頁)。小作料問題は村落内で解決されていると考えられる。
9) 小野陽一『共産党を脱するまで』(1932年、大道社) 34～35頁。小野は日本農民組合長野県連合会準備会常任書記 (1926年)、その後日農長野県連合会の中心メンバーの一人である。

10) 小野陽一前掲書（1932年）170～71頁。
11) 後述の長野県を運動の中心地の一つとしていた「農民自治会」での議論はそれを示している。
12) 若林忠一「信州社会運動の黎明」（『信濃路』4-33、1949年7月）55頁。長野県の「政治研究会」については、安田常雄『日本ファシズムの民衆運動』（1979年）73～82頁参照。
13) 『長野県史　近代史料編第8巻（三）』1～2頁。
14) 『長野県史　近代史料編第8巻（三）』2～5頁。
15) なお、小作人組合の組織的特徴について「大正七年度から五年間をとりあげると、地域的には一二郡にわたり……組合が結成されている。組合の多くは、小作料相場決定のさい小作人を参加させよと要求している。ほとんどが一〇〇人以下の、大字以下の区域を範囲とする組織で……あった」（『長野県史　通史編第8巻近代2』1989年、291頁）という指摘がある。
16) 『長野県史　近代史料編第8巻（三）』5～6頁。
17) 『長野県史　近代史料編第8巻（三）』8頁。
18) 小野陽一前掲書34～37頁。
19) 小林勝太郎『社会運動回想記』（1972年）154頁。
20) 大井隆男「農民運動における『小作組合』の役割」（『信濃』28-6、1976年）。
21) 大井隆男「農村における協調組合の役割（一）（二）」（『信濃』31-9・11、1979年）。
22) 『長野県史　近代史料編第8巻（三）』17～19頁。
23) 農林省農務局『小作年報　第三次』（1928年）は、1927年の小作人組合と小作争議について「小作組合ハ相当設立セルモ争議発生ニ際シテハ大概地主側ノ円満ナル容認ニ依リ解決スルヲ以テ強イテ飽ク迄対抗ノ態度ヲ保持シ運動ヲ持続スル必要ナク従テ有名無実ノ組合モ尠カラス日本農民組合連合会一、其ノ支部十九アルモ余り活動セス」（同書144～45頁）と、争議の円満な解決と小作人組合の有名無実化を指摘している。
24) 農林省農務局『地方別小作争議概要（昭和七年）』（1932年）289頁。
25) 柳澤禎三に対する小作争議については安田前掲書162～65頁参照。
26) 1929年10月29日の『信濃毎日新聞』は、「小作争議の本場更埴で妙案」という見出しで、土地利用組合の話題を取り上げている。
　「例年小作争議の本場の如き感がある更埴地方では之に対し何等か地主小作間の紛争を絶滅せしむべき方法はないかと最近識者の間に可なり研究の題目に上ってゐるが、其一として産業組合法により土地利用組合を組織し、土地の管理に当るのが合理的であり且つ時代に即した有効な方法ではないかと見られ産業組合埴科部会で……具体的研究を進め近く部会研究会に之を提唱しやうとして居る」、「秋の収穫に至れば査定員によって各戸につき其収穫を査定し……組合と地主とが合理的に折衝し小作争議を未然に防止するといふのである」、「土地利用組合は地主側で毎年の争議に弱ってゐる処であるから勿論大賛成と思ふが……小作人側としても頗る有利なことであ」る。この記事は、連年の争議に困惑する地主も何らかの「合理的」な小作料調整法を検討せざるをえなかった事情を示している。
27) 『長野県史　近代史料編5巻（二）』（1984年）686頁。

28) 『長野県史　近代史料編5巻（二）』702～03頁。
29) 『長野県史　近代史料編第8巻（三）』22～23頁。
30) 『長野県史　近代史料編第8巻（三）』40～50頁。
31) 「昭和三年三月　日本農民組合長野県連合会第二回大会議案書」『長野県史　近代史料編第8巻（三）』29～34頁。
32) 「昭和6年8月　農民運動概況につき知事事務引継書」『長野県史　近代史料編第8巻（三）』136頁。
33) 長野県内務部農商課『昭和七年八月　長野県の不況実情』（1932年）1～3頁。
34) 1929年2月「全国農民組合第一回大会　議案及報告書」『長野県史　近代史料編第8巻（三）』49頁。
35) 『信濃毎日新聞』1932年4月8日。
36) 『信濃毎日新聞』1931年3月31日。
37) 『信濃毎日新聞』1931年5月23日。
38) 農林省農務局『地方別小作争議概要（昭和七年）』289頁。なお、この時期の警察による弾圧と小作争議の関係については「昭和七年特ニ下半期以後警察取締ノ徹底不況ノ落着並満州事変ノ影響ニヨル農民思想ノ変化、並昭和八年二月ノ共産党大検挙等ノ為ニ県下ノ全農ハ壊滅状態ニ陥リ他面産業転換気運ノ勃興ニ伴ヒ耕地不足ノ傾向激化シタル為ニ小作人ノ対抗力低下シソノ結果小作料ノ減免ニ関スル団体的争議ハ著シク減少スルニ至レリ」（農林省農務局『地方別小作争議概要（昭和九年）』288頁）とする。争議減少の原因は弾圧も一因ではあるが、「農民思想の変化」「耕地不足の傾向激化」という要因があるという指摘である。
39) 農林省農務局『地方別小作争議概要（昭和九年）』289～92頁。なお、1934年の小作争議について『信濃毎日新聞』にもほぼ同じ内容の報道がある。『長野県史　近代史料編第8巻（三）』224～25頁。
40) なお、土地返還並滞納小作料争議の困難さについては次のように記されている。
　「土地返還並滞納小作料争議ニ於テハ小作人ハ小作官ニ陳情、小作調停申立、警察人事相談所ニ依頼スル等哀願的方法ヲ採リツツ小作ヲ継続スルノ方法に出デヌニ対シ地主ハ訴訟手段ニ出デ或ハ実力ヲ以テ小作人ヨリ占有ヲ回復セムトスルモノ少カラズ。……（調停者）滞納小作料並土地返還争議ハ小範囲ニシテ世間ノ注目スル所トナラズ。而カモソノ仲裁人相当困難ナル為ニ結局法外調停ニ依リ解決スルモノ多シ」（農林省農務局『地方別小作争議概要（昭和九年）』291～92頁）。この種の争議は小範囲で争議として社会的な注目を集めることがなかったこと、村落内での解決が困難で小作官による法外調停で解決が図られること、この二つが注意される点である。
41) 『長野県史　近代史料編第8巻（三）』225～27頁。
42) 1932年1月「東筑摩郡麻績村小作争議報道記事」『長野県史　近代史料編第8巻（三）』154頁。
43) 「年次不詳　小県郡西塩田村小作争議回顧録」『長野県史　近代史料編第8巻（三）』209-215頁。なお、この時期に紛糾した主要争議については安田常雄前掲書264～320頁を参照されたい。個別の小作争議については西田美昭編著『昭和恐慌期の農村社会運動』（1978年、小県郡西塩田村）、大石嘉一郎・西田

美昭編著『近代日本の行政村』(1991年、埴科郡五加村)、林宥一『日本農民運動史論』(2000年、埴科郡五加村)を参照されたい。
44) 『長野県史　近代史料編第8巻（三）』64〜79頁。
45) 法政大学大原社会問題研究所「全農ファイル」。
46) 「昭和6年4月　全国農民組合長野県連合会第3回大会議案書」(『長野県史　近代史料編第8巻（三）』104〜132頁。
47) この大会については1932年3月「全国農民組合長野県連合会第4回大会議案書」(『長野県史　近代史料編第8巻（三）』160〜189頁参照。
48) 長野県内務部農商課『昭和七年八月　長野県の不況実情』7頁。
49) 「非常時農村を省る（下）農本主義運動」『信濃毎日新聞』1932年12月23日。
50) 『長野県史　近代史料編第8巻（三）』219〜20頁。
51) 大原社会問題研究所『土地と自由(1)』創刊号（1922年1月27日）3頁。
52) 山本公徳「日本における社会民主主義の社会的形成」(『歴史学研究』No.791（2004年8月）10頁。
53) 前掲『土地と自由(1)』19号（1923年7月25日）214頁。
54) 農民自治会機関誌『自治農民』創刊号（1926年）。
55) 農民自治会機関誌『農民自治』第2-12号（1927年）。
56) 『社会大衆新聞』53号＝1933年7月15日。
57) 田代洋一他『現代の経済政策（新版）』（2000年、有斐閣）13頁。

補論1　小作料調整システムの形成

　日本の農地所有制度の特徴は、中小地主が厚く存在するところにある。中小地主は小作料を収得すると同時に農業経営者でもある。したがって農業経営者の立場で小作料問題を考えうる立場にあり、村落内で小作料について合意が形成されやすい条件があったと考えられる。そのような条件に加えて小作争議の全国的展開によって「地主の理解」が進んだこと、小作農の方は小作争議の経験や小作争議解決条件についての見聞から、小作料についての相場（＝相当小作料）を理解したこと、小作料調停法による調停の円滑化などがあって、小作料問題については争議に至るまでもなく解決のおよその見当がついたと考えてよい。このような状況を前提として小作問題の村落内調整システムが形成された。想定される小作料は、地主・小作農だけでなく農村全体で共有される市場経済意識に見合う「相当小作料」である。

第3章 「小作争議状況」と小作料調整

　小作料問題の村落内調整システムには種々の形が考えられるが、①協調的な「単独小作組合」、②農事組合的な「協調組合」（＝農事組合の機能をもつ協調組合）、③小作料調整機能を合わせもつ「農事組合」、④寄合的協議による調整（随時形成される緩い調整システム）、という四つの調整システムが基本的な形ではないかと思われる。共通するのは、村落内で「相当小作料」を実現するために調整機能を果たしている点である。

　本稿で取り上げた単独小作組合、協調組合、農事組合は①②③のいずれかに該当する。また争議化することなく④で解決した小作料調整が多かったと考えてよい。四つの調整システムの中で標準的なものと考えられる③の典型的な例として群馬県の「農事組合的な協調組合」を検討しよう。群馬県の「協調組合」設立の経緯は次のように記されている[1]。

　　大正八、九年頃ヨリ県下各地ニ小作争議ノ勃発アリシニ鑑ミ之カ未然防止ノ機関タラシムヘク大正十一年二月県当局カ県令ヲ以テ農事組合奨励規程ヲ発令シ同時ニ農事組合準則ヲモ公示シテ積極的ニ之カ設立ヲ奨励シタルニ依リ爾来県下各町村ニ続々其ノ設立ヲ見ルニ至レリ。
　　故ニ本県ニ於ケル協調組合ハ殆ト全部農事組合ノ名称ヲ用ヒ多クハ一大字内ノ地主小作人及自作農ヲ以テ組織セラレ組合長、副組合長、実行委員、幹事ヲ役員トシ総会及実行委員会ヲ決議機関トスル殆ト一定ノ内容ヲ有ス。

　農事組合は常時村農会と連絡を取って農事の改良、共同購入、共同販売、農業経営の指導などを行い、また地主小作の融和親善を図った。そして「天候不良ノ為作物ノ減収ヲ来シタル場合ニ於テハ其都度実行委員ニ於テ検見坪刈リ等ノ実地調査ヲ行ヒ小作人ヨリ減収要求提起セラルヽニ先立チ公平ナル減免率ヲ決定シテ小作料ノ授受ヲ円満ナラシメ以テ争議ノ発生ヲ未然ニ防止」した。すなわち日常的な農事活動の一環として村落内で小作料調整が行われるシステムの形成である[2]。

●注
1) 農林省農務局『地方別小作争議概要（昭和七年）』153～54頁。
2) 群馬県の農事組合は1934年5月調査では組合数1,627、組合員数72,081人を数える（農林省農務局『地方別小作争議概要（昭和九年）』151頁）。この年の群

馬県の総農家数は119,585戸であるから、約60％の農家を組織していることになる。なお農事組合が組織される村落でも「小作調停法」は村落内調整を補完する役割を担っていたと考えられる。

補論2　小作争議と社会主義運動

　全国農民組合は小作料減免争議を「直接地主に対する吾々の闘争であり、農民運動の基本的な、また端緒的な闘争である」、「小作料全免を闘かはずして何が吾々を解放すると言ふのか？　吾々はこれ以外の道を知らない。だから土地取上絶対反対と共に小作全免の要求を吾々の搾取者に向って要求する事が最も本質的であり最も必要な事だと確信する」と小作争議に強い執着を示し続けた。しかし現実の農村・農民は、小作争議で「かなりよい条件を獲得し」、「一時的な小作料の軽減運動に満足して」、全農の争議指導を必要としていなかったのである。多数の小作農を組織する協調的小作組合は本質的な闘争を放棄した「意識のおくれた」、「全農の敵」とされたのである。

　小作争議を絶対化する方針をもつ全農は、小作料の村落内調整で市場経済意識を基礎とする相当小作料を実現していた農村・農民にとっては「農村の平和の撹乱者」であった。

　この時期にはコミンテルンの影響（27年テーゼ・31年テーゼ・32年テーゼなど、地主小作関係が日本農業を規定したと考える）があり、それが農民運動・社会主義運動の現実把握を阻害した可能性がある。しかし、本来農民運動・社会主義運動がめざすものは市場システムの一部である「小作料問題」に限定されるものではなく、当該期の「市場経済システム」全体の中でどのような課題について運動を組み立てるか、どのようにして農民・農村の生活を向上させるかである。上記のような農村の状況では、小作争議中心の運動は「困難」というよりも「不可能」であったと理解される。農民運動の方針転換は不可避だったのである。

補論3 農民運動の転換はインテリ指導部によって農村の現実を無視してなされたものか？

　坂根嘉弘の「農民運動の転換（農民委員会運動他）はインテリ指導部によって農村の現実を無視してなされたもの」という批判は正当性があるであろうか？「昭和八年十月全国農民組合長野県連合会全農拡強に関する意見書」『長野県史　近代史料編第8巻（三）』219〜220頁）がそれに対して答えている。この文書は過去の運動と方針を二つの点で批判する。一つは「全会派のセクト主義による大衆からの孤立」批判であり、もう一つは「単なる小作争議、土地闘争に終始する」ことに対する批判である。この二点の自己批判を前提として次の提案がなされているのである。

　○先ず高度のスローガンたるファッショ粉砕を叫ぶ前に農村全体獲得の（自作農並に没落段階にある小地主等即ち日本に於ては農村に於ける中堅階級）のために具体的方針を確立すべきである。
　○従来の指導部は少数インテリ派によっての指導に規定されたかの感がある。勿論過渡期にある今日全農がインテリの必要を認るもそれと並行したる農村の現実に最も深き理解と経験を有てる分子を従来より多く含めた指導体を確立することこそ、当面に於ける全農拡強の唯一の条件である。

　この文書は農民運動の転換が、インテリに指導された全国農民組合の方針に対して農村の現実からの批判に基づくことを示すものである。なお坂根は、羽原正一の農民運動の経験に基づく言葉「農民委員会の……実践が出来たところは、全国に一つもないと思います」、「そういう活動は言葉の上で言われ、若干の人はそういう活動をしようとしましたが、農民組合全体としてそういう活動が出来たわけではなかった」（『季刊現代史』12号、1974年、58〜73頁）という言葉で、小作争議以外の農村社会運動の存在を否定する。しかし、羽原正一の言葉は、その農民運動実践との関係で理解すべきであろう。全農総本部書記として、全国の小作争議指導に「飛び廻った」経験からは、小作争議を客観的にみ

る（農業問題・農村問題全体の中に位置づける）ことは困難であったと考えるべきであろう。

　戦前の農民運動の担い手が「輝かしい小作争議の思い出」を抱えているのは理解できるが、それから60年以上を経過した研究者は、時間の経過によってみえてくるものが違ってくるべきではないだろうか。

第4章

小作料調整システムの形成と村落の平和祭
―― 山梨県の分析 ――

はじめに

　第二次大戦前（農地改革前）の日本農業の基本的な部分（関係）は地主制（地主小作関係）でとらえるのが研究上の通説、農業関係者の誰も疑いをさしはさまない常識とされていた（現在も続いているというべきかも知れない）。地主小作関係は、①収穫高の4～6割にのぼる高率の小作料、②所有権が強く小作農の権利（耕作権）は弱い、③小作料を米で納め「年貢」と呼ぶ、この3点に示されるように前近代的・「半封建的」関係とされた。しかし他方で、日本の農地所有の特徴は中小地主の層が厚いところにある（中小地主と自作農は階層的に連続している）こと、大地主はむしろ特異な存在であるということはもう一方の事実であり、これも研究者の共通認識である。このような農地所有関係と研究状況の中で、小作料調整方法を検討することによって地主小作関係の変化と本質を解明することが本稿の課題である。

　この課題についてすでに長野県について検討し、小作争議は基本的には市場経済意識に基づく小作料調整によって村落内で解決される形で終焉するという見通しをえた[1]。本稿は長野県でえた結論を前提として山梨県の小作料調整システムの形成過程を検討することを課題とする。それによって1920～30年代の地主小作関係の変化と結果・内実の解明を試みたものである。

1．小作争議が始まる前の地主小作関係

　小作争議が始まる前の地主小作関係は強い支配・従属関係の下にあった。次の記事はその様子を伝えている。

峡東地主と小作人

　峡東地方の地主として二三を除くの外は小作人に対し納米は米作中比較的品質良好なる物を択び其の収穫の少きを顧ず強制的に之を耕作せしめつゝあり甚しきに至っては地主が選定したる籾以外のものゝ納入に対しては一貫匁乃至二貫匁を増徴し小作人の拒むに於ては田地を取上げ他に貸付をなすと云強迫的言語を弄し小作人をして益々悲境に陥らしめ平然地主顔をなし居る有様なるが小作人にして之れを拒まば直に耕作地を取上げらるゝ恐れあるより泣きつゝも地主の言ふが儘になし来りしことなるが此の弊風は峡東七里村下於曾に起り一般に伝播したりとの事なり根本地丈けに七里村の地主は小作農の困憊に目も掛ず自己の収利のみを心掛る風あり（山梨日々新聞1918年8月14日、以下山日1918.8.14と略記する、なお下線はすべて引用者によるものである）。

地主対小作人の関係が段々悪化する／双方の妥協譲歩が必要／小作組合悪用は考へもの

　今日の地主は全く小作人に対して極めて横柄で小作人を見る事恰も奴隷の如くに見て居るものがあるが之は甚だ面白くない態度である、小作人も地主も対等の人間である以上、待遇の上にも談話の上にも相当の親しみと敬意とを以て互に相接するやうにしなければならない（山日1920.11.12）。

地主対小作問題／地主側は何所まで目醒めて来たか

　地主階級と来てはお話にならない。……国民の思想がどうあらうが、其処に何等の自覚もなければ、発奮もない、農村改良は先ず地主の頭脳から大に開拓して懸らねばならない（山日1921.2.7）。

　このような地主の力が強い中でも小作人組合が作られることはあったが、「大正七年迄ハ毎年一、二組合宛各地ニ設立セラレタルガ其ノ大部分ハ相互扶

助、小作地小作料ノ相互競争防止ヲ目的トシ凶作時ニ地主ニ対シ幾分ノ対抗運動ヲナシタル程度ナリキ」[2]といわれるような一時的な弱い組織であった。とはいえ、小作農に多少の交渉力があり、地主側にも協調的・融和的な面があったことは注目すべきである。この点に関連する記事を二つ挙げておこう。

　地主小作人論／東八代郡下現況
　　東八代郡に於る地主と小作人との融和状況を調査するに明治三十八年乃至四十一年四十三年等に於る米の凶作当時に在りては小作人の団結して地主に小作料の引方を迫るもの郡下各村に少からず、頗る憂ふべき状態を呈せしが、幸に騒擾程度に至らず両者の衝突は免れ漸次融和の傾向あり（山日1919.4.10）。
　地主と小作人／大体に於て融和す
　　本県が各郡市に命じたる地主と小作人に関する調査結果を総合するに地主と小作人との融和協調に就ては既往十数年前凶作引続きたる年に於て小作納米等に関し両者間に紛議を生じたる事例少からざりしが其後幸ひに凶作なく収穫比較的潤沢なるを以て両者間大に融和し地主の小作人に対する態度も寛容となり小作人は地主を尊重し徒らに騒擾するの却て不利益なる事を覚れるものゝ如し故に現今に於ては衝突紛擾等の声を聞かず……凶年に於ては小作人より地主に其引方を哀願するを例とするも此の場合地主は他の地主と協議し下見或は坪刈等を為し歩合を定めて相当減免を為すを通例となせり（山日1919.5.10）。

　地主小作関係に大きな問題が意識されない状況では地主の動きも極めて鈍いものとなる。県農会は、地主小作人間の「紛議」の防止・調停と農事の改良・発達の点から繰り返し地主会の設立を奨励する。例えば「地主会と副業」と題する記事で「地主をして小作人を愛撫せしめ両者の葛藤を未然に防ぐのみならず協同して農事に奮励せしむるは益々緊切なる農事上の問題なるを以て山梨県農会は町村に地主会を設立せしめて此目的を達せんとし本年度に於て設立要項を定めて之が奨励を始めた……」ことを伝えている（山日1916.2.21）。また1916年10月15日には「地主会の奨励」という見出しで「県農会に於て……地主と小作人との連絡調和を図る為め地主会の設立を屡々奨励したるが意見区々に

して殆ど其の設立を見ざる状態なれど此種地主と小作人の連絡的機関を設置せしむるは農政上より見るも時代の要求すべき施設たれば一層設置奨励の必要ありと県当局者は語れり」と書いて、県農会の奨励にもかかわらず地主会の設立が進まないことを伝えている。

2．小作争議の出発と小作料調整

(1) 小作争議の勃発

山梨日々新聞は1921年に勃発した山梨県の小作争議を次のように伝えている。
本県に嚆矢の純小作組合の組織／地主側は之を承認せず
本県には従来地主小作人間に大なる軋轢紛争を醸したる事例なく幸ひに地主小作人の協調は比較的円満に保たれ来りし結果小作人組合の設立あるも其の実質は地主小作人間の融和利益を計り相互扶助の精神を基礎としたるものにて純然たる小作人のみが団結したる小作組合は殆ど一組合も無かりしが最近東山梨郡七里村字下於曾に約七十名計りの小作人を以て小作組合組織されて地主に向ひ這般来入付其他小作人の利益となるべき諸問題に関し交渉を重ね来れるが地主側にては斯る組合を承認せば将来地主側の経済上に於ける危機を惹起するやも計り知られずとの憂慮より小作組合の代表者に向っては組合の設立を承認せざると共に小作人の委任事項に対しても交渉に応ぜず入付其他の関係に就ては従来の如く直接地主対小作人との間にて問題を解決すべしとて之を刎ね付けつゝありと云ふが右に付同地方の某有力者は語りて曰く七里村の小作組合に対して若し地主側が従順に之れを承認し且各種の問題に就て交渉に応ぜんか恰も燎原の火の如く峡東全部に亘り旬日を出ずして小作組合設立され地主側に対抗する事となるべき必然なるより同組合に対して地主側が目下持て余し居り、代表者の交渉は勢ひ之を拒絶しつゝある状態なり（山日1921.6.18）。

この争議を契機として県下に小作争議が広がり、続々と農民組合が結成された[3]。とはいえ、争議は全般的に激しく展開されたわけではない。1921（大正10）年、1922年、1925年の争議を総括した次の記事がそれを示している。

(1921年争議の総括)

小作争議と団体運動／組合六十八・交渉団体百三十五

本県下にも昨年の米作不況に際し地主対小作人問題は各所に起り其大半は既に地主小作人間に調停成り円満に解決されつゝあるも未だ二三解決を見るに至らず互に争闘を続けつゝあり、本県は他府県に比し未だ同問題に対しては案外悪化せざれど之を動機に今後如何に進展して行くかは端倪を許さざる所な……り（山日1922.5.25）。

県下の小作問題残るは僅か四組合／二組合は早晩解決／その他は飽迄強硬だ

県警察部高等警察課の調査に依る本県内小作組合は大体に於て地主小作人諒解を得て落着せるが、其気運の到らざるもの東山梨郡下於曾、同村千野区、松里村井尻、北巨摩郡登美村等の小作組合にして何れも地主に対し圧迫的に出で不当の要求をなし居るらしく地主も彼等の要求に応ぜんか今後止まる処を知れず一層初志を貫徹し小作人にして不法の行為ある場合は法の定むる処に依り曲直を明かにせんとの意気込みらしと、然しながら井尻、千野の両小作組合は扇動したるものありて強硬なりしが斯の如くにして日時を費すは相互の不利なりと知りたる折柄……一般は迷夢より覚めて至当の要求をなし又地主も之を追求せずして譲歩し解決を見るに至りたるものなり（山日1922.9.7）。

(1922年争議の総括)

県下に起りし小作問題多くは解決／尚未解決は十七件あり／互譲して解決に努めよ

さる十年秋米作の不作より……小作問題台頭し甚だしき勢ひを以て各地に蔓延し……問題は容易に解決せざりしが漸く争議の不可なるを悟り漸次軟化し来り解決の曙光を認めらるゝに至れり、県高等警察課の調査したる処に依れば昨年十月以降発生したる県下の小作争議は……四十二件にして内解決したるは……二十五件にして残余の十七件は地主小作人各自が自己の意志を固執対抗しつゝあるため未だ解決の運びに至らずと（山日1923.3.22）。

(1925年争議の総括)
　　小作争議も妥協で解決／原因は雑多
　　本年九月末日の調査に依ると昨年中の小作争議……の結果は妥協して円満解決を見るもの多く、要求貫徹若しくは撤回、耕地の返還等の如きは殆ど無い（山日1926.11.8）。

　小作料調整は、小作争議に至る激しい対立もあるが、むしろ多くは村落内の協調的・融和的な形で行われたと考えられる。
　とはいえ、1920年代前半は小作人組合・農民組合の姿勢は強硬であり、それが小作料全体を引き下げる圧力となっていた。小作側の強硬姿勢は次の個別争議に示されている。
　　地主小作者共倒れ／農村は自滅の外なし
　　北巨摩郡……穴山村に於けるは小作者が団結して団体権の承認を迫り且つ本年度の小作料は五割引け（一俵四斗中二斗）を要求し既に一部重久区にては一斗五升迄に折合を付けて承認せり之が為め同村内は固より近村小作人は一斉に之を標準として起ち愈々険悪なる空気を醸成し、中田村の如きも四割を小作者自ら地主の承認を経ずして控除して納入せる如く聞けり（山日1922.12.9）。
　　玉宮の小作争議
　　東山梨郡玉宮村の小作人は一昨年小作組合を設立し二割五分乃至三割の引け方を要求し昨年は地主の貸付軽減を要求し本年は二升引け又は二割引を要求して居るが小作組合長から地主への通知書によると「本年の小作米は二升引として地主が小作人の家に取りに来るべし、五日以内に何等申し出でなき時は右二升引承知と見なす」とあり且つ承諾せざれば更に納米せずとて全く小作人側から高圧的に出で今に至る納米せず地主側は大いに驚き小作人に意見を聞けば「本年の二割引は勿論来年は借入れを減額修正し其来年も減額し俵数は米半分麦半分とし玉宮の土地を低落せしめた上其土地を廉く買取るのが我々の理想だ」との事に地主連は諦め、土地を返還せしめ草を作りても喧嘩せぬが得策なりとなすものもあれば中には他国へ移住せんとするものなどもあり又中には県に陳情せんとするものもあり紛擾を

続けて居ると（山日1923.12.19）。

(2) 地主の対応・農民組合・協調組合

小作争議は地主にとって脅威であった。大地主若尾地所部の「大正十三年度決算報告」は次のように記している。

> 多年ノ小作慣行ハ今ヤ破壊セラレ歳ノ豊凶に不拘、年供米ノ納付ハ既定ノ小作料其ノ儘ヲ無事完納スベキモノニアラズシテ団結ノ力ニ頼ミアラユル術策ヲ以テ殆ド地主ニ是ヲ強要シ、最モ弱キ地主ノ例ヲ他ノ一般ニ及ボシテ所謂通リ引ノ名ノ元ニ各部落ガ競フテ小作料ノ軽減ヲ多カラシメンコトニ努メ、小作人中政治的野心ヲ懐ク者ノ如キ民衆ノ為メニ其ノ功ヲ争ヒテ地主ノ門ニ出入シ各地主ハ其ノ応接ニ日モ亦足ラザルノ感アリ。而シテ例年ノ収納期ニ入ルモ小作料トシテ米籾ハ更ニ搬入スルモノナク地主ハ庫中空シク越年スルノ有様ニシテ時ハ来ルモ心ニ春ハ来ラズ、依然地主・小作ハ対陣ノ形ヲ継続スルモノ多ク（後略）[4]。

地主が戦々恐々としていたとはいえ、小作人組合の方は強硬な主張で占められていたわけではない。次の二つの記事はこの事情を示している。

> 源村六科は円満解決―地主小作双方互譲（中巨摩郡御影村六科）
> 小作組合長笹本興蔵氏は円満なる解決をなすべく役員十名と共に協議し隣村では三割乃至五割引けを要求して居るにも係はらず……最小限度の三割五分を要求し地主と折衝の結果地主も小作人の要求を容れ隋心院住職を仲介者として三割五分引けを承諾し……解決した（山日1923.12.20）。

> 高田村では組合長一任／二桶引と一桶八分引で解決する模様
> 西八代郡高田村では本年度籾の入付に就き過日来地主との間に紛糾中であったが小作人側の一俵に就き二桶引と云ふ要求に対し地主側では一桶八歩引の旨回答があったので十六日午後二時より同村小学校で臨時小作人総会を開会し引け方問題に付協議したが満足の者もあり不満足のものもあり何れとも決定せざるより結局満足の者は納め不満足の者は各自に於て引け方を要求するやう自由行動を取る事に決したが兎に角地主と小作人との問題は一切小作組合長小沢新作氏に一任すること丶なつて居ると（山日

1923.12.19)。

　前者の記事は小作組合の減額要求が無限定なものではないことを、後者の記事は小作人の小作料減額要求には幅があり、組合がまとまって行動するには比較的狭い幅の中で小作料減額を調整・妥協する必要があることを示している。
　小作人組合からの小作料減額の圧力がある中で、「漸次自覚する地主の傾向」という見出しを掲げた記事で「最近地主側も覚醒し来り小作料軽減についてその契約を改約することに吝ならぬ傾向を呈して来たことは県当局のみとむるところである」（山日1925.9.14）と記されるような地主の変化がみられたのであるから、地主小作がともに協調的となり、また協調組織を模索するようになる。各地で小作人組合が結成され小作争議が広がる中で次のように種々の協調的な組織が現れてくる。

　　勧農会を組織して／小作争議の防止
　　中巨摩郡藤田村では最近小作争議の頻発に鑑み之が防止策として地主小作人の協議機関たり又農事の勧奨機関たるべく勧農会を組織する事となり……農事の改良増殖を期する事となったので当初計画当時は小作人も多少疑惧の念を抱いて居たが地主が進んで協調的立場に起って勧農会を組織する事になった趣旨が徹底されるや何れも同会員となり為めに農村の一大杞憂たるべき小作争議が間接的に防止されるであらうとて一般に喜色を湛えてゐるとの事だ（山日1924.1.30）。
　　自ら非を悟り小作組合解散／龍王万歳区の組合／改めて農村振興会設立
　　中巨摩郡龍王村万歳区小作組合では従来各地に小作組合が設立されるが其の多くが小作組合と称する美名に隠れ其の実は地主に対し小作料の割引を要求する為めに設立され、不法の要求をなし不当の利を得んとし地主に対するので地主も持て余し小作人の要求を容れる様な傾向に従って組合又は村内の平和を乱し目的とする農村の発達を計るが如き事は毫末も認められない、社会の目から斯る組合と同一視されるは心苦しいとて協議の結果今回組合を解散し新めて地主小作人も打揃て農村振興会なるものを設立し目下農事に関する研究をしてゐる（山日1924.2.15）。

第4章 小作料調整システムの形成と村落の平和祭

農村問題を善処すべく／地主と小作者協調会成る
中巨摩郡松島村の地主及小作人中の心ある人々は近時の農村紛議に就て少からざる憂患を抱き其の甚だしきに至らざる前適当なる解決法を講ぜんことを欲し本年五月二十五日同村役場内に地主小作両者より挙げたる委員十八名を会同し協調組織に関して熟議する所あり（中略）綱領
一、松島村地主小作者協議会は土地所有権と小作条件との関係に就て周密の調査に基き公正なる協調的決定をなすことを目的とす。
二、（一）土地入付の協調的決定に関する件、（二）小作料の協調的決定に関する件
三、本協調会は委員十二名（内七名小作者側、五名地主側）を選出し諸般の決定は協和的合議制による（山日1925.9.27）。

嘗て一度の争議もない一宮／地主小作協調して本年の引方も円満裡に解決
東八代郡一宮村字一の宮では地主側十三人小作人側八十人を以て農業組合を組織し役員も亦地主小作双方より推選し坪刈成績により引方を決議し毎年円満に解決し是まで小作問題に就き争議を起した事は更になく、他の模範とされてゐた（山日1926.12.4）。

村落で地主小作間の協調が模索され始める中で、県農会は地主小作間の調整を図るべく、対応策を検討し始める。それは減免交渉の前提となる坪刈り調査の厳密な実施と協調施設の設置である。次の二つの記事が県農会の施策の方向を示している。

小作問題は村農会が解決せよ／武井西山梨課長語る
既往に於る収穫量調査たる坪刈施行の実況を見るに其施行が細密を欠く嫌ひあると共に専ら村当局関係側のみにおいて行ふもの多き傾向あり尚その坪刈箇所数も鮮少にして収穫実査上遺憾に堪へぬ点があったと共に小作側においては自己が立会はないため地主に有利の調査をなしたではないかとの疑ひを挟ませ、遂に地主小作間の収穫観察上に意見の隔差を抱かしめ小作問題をして益難境に陥らせる向きがあった、今後最も留意すべきはこの問題である、之には各村農会が活動して地主小作人は勿論その他学識実践に富める農業者を以て組織せる調査機関を設け施肥、耕耘管理の状況より

坪刈成績を各部落各耕地に就いて直に相互間毫も疑ひの余地なき精密なる調査をなし農村経済上大問題たる小作争議を両者理解した談笑裡に解決するにある、茲に自治、田園美が発揮せられるものと思はれる。(山日1923.10.25)。

小作争議防止の協調機関／県農会が肝いりで各町村に施設か

小作争議の弊害を除去する為め何等か協調施設の発見は緊急のものとされて居た折柄今度県農会ではこの協調施設機関として各町村を単位に一つの委員会を起し小作人と地主間との協調を保たしめることになり県農会では数日中に各町村農会に対してこれが施設方の通牒を発する筈である。

(目的) 一、争議の未遂を図る、二、争議を早く終息せしめるための斡旋、三、争議後の施設

(事業) 一、収量検査（坪刈）、二、小作料減免額の決定、三、小作料の決定

(組織) 一、小作人側四人、二、地主側四人、三、第三者三人（山日1926.12.1)。

　県農会は坪刈り調査の厳密化＝客観化と協調組織の設立で小作料を調整し、小作争議を根本的に解決する方向を検討し始めたのである。

3．小作料調整システムの形成と村落の「平和祭」

　1920年代後半に入っても農民組合の攻勢は続いた。竹川義徳『山梨農民運動史』によると、この状況は1926年の「各村の小作料減額要求は過大であったゝめ、大部分は未解決のまゝ越年し、昭和二年の春に入ってから益々激化し、百余の組合中全く解決したものは僅かに七ケ村に過ぎなかった。然も解決条件は何れも高率で、中巨摩郡花輪村東花輪の七割を最高に、同郡野々瀬村市ノ瀬の五割三分、同郡三恵村加賀美の五割、同郡五明村下宮地の四割二分、同村清水の五割九分、同村戸川の五割三分、同村宮沢の五割四分、同郡御影村六科三割五分、同郡二川村下條の四割五分、甲府市城北の四割七分五厘等であった。その他解決困難のため納米を積んで持久戦に入ったものに、北巨摩郡登美村団子、

東山梨郡上万力村等があり、東八代郡石和町八田では刑事事件まで惹き起した。中巨摩郡鏡中条村の千七百俵、東山梨郡平等村八坪の九十俵等は競売に付して仕舞った」[5]と記されるように、かなり激しいものであった。小作争議はかなりの小作料減額の成果を挙げつつ広く展開された。

しかし、小作料調整全体としては激しい形で長期化するものは限られていた。この点について『昭和三年小作年報』は次のようにまとめている。

> 小作料ニ関スル紛争ニ在リテハ甲府盆地ノ中央部ニ於テ小作料減額要求率三、四割引（実納小作料一反歩当リ籾二俵半〈一石六斗五升〉前後ノ場合）及盆地ノ周辺ニ於テ二、三割引（実納小作料籾三俵前後ノ場合）位ノ場合ニハ争議ニ至ラズ当事者ノ互譲ニ依リ解決シ其レ以上ノ要求ノ場合ハ争議トナリ地方有力者ノ自発的ニ又ハ当事者何レカノ依頼ニ基ク居中調停ニ依リ時期ハ遅延スルモ紆余曲折ノ結果解決スルモノ大部分ヲ占ム
>
> 然レドモ小作人ノ手段悪辣ナルニ於テハ感情的ノ争議トナルガ故ニ結局法廷ニ於テ黒白ヲ争フコトトナリ事態益複雑化シ解決愈々困難トナル
>
> 土地返還又ハ小作契約継続等ニ関スル争議ニ在リテハ……多くの場合ニハ調停委員会又ハ委員会以外ニ於ケル有力者ノ居中調停ニ依リ解決スルニ至ル[6]。

争議に至らない小作料調整が多いこと、争議となっても村落内調整で大部分が解決すること、土地返還問題の多くは紛糾せずに解決をみているとみられることの三点が指摘されているのである。

この時期には地主としても連年の小作争議からの脱却を模索する。『昭和三年小作年報』が、「地主会トシテモ本県ノ契約小作料（入附）ハ高率ニシテ小作人ノ負担過重ナルコトヲ承知シ居ルモ従前ノ如ク際限ナキ減額運動ヲ放置スルニ於テハ地主ハ公租公課ノ負担義務ヲ遂行シ得ラレザルノミナラズ生活スラ不可能ニ陥ルガ故ニ小作料ノ限度ヲ協調セムトスルヲ真ノ目的ナリトスト唱ヘオレリ……敢テ小作人組合ノ全部ニ対シ対抗ヲ為サムトスルモノニアラズト声明シ居レリ」[7]と記しているのはこの事情を示している。そうした中で地主小作人ともに協調を求める動きが強まる。次の記事はその一端を示すものである。

争闘本位から／漸次協調的に／共倒れを覚った地主と小作人が握手する時代は来た
争闘本位であった地主対小作人関係が最近協調的となり収穫の増加を図ると共に農民以外に向って利益の公平を要求する傾向を来してゐる。県高等警察に於て調査したところに依れば農民関係の組合は初め東山梨郡下に簇生したがその後中巨摩郡に転じて以来中巨摩郡下全部に波及して更に西山梨、北巨摩郡に及び紛糾を極め争議の結果は双方共倒れのごときこと、なったので逐次協調するを利益とし大正九年には六団体の協調機関を生じ十一年には九、十四年には十一団体を生じ計四十九団体となった、而して之等の協調団体は地主小作両者の分収歩合の協定、精農者の表彰等に依る奨励、地主が資金の融通勤倹力行に依る積立金災害者の救済方法を講じてゐるが特に中巨摩郡西条村清水新居農事協和会、池田村の共成園組合の耕作及分収歩合等は殆んど完全のものであり他の模範とすべきものであるといふので隣接村落でも之れに則り協調会を設立してゐる如き状態となってゐる（山日1927.3.2）。

県農会も小作争議の解決策に本格的に着手する。方策は協調組織の整備と坪刈りによる小作料調整の円滑化である。協調組織については次のように規範を示している。

小作争議防止で協調委員会の勧奨／県農会が下級農会へ
県農会では今回小作争議の協調委員会を各郡市農会に対し設置方勧奨する所あったが其委員会の大要として左の如きものを示してゐる
  協調委員会の大要
性質 農会に附属する実行期間となす（中略）
名称 協調委員会、農事委員会と称する外協議会、研究会、調査会等と称するものあり
目的 母体団体たる農会の目的中地主小作者間の親善融和を促し農村の協調を図るを主なる目的とす（中略）
区域 町村を区域とす但し効果を完からしむる為め大字又は部落を単位とするを可とす、全村の協調困難なるときは数部落より始むるを要す

組織　委員の構成方法種々あり（イ）地主小作者の両者より成るもの（ロ）以上の外に自作者を加へてなるもの（ハ）農会長、町村長、産業組合長及農業技術員を加へて成るもの（中略）地主小作者は其目的よりして同数ならしむるを効果多き策となす（中略）自作者は地主小作両者に関係なき中立者なるを要し又は地主小作者の承認するものたるを要す（中略）

委員会の事業　（イ）収量調査、標準田の設置、検見等あり其の具体方法に於ては細心なる注意を要す（ロ）小作条件の維持改善（ハ）減収歩合の決定、小作料の協定（ニ）小作料の改訂（ホ）労銀の協定（ヘ）紛議の調停（ト）土地等級の決定等（山日1927.1.9）。

　協調組合は、「地主小作融和の協調組合も増加」（山日1927.6.8）、「大藤村に地主小作協調会」（山日1927.11.7）、「協調して進まう／地主小作人が提携／塩部にも農業委員会設立」（山日1927.12.8）など設立を伝える記事もみられるが、当初協調委員会の設置はあまり進まなかった。「争議協調で／タッタ二農会／委員会設置の報告」と題する見出しの記事は「県農会が昨年一月小作争議協調委員会の制度を村農会に勧奨して以来既に満一ケ年となるが今までに県農会に報告になってゐるのは北巨摩郡穴山村及び東八代郡八代組合村の二農会のみで何れも地主小作者同数の委員を選び農会関係者も委員となってをり穴山の如きは極めて有意義の存在を示してゐる」（山日1928.1.16）と報道しているように、当初は成果が部分的なものであったことを示している。とはいえ「復興会」（北巨摩郡大草村）、「振農会」（東山梨郡春日居村）、「農事共栄会」（西山梨郡相川村）、「昭和会」（東山梨郡加納岩村）など事実上の協調組織は各地に設置される。1928年10月20日の「収穫期の行事となる小作争議の悪化／一方には協調団体もだんだん増加する」という見出しを掲げる記事は、「小作争議の激発地と目されてゐる地方にも漸次協調団体の組織される傾向があり西山梨郡千塚村の如きも小作人協調の団体が生れ地主、小作同数の委員を出して農業委員会を設置してゐるが北巨摩郡龍岡村下條東割にも同じ使命の農事組合、中巨摩郡玉諸村第一区では研農会、東八代境川石橋農業共済会、英村の成田共済会などが現れて何れも小作争議の調停を簡易ならしめてゐる」と協調団体の設立が広がりつつ

あることを指摘する[8]。

協調委員会と並ぶ県農会の小作料調整策である坪刈りについては1927年、28年秋の記事がある。

小作争議防止から／一斉に稲作の坪刈／各町村に亘って行ふ

来る冬は豊作の如何に拘らず小作問題が頻発するものと見られ県当局にては実質は兎もあれ小作問題は経済的基礎に立つものであるから争議の場合の参考にすべく県下三百余の市町村に向って一帯に市町村若くは市町村農会をして一町村十町歩に付上中下各一ケ所宛の割合で其の地方を代表せる栽培品種に就て坪刈を行ひ十二月十五日迄に県に回答ありたき旨夫々通牒を発した（山日1927.10.21）。

争議防止から稲の坪刈／収穫標準決定で

本年の稲作は土用中の低温によって当時ひどく不作を伝へられ成熟期に至って好天気に恵まれ昨今の予想をもってすれば平年作は大丈夫であるとされてはゐるが今秋収穫期における小作争議は殊に多事であることが予想される所から各町村における収穫標準を決定しておく必要から県では山付の数ケ村を除く総ての町村に左の方法による坪刈成績を来る十二月十五日までに報告させることになった。

一、坪刈は凡そ十町歩に付き上、中、下各一ケ所宛の割合をもって施行すること但し地勢、土質其他作況を異にせる地方にては適宜小面積に於て行ふこと。

二、其の地方を代表せる栽培品種につき行ふこと。

三、坪刈は市町村又は市町村農会に於て行ふこと（山日1928.9.30）。

坪刈りによる小作料調整は、次のように報道されている。

全部解決した市の小作問題／農会が斡旋して

輓近小作争議の齎す影響として思想上面白からぬ事態をかもすに至ったので甲府市農会は本年度小作引方を斡旋して之れが弊害を未然に防止し労使協調の実を挙ぐべく市農会施行の坪刈法を基準となし朝気、湯田両町は十一日円満解決し、殊に飯田町の如きは坪刈成績優良なるゆえ引方なきも反当り六十五銭の水引料を地主より小作人に提供し東青沼は半桶引に四十銭

を支給し……円満裡に解決する事となった（山日1928.1.14）。
一桶引で小作問題解決／市川農会の斡旋
小作争議は逐年増加の傾向で思想も円満協調を欠くに至り一般より憂慮されてゐるが西八代郡市川大門町にては従来小作料の減額問題の起れる場合は町農会が両者の間に立って斡旋し農会施行の坪刈に依り納籾も無事に行はれ何時も円満に解決してゐるが本年も組合員二百名を有する小作人組合の減額要求の気運を察知しそれ以前に農会は昨冬施行した坪刈成績を基準にして一桶引きと云ふ農会案を作成して地主会に諮ったが満場異議なく之を承認したので更に小作人組合とも折衝した所同様異議なく賛成した結果昨日小作人は一斗を減額して無事納籾し……一般より農会の機宜の態度を称揚されてゐる（山日1928.1.26）。

　県レベルの地主団体である農村振興会も小作料調整の円滑化のため坪刈りを重視し始める。この点について山日は「農村振興会に於ては今秋各地に小作争議の起るを見越し十月下旬各支部に坪刈検見の調査を命じ其れを基礎として小作人との協議解決をなすべく努めて居る」（山日1928.9.17）と簡略に伝えている。
　このように小作料調整の体制が整い始める中で1929年の小作料調整の見通しについて小作官・地主・農民組合は次のように希望・意見を述べている。
収穫期を控えて早くも納米減額要求準備／地主は協調主義を標榜
▽梅原小作官　愈よ秋の収穫期が目前に迫って来たが赴任以来県下の小作状態について極力その起因慣行等に就き調査し東八代、東山梨等の争議地の調査を終へ一昨日帰庁したが大体に於て協調が整ひ傾向としては地主も反省し小作人も反省の傾向を持って居る事は確実であり調停に回付されても非常に好調に進んで居る、尚係員を各郡に派して調査せしめて居るが本年度は増収穫も予想されて居るし一般小作人の減額要求等も度をはづれた不当要求はないと思って居るが着任後初めての収穫期に出会すので極力公平の立場を持して平和解決に当る心算である。
▽土地会社代表　収穫期も間近くなり一騒ぎ騒がなければ収まらないとは思ふが当会社に於ては株主の利益を擁護して居る関係上飽迄小作人の不当要求に対しては法廷戦に調停に様々の方法を以ってそれに抗争せねばなら

ぬが社会状勢と一般農民の生活状態並に収穫の如何等あらゆる事を思慮して出来得るだけ協調して平和のうちに解決したい希望である。
▽農民組合主張　果敢なる闘争時代になって来た。県では増収増収と云つて居るが収穫をして見ない事には当にならない。坪刈成績等を標準に引方を要求するものだが頑迷なる地主に対しては無産大衆の利益擁護の為め飽迄突進する、大衆農民の利益擁護は吾等のモットーである（山日1929.9.18）。

　この記事は、地主小作人ともに協調的で、小作料調整が順調に進んでいること、地主は平穏な小作料調整を求める姿勢であること、農民組合は坪刈り調査に基づく減額要求を基本とし、対立は頑迷な地主に限定していること、以上3点の指摘でこの時期の地主小作関係と小作料調整に対する農村の動きを的確に記している。
　このような農村の状況下で、小作争議を展開する条件は失われつつあった。次の二つの記事はその事情を示している。

小作側は納米を競売し地主は家財差押へ／穏健派九十四名の分は納米
北巨摩郡若神子村の小作争議は遂に去る三日小作人側に於て納米を競売し地主成島善二郎氏は小作人に対し家財道具等を差押へたので小作人は郡連合会及び本部の後援を得、紛争中の処、先頃に到り農民組合は仲田仲重外八名の強硬派と成島寛外九十三名の穏健派とに分れ、穏健派は地主と協調し二割引を以て一昨日納米して解決し強硬派は五割引きを要求して居り現在は不利の状態に陥って居るが韮崎署若神子部長派出所の一之瀬部長が目下解決に奔走中なので近く解決するらしいと（山日1929.1.23）。

悪化する争議も合意妥協の外ない／円満解決は案外少なく調停申込は段々増加
山田調停官は左の如く語る……妥協々調して解決して行かうと努力して居るが地主方が応ぜないので不調に終わって仕舞うふのは誠に遺憾の事であるが、実際当って見ると個人同士では極めて円満な所もあるが背後にそれぞれ指導者があるので不調に終る事もあるが止むを得ない事である（山日1929.2.3）。

二つの記事は、ある程度の小作料減額で了解する小作農が多数を占めるようなっていること、地主組合や農民組合本部の介入がなければ小作料調整は容易に進むとみられていることを示すものであり、農民組合の主張が小作農の要求から乖離しつつあることが読みとれる。

小作料調整の円滑化、協調組合の増加傾向の中で1928年末から、今後3〜5年間の小作料改訂を協定することで、村落の「平和祭」（名称は他に「協調祭」、「平和境」「平和郷の実現」などの表現もあるが、名前のないものもある）が相次ぐ。枚挙に暇がないほど続出する記事のうちいくつか例示しよう。

御影争議解決／五ケ年小作料割引
中巨摩郡御影村野午島区は昨年までは本県でも有数の小作争議地で有つたが清水桃岳院住職小池在郷軍人会長守屋村農会技手等が極力斡旋にて御大典記念（昭和天皇の即位――引用者注）に向ふ五ケ年の小作料割引を協定して十七日午後一時より公会堂に地主小作人百五十五名集合して平和祭を挙行御大典を機会に漸く争議も解決を見るに至った（山日1928.11.20、なお1929.3.24に農民組合解散の記事がある）。

争議根絶から村社で宣誓／中田村の協定
北巨摩郡中田村では多年地主小作人間に面白くない問題出で争議が絶えないので旧臘村長及地主小作人代表者等役場に集合協議の結果、豊凶に拘らず向ふ五ヶ年間納米一表に付き八升引を決議永久に争議を根絶して平和境たらしむべく村社前に村民集合宣誓式を挙げて今春に入り之を実行してゐる（山日1929.1.17）。

1928年11月〜29年12月に報道されている「平和祭」は、東八代郡八代村（山日1928.11.5）、中巨摩郡御影村野午島（山日1928.11.20）、北巨摩郡中田村（山日1929.1.17）、東山梨郡春日居村（山日1929.1.17）、北巨摩郡大草村（山日1929.1.28）、東山梨郡日川村（山日1929.4.6）、中巨摩郡野々瀬村（山日1929.5.12）、西山梨郡相川村（山日1929.11.14）の8件であるが翌年以降も結成は続いている（なお、「平和祭」などのない協調成立・協定成立もある。例えば中巨摩郡御影村六科区の協調成立―山日1928.11.30）。

「平和祭」に続く協調組織について「山日」は次のような記事を載せている。

農村に協調機関が増加／争議にあきてか

近来一度組織せる組合を解体して協調明かなる小作組合を組織し円満裡に地主と協定、減額要求をなす所謂地主的小作団体が発生し従来の協調団体と合するものが県下にも相当数に達して居る、之等小作協調組合は地主に追随すると称し総ての会合費用を地主より提出せしめて居り地主も実質的には農民組合の存在すると同一苦境を味はひつゝある現状であると（山日1929.8.7）。

この記事は「農民組合」「小作組合」が解散しても小作争議勃発以前の地主小作関係に戻ることはなく、小作農の強い状態が維持されることを示している。「平和祭」は、中巨摩郡御影村野午島区、東山梨郡日川村下栗原区のように農民組合・小作組合の解散をともなう場合がある。これは小作料減額・小作料改訂の実現と小作料調整システムの形成（協調組織と坪刈りを基準とする小作料調整）で組合の必要性がなくなったことによるものと考えられる。そのために組合が存続しても有名無実化することがあると考えてよいであろう[9]。

4．協調システムの形成と農民組合の運動方針

1930年代に入って農民組合本部の農村の現実からの乖離を明確に示す記事が現れる。次の二つの記事がそれを示している。

小作人も迷ふ／争議に二つの潮流／五、六割の要求引方は容易に解決しない

本年度の納米問題はまだ解決したものは案外少いが小作人中には温情的妥協に依り地主と協調して納米問題を解決せんとせる傾向あるも各組合本部は五割六割減額の要求を各支部組合に対して指令を発して居り従って地主もかゝる減額に応ずる時は収支償はざるが故に土地返還から法廷へと曝け出され行く現状であるが土地会社の断乎たる処分方法に依り小作人中には組合の協定と相反したる態度に出づる者も少からざる模様である。右に関し県の小作官は語る

各地の調停に臨んで見るに小作人は土地所有欲と生活安定の為め耕作地

の購買心も相当あり、かうした小作人には自作農創設の方法を講じて居るが農民組合の本部は自作農創設反対と同時に耕作権の確定一点張りで進んで居る現状であり農村小作人は此の二潮流に支配されて居る傾向がある、五割六割の要求が決して合理的の事とは思って居らない模様であるが実際的に農村の現状を見れば小作人は経済運動より思想運動に無意識の内に転換して居る本部の指導精神は解決困難なるを目標に於て要求しつゝある現状を察知する事が出来る（山日1930.2.4）。

此の大豊作でも五割引要求指令／組合員は流石に乱れ足／全農社民両支部から

秋の収穫期を前に愈地主、小作人の両者は此が闘争方針確立に努めてゐるが本年度収穫量は過般県が発表せる如く近年になき大豊作を予想され納米減額要求の運動も動ともすれば乱されんとする傾向にもおかれてあるので全農、社民の両農民組合は県下各組合に対して最低五割減額絶対要求の指令を発する事になったが全農、社民の両組合とも打ち続く不況に悩まされ地方各組合よりの組合費は一向納入なく組合は地方分散的により本部の威令さへ行はれず為めに本部員は惨憺たる日を過ごして居り地方的勢力の拡大は本部を衰退に導き今日此頃に於いては水道の停水処分を初め家賃の督促、食糧の欠乏等を来してゐる有様だ（山日1930.10.19）。

　この記事は、農村の現実と乖離した小作争議指導と組合本部の思想運動化、小作農から必要とされなくなった組合本部の困窮を示している（後にみるように組合費が集まらないのは不況のせいだけではない）。

　他方で1930年以降地主小作人の協調は農民組合からの脱退をともないつつ継続する。次の記事はその一端を示している。

地主小作協調し／酒折宮で平和祭／全農を脱退した酒折小作組合

西山梨郡里垣村酒折小作組合では全日本農民組合に加盟し四年度の小作引方に就いては本部指揮の下に地主に引方要求中であったが小作人は自発的に其無謀なるを悟り断然組合を脱退し地主小作協調し今後五ケ年間は一俵につき一桶半引の契約をなし四日酒折宮神前に於て平和祭を挙行し煙火を打揚げ祝杯を挙げ種々の余興等もあり和気藹々裡に散会した（山日

1930.4.6)。

農民組合を脱退して協調／貢川村の平和祭
中巨摩郡貢川村村上石田社民系小作組合員小林徳三郎外八十五人の小作人と地主島田守平外三十二人の地主は既報の如く昭和四年以降三割引で協調して二十五日同村光福寺で平和祭を催して相互協調の下に地主は土地会社を小作人は農民組合を脱退した（山日1930.4.27）。

この記事は農民組合本部の農村の現実からの乖離による小作組合の村落外組織からの脱退と地主も村落外組織を離れ村落内での小作料調整に向かうことを示している。

協調体制の整備も進んだ。協調的な組織には種々の名称があるが、協調組合・農事組合については次の報道でその増加と政策的推進をみることができる。

協調組合の増加／争議の傾向／県では奨励
県内に於ける小作争議は漸く下火になったとは云へ収繭期、収穀期等にはそれぞれ経済闘争として果敢なる闘争が演ぜらるべく県特高課では取締上いささかも手を緩めないが最近に於ける特に著るしい現れとしては協調組合の増加と農業委員会制度の確立とである、即ち現在に於ける協調組合は百八十七組合の多きに達し、委員会の組織を見た町村も十八団体を数へてゐる、この委員会は小作争議に当って地主小作両者同数の委員を挙げ自治的解決を計る目的を以て一切の事件を法廷及び小作調停に委ねない事である（山日1931.5.31）。

部落農事組合の倍加運動起る
県農会に於ては一般農会の刷新並に農家発達の基礎はなんと云っても部落農事組合の発達を図る唯一の方法として昭和四年度以降五ケ年継続事業として現在の組合数（七百十八組合）を倍加すべく計画し農林省の認可を得て居るが其の後の状態思はしからぬに鑑み一昨日各郡市農会に対し極力これが設立を図り発展を期す様通牒した（山日1931.1.23）。

このように県農会が推進する協調体制の進展の下で地主小作人ともに協調的な姿勢は強まる。「昨年（1930年—引用者）より本年へ掛けての思想は一部左

翼農民組合の指導下にある農民組合を除いては全県的小作人階級に協調主義が強調され地主間にも理解者多く調停の如きも地主自身より申込む者が続出するに至った」（山日1931.5.7）。そして実際の小作料調整についても「昭和七年度迄小作料を三割五分引に／小井川の地主発表／争議悪化に鑑みて」（山日1929.9.10）という地主からの提案や、「農家の不況を顧慮し三割引／地主が申出づ」という見出しの記述、「東山梨郡大藤村下栗生野元県会議員田辺保氏は今月末日までに払込の畑年貢に対し農村の不況を斟酌して自ら割引きを主張し小作人に通告したため他の地主も其れに倣って同様引となす模様で小作人達は喜んでゐる」（山日1930.6.19）という先回りした小作料減額の提唱が現れる。

　他方では地主の小作料減額提案に対して、次にみるように、過大な減額を辞退するという一見奇妙な事態が現出する。

　　五割引回答を小作が遠慮／野々瀬上市之瀬の珍小作争議
　　中巨摩郡野々瀬村上市之瀬区小作組合と地主側の引け方交渉に関し地主側から五割引とする旨組合に通達したので組合では総会を開き右条件に関し協議した処五割では地主が苦しいからと遠慮し三割三分でよいと回答し円満に解決した（山日1931.1.29）。

　小作料調整システムの形成は農民組合に新な対応を迫るものであった。次の二つの記事が農民組合の模索を示している。

　　大地主を目指して小作料引方の要求／新戦術の出る小作人
　　農民組合の組織と共に逐年地方小作人と地主関係の争議による訴訟問題等に対しても戦術に好手段を取る様になり為めに小地主間にありては全く生活の窮乏を来す者さへあると伝へらるゝに至って来たが大地主に対しては全く手の下し様もない状態にあり従来小作料減額並に訴訟問題等も殆ど小地主階級に限られて居た観もあるが愈大地主との対策に就ても戦法を考究協議する所あり大地主の小作人一同を包含してこれに当らしめる事になり背後運動として組合が応援する事……になったが斯る大地主との交渉が奈辺まで効果を奏するかは非常に重要視せられてゐる（山日1929.1.5）。

　　豊作予想の坪刈／農民組合が妨害／引方要求の作戦上から
　　未曾有の豊作を予想されてゐる稲作については目下各町村が坪刈をなして

正確なる実収成績の算出を急いでゐる一方農民組合は引方要求の作戦上大なる影響あるものとしてこの坪刈の執行につき、妨害をなすものもあるが遂に西山梨郡玉諸村に於ては坪刈執行を不能に陥らしめるに至り実際の執行者たる玉諸村農会より県に事情を報告具陳して来た（山日1930.11.2）。

しかし、前者大地主への対抗の点では、例えば大地主若尾家（山日の記事には所有耕地約五百町歩耕作人員二千人とある）については1929年の1月31日に「若尾地所部の耕作にはまだ争議が起らない」という記事があるように、大地主はすでに先回りした争議対策をとっていた。若尾地所部は1922年にすでに小作料を改訂し、また村落の農事組合との協力を始めているのである[10]。また後者坪刈りの妨害は、小作料調整を妨害するものであり、むしろ農民組合の孤立を深めるだけだったと考えてよい[11]。

このように農民組合の小作争議中心の運動は追いつめられていたことが理解できる。小作料調整に関する小作争議の役割はこの時期には基本的に終焉したと考えられる。小作争議が困難になったことを受けて提案されたのが中小地主を含めた農村委員会運動の提案であった。その概要は次のとおりである。

中小地主をも加へ農村委員会を組織／東部連盟が主唱して農村の不況を駆逐

全山梨農民組合東部連盟は来る十日東八代郡石和町の事務所に常任執行委員会及び各支部長会議を招集現下の農村窮乏打開策に関し東八代郡下の中小地主自作農と連携して農村委員会を組織し大地主を除外した農村の一切の階級を打って一丸とした経済運動を開始すべく協議することになった。農村委員会組織の件が十日の協議会で可決すれば同連盟は直に各町村の農会養蚕組合その他の有志に加盟方を勧誘し小作料の合理化、肥料国営養蚕低利資金の拡大農民の諸税延期、同税撤廃借金支払猶予等に向って運動を開始する運びとなるがこの運動が実現の暁は本県の農村経済運動及び小作組合運動に一画期をなすものとされ同協議会の成行は注目されてゐる（山日1930.8.8）。

農村窮乏の打破から／全農東部連盟で農村委員会の協議

全山梨農民組合東部連盟は二十日全国大衆党農村委員長田所輝明氏を迎へ

て石和町の事務所に拡大執行委員会を開催、農村窮乏打破運動を起す目的で農村委員会の設立を件を協議することになった、農村委員会設立に依る同連盟の農村窮乏打破運動の骨子は次の如くである。
- ▲政府に対する要求　イ養蚕損失補償、ロ借金支払猶予に関する緊急処置、ハ肥料の国家による無償配布、ニ失業者の生活保障、ホ消費税の撤廃、塩煙草の値下。
- ▲県に対する要求　イ諸車税の撤廃、ロ失業救済事業の開始、ハ中等学校の縮小、高給俸給生活者の減俸、ニ政費の縮小。
- ▲町村に対する要求　イ中産以下の戸数割免除、ロ失業救済事業開始、ハ窮乏打破運動応援。
- ▲直接闘争　イ小作料の値下（減免要求の大衆的調停申立）、ロ電気料値下要求（減燈を以て闘争）、ハ家賃値下（山日1930.8.18）。

　自作農・小地主と連携する小作争議以外の運動は、警察の介入があり困難であった。例えば、中巨摩郡豊村上今井農民有志の主催になる養蚕応急資金に関する村民大会は1930年9月2日午後7時から開かれた。しかしこの村民大会は「中止検束で混乱し村民大会解散さる／禁止された座談会に抗議し応援社民党幹部も検束」（山日1930.9.4）という見出しで報道されている。同種の運動として農民祈願運動がある。これは1931年8月25日に「多摩御陵及明治神宮に農民窮乏打開の祈願を為すという名目で多数の農民を動員して東京市内で無抵抗主義の示威運動を敢行する」計画であったが[12]、警察に察知され祈願運動は挫折する。他に電燈料値下げ運動、借金問題への取り組み、窮乏打開の運動などがある[13]。しかし農民組合として大きな問題は、農民組合が小作組合として刻印されているために村農会・村議会・農事組合・養蚕組合などで取り上げられる農業・農民・農村問題の運動に関わることが困難であるという事態であったと考えてよい[14]。

むすび——小作争議と農民意識

　地主小作関係・小作争議は「土地を農民へ」「末は小作の作り取り」という

戦前農民運動のスローガンや農地改革時のほとんど無償に近い自作農創設、改革後の著しく低率な公定小作料の設定などの事実からイメージされ、小作争議は無限定に小作料減額を求めていたと想定されてきた。しかし、実際の農民組合の「綱領」「方針」は極めて現実的なものである。例えば日本農民組合関東同盟山梨県連合会（1924年10月17日）は「小作料の合理化」を決議し、宣言には「吾等は益々団体交渉権を確立して既に得たる地歩を確保するは勿論今後尚不当なる小作料を軽減してこれを完全に合理化することを期せねばならぬ」[15]とある。また、峡東農民組合発会式の綱領は「吾等は合理的手段により不公平なる土地生産分配に帰する制度の改革を期す」（山日1926.7.17）というものである。「小作料の合理化」「公平性」の基準は農村で共有されている意識としては市場経済意識からみた「合理性」であり「公平性」であると考えるべきであろう（村落ごとに歴史と慣習と結びついた差異がある）。「合理的」な小作料水準が設定され、凶作時・経済変動時などに村落内で「合理的小作料」を実現する調整システムが形成されたとき（別の言葉でいえば、地主の市場経済意識による小作料と、小作農の市場経済意識による小作料が均衡する調整システムが形成されたと判断されたとき）村落の「平和祭」が挙行されることになる。地主小作両者の市場経済意識による小作料調整の必要性についての認識は、1920年代の小作争議の広がりによって共有され、1920年代末には調整は均衡点に達し、その後散発的に小作争議が発生するとはいえ、村落内の小作料調整システムが形成されることで「小作争議の時代」は基本的には終焉をみたと考えられる。小作料の問題は米納で4〜6割に上るその高さにあるのではない。問題は小作料が農民・農村の意識からみて「合理的で」「公平な」水準にあるか否かにあるということになる[16]。

●注
1）本書第2・第3章。
2）農林省農務局『昭和三年小作年報』354頁。
3）農民組合の活動を中心とした小作争議・農民組合の展開については竹川義徳『山梨農運動史』(1934年)、大杉彦助『山梨農民運動史』(1950年) を参照されたい。
4）『山梨県史資料編　17』(2000年) 72頁。
5）竹川義徳『山梨農民運動史』(1934年、大和屋書店) 32頁。

6) 『昭和三年小作年報』352～53頁。
7) 『昭和三年小作年報』360頁。
8) 県農会は1927年に「農村協調施設」奨励費400円を計上している（山日1927.2.17）。また「県農会では昭和四年度から五年計画で政府から一千円宛の補助を得て全県下に亘り部落農事組合の設置奨励」を行っている（山日1930.7.13）。
9) 小作料が円滑に調整されない場合、小作組合の復活が図られる。例えば東八代郡英村中川区では前年に解散した小作組合を再建する動きがみられる（山日1931.12.29）。
10) 『山梨県史資料編　17』72～73頁。
11) 1930年代に入っても地主小作間の協調的調整と「平和祭」は続く（小作調停法を利用して地主小作の合意申立で小作料を協定する形が増えるが、これは村落内調整を整備・確定する意味をもつと考えられる）。なお、県下有数の争議地大鎌田村は1932年9月に「平和な村」への方向が報道され（山日1932.9.8）、落合村では1934年3月に「平和祭」が執行された（山日1934.3.12）。
12) 大杉彦助『山梨農民運動史』(1951年、文化山梨社) 157～59頁。
13) この時期の農業農村諸団体・農民組合の窮乏打破闘争については『山梨県議会史　第4巻』(1976年) 65～80頁参照。なお、1932年には自治農民協議会の県内での署名調印活動が報道されている（山日1932.8.25）。
14) 社会大衆党山梨県連は、1933年7月に「非常時克服、農村繁栄の為めに農会議所設置の案を樹て」た。「農業会議所の設立案の趣旨は、県下のあらゆる経済団体、例へば地主、小作人、各種産業組合員、及び技術家等の賛助を得て、地主及び小作間の小作争議の調停、諸種の農産物の増収を合理的に処理する施設等につき、農民の立場から研究、指導するためである」(山日1933.7.29)。農業会議所設置は、農業諸団体と協力して農業・農村問題に取り組むことを目的とし、小作争議は「調停」されるものとして位置づけられている。
15) 竹川義徳『山梨農民運動史』(1934年) 10～12頁。
16) 1939年12月に施行される小作料統制令は、①契約小作料の低位固定化、②減免機構の客観化（減免要求の手続きの明確化と減免率に対応した減免歩合の協定）、③集団的関係の形成、以上3点を内容とする。小作料統制令は「小作料適正化事業による地主小作関係の変革」（坂根嘉弘「小作料統制令の歴史的意義」『社会経済史学』69-1、2003年、11頁）を意味するのではなく、小作料の村落内調整を補完・整備する役割をもっていたと考えるべきであろう。

補論1　農政官僚の小作争議・農民組合・協調組合・平和祭についての認識

『地方別小作争議概要（昭和7年)』は山梨県の状況について次のように記し

ている。

（小作争議）大正八年近代的小作争議発生以来県下各地ニ争議続発シ其ノ数ヲ増加シ特ニ昭和五、六年ハ其ノ最高潮ニ達シ小作争議ニ伴フ暴行事件相次クノ状況ナリシカ昭和七年ハ過去ノ争議ノ清算時代ニ達シタリ
昭和六年迄毎年ノ小作料減免ニヨリ従来二畝一俵ト称セラレシ県下ノ田地小作料ハ著シク低減セラレ甚シキハ五割ヲ少キモ一割五分ヲ普通二割乃至三割三分ノ減免行ハレ其ノ減免モ一時的ノミナラズ将来ニ亘リ小作料ノ減額ノ行ハルヽアリ（273～74頁）。

（手段及経過）争議ニ当リテハ従来農民組合本部ノ応援ヲ得ルモノ多カリシモ最近ハ本部ノ応援ヲ求ムルコトハ徒ニ地主感情ヲ害シ争議ヲ激化セシムルノミトノ考強ク又本部ノ援ケナクトモ殆ンド多数ノ農民組合ハ自ラ争フノ力ヲ得ルニ至レルヲ以テ部落ノ支部ノミヲ以テ抗争スルモノ多シ（276～77頁）。

（全国農民組合山梨県連合会―総本部派）昭和七年……十二月十三日ニ年次大会ヲ開催セリト雖モ「既ニ小作料モ相当低下シタルヲ以テ今後ハ産業組合運動ニ主力ヲ注カサルベカラズ」ト主張シ居リ活動方面ヲ転換シ新生面ヲ開拓セムト苦慮シツヽアリ（282頁）。

（其他ノ小作人組合）単独小作人組合ハ小作争議ノ発生シタル場合ハ組合単独ヲ以テ之ニ当ルコト少ク系統的組合ニ加入シ或ハ其ノ応援ヲ求メ争フヲ常トス、殊ニ最近ノ如ク系統的組合幹部ノ不信ノ声漸ク高ク本部ヘ組合費ヲ納入スルヲ喜ハサルモノ少ナカラス為ニ一時組合ヲ脱退スルモノアリ或ハ又本部ノ指導ヲ受ケストモ独立ヲ以テ充分地主ト対抗シ得ルモノヲ生スルニ至リ之等ノモノ増加ノ為昭和七年中ニ於テハ系統的組合数ヲ減シ単独組合ヲ増加スルニ至レリ（283頁）。

（地主小作人協調組合）地主小作人協調組合数七十三団体六千六百四十九名ヲ擁シ逐年其数ヲ増加シツヽアリ、而シテ中ニハ小作争議ノ防止ニ或ハ争議発生ノ虞アル場合ノ調停ニ相当寄与シツヽアリト雖中ニハ有名無実ノモノ相当多ク（284頁）。

（平和祭）近時小作争議ノ終息ト共ニ各地ニ平和祭挙行スルアリ之等ノ地方ニ在リテハ従来ノ対抗的組合ヲ解散シ協調組合ヲ設立セムトスル傾向強

シ特ニ東八代郡豊富村ニ於テハ各部落ニ協調組合設立セラレ近ク村ノ連合会設立ノ気運動キツヽアリ（284頁）。
（小作調停での合意申立事件の増加）逐年地主小作人合意ヲ以テ調停ヲ申立ツルモノ次第ニ増加シツヽアリ合意事件ノ大部分ハ既ニ協定ナリ之ニ法上ノ効力ヲ付与セントスルモノナリ即コノ種事件ハ短キハ一年長キハ七年普通三年乃至五年ニ亘リ小作条件ヲ協定シ其ノ間争議ヲ無カラシメムトスルモノニシテ地主ノ希望ニ基クモノナリ（287頁）。

以上の引用は、①小作争議が基本的に終息に向かっていること、②小作組合が組合本部を必要としなくなっていること、その結果組合本部離れが進んでいること、③協調組合は増加するが、有名無実化するものがあること（農会とその下部組織である農事組合が小作料調整を随時行うことでよいということになる）、④小作争議が沈静化しても地主が強い立場には戻れないこと、⑤小作調停法による小作料調整は村落内調整を補完・確定すること、等この時期の地主小作関係を要約している。農政官僚の地主小作関係理解は、新聞報道と符合することを確認することができる。

補論2　土地返還争議について

　地主小作間の協調気運が高まる1920年代末には、土地返還問題の解決方向もみえてくる。1929年5月11日の山日は、次のように伝えている。

争議に倦いてか案外進む小作調停／土地返還の要求も猶予期間が置かれて解決

以前に比し調停が急速に進捗するに至ったのは一には小作争議が以前ほど感情に走らなくなり地主、小作人双方共余程自覚するやうになった結果であらうと見られてゐる。而して小作調停事件中土地返還が大部分を占め円満に解決するには土地返還までに一定の猶予期間を置くことになるがこの期間は大概三ヶ年が普通で昨年中に解決したのを見ても四十七件中即時返還は四件で……である。

土地問題に関する『地方別小作争議概要』の記述は次のとおりである。
『地方別小作争議概要』(1930年)
　土地問題ニ関スル事件ニ在リテハ引続キ耕作ヲ継続セシメタルモノ最モ多ク土地ヲ返還スルヲ条件トシテ事件ヲ解決セルモノニ在リテモ二年若クハ三年後ニ返還セシムルコトト調停セルモノ多シ
　即時土地ヲ返還セシムルコトハ仮令地主ニ於テ作離料ヲ支給スル場合ト雖モ訴訟ノ相当進行セル場合ニ於テノミ可能ナリキ、而シテ此場合ノ作離料額ハ田ニ在リテハ二年分以上ノ小作料ヲ免除又ハ贈与シタルモノ多ク甚タシキ事例トシテハ反当金二百円ノ未納小作料ヲ免除シタルモノアリ畑ニアリテハ反当金百円程度ノ補償ヲ為サシムルヲ普通トス(226頁)。
『地方別小作争議概要』(1932年)
　土地返還事件モ多クハ引続キ小作セシメツヽアルモ止ムヲ得ス返地ノ場合ハ一年又ハ二年位ノ猶予期間ヲ置キ返地セシムルヲ普通トシ即時返還ニ対シテハ相当額ノ作離料ヲ支出セシメタリ(277頁)。
『地方別小作争議概要』(1934年)
　土地返還争議ニ付テハ大多数ハ従来通リ耕作継続スルコトトシ事情已ムナク返地セシムル場合ハ普通三年ノ猶予期間ヲ与ヘシメタリ(281頁)。

　以上の農政官僚の記述はこの時期までに形成された土地返還問題を扱う際の方法を示していると考えられる。土地返還問題は基本的には小地主と小作農との間の耕作調整の問題であり、問題が紛糾するのは「思想問題」「感情問題」が絡む時だけに限定されていたと考えてよいであろう。
　小作争議の結果として、小作料が下がり小作料が農村の意識からみて低いと判断される場合に、小作料と小作地返還が問題になることがある。小作料の引き上げ要求、地主の自作要求、小作権に価格が付いて小作人間で売買される場合について、次のような例が取り上げられている。
　『地方別小作争議概要』(1934年)(地主の小作料引上げ要求)
　近来特殊ナル現象ハ過去ニ於ケル農民運動ニヨリ著シク引下ゲラレタル小作料ヲ地主側ニ於テ引上ゲントシテ争議ノ発生ヲ見ツツアルコトニシテ昭和九年ニ於テハ此ノ種争議ハ僅カニ八件ニ過ギザレドモ地主側ニ於ケル此

ノ気運ハ次第ニ濃厚トナリツツアリ。将来此種争議ハ増加セントスル傾向ニアリ（279頁）。

争議は減っても皮肉なこの現象／土地返還調停の増加（地主の自作要求）
土地返還は地主小作関係の最後の断案であるが多くが小地主に対する年々の小作料問題が嵩じて自作しなければ引合ないといふ結果招いた事であるから解決はなかなか困難で従来調停成立せるもの、多くは向後五年乃至七ケ年の継続小作後は返還することを以てし漸次小作地主は自作農となってゐる（山日1928.1.31）。

何日の間にか知らぬ人へ／小作地リレー／波紋を描いた土地返還（小作権転貸問題）
東山梨郡春日居村地方は坂下農民組合の地盤で小作争議の発生が多い所であるが此の地方には小作地の権利金の制が小作人同志の間に行はれこれが為め二重、三重の複雑化した小作争議の発生が多く次の告訴事件もこの権利金が禍した一例である。

春日居村別田農中沢一応（三二）は同村奥山源蔵氏の土地田四反三畝八歩を小作中同村中沢みねに又貸しをなし……みねは該土地を同村北山章太郎（四一）へ百四十円の権利金を取って同人へ又貸しをしたので北山が該土地を耕作中の処、中沢一応は急に該土地を自己が耕作することになり、小作人の中沢みねから該土地を取上げんとしたが……北山が応じなかった（後略、山日1933.3.17）。

第5章

地方紙の小作関係報道
――山梨日々新聞の分析――

はじめに

　地主小作関係は近代日本農業の重要な経済社会関係であり、農地改革前には農業関係者・農政担当者ばかりでなく地方社会の最大の関心事の一つであった。特に小作争議が社会的な関心を集めた1920年代以降は関心の度合いは著しく高まる。本稿は、1920～30年代の地主小作関係について地方紙はどのように報道し、新聞社の主張がどう変化したか、そしてそれが農村社会に対してどのようないみをもったかを検討する。

1．小作関係の理解（1910年代）

　農村の経済状況について1916年5月6日の論説（社説）は「我邦農村の現状より見れば自作農の滅びつゝあること及び小作農の甚だしく疲弊しつゝあることは農村の救治上閑却すべからざる重要問題なりと言はざるべからず、……我邦農家の総数を見るに五百四十余万戸あり、此内約3百万戸内外の農家―約百五十万戸の小作農と約百五十万戸の自作兼小作農―は今方に非常なる生活難を苦みつゝあり……今や我邦の小作農は借金すら為す能はざる状態にあり」と、農村社会が困窮していることを論じている[1]。農村が困難な状況にある中で地

主小作関係では、次の記事にみるように地主の力の圧倒的な強さが繰返し指摘される。

　峡東と小作人
　峡東地方の地主として二三を除くの外は小作人に対し納米は米作中比較的品質良好なる物を択び其の収穫の少きを顧ず強制的に之を耕作せしめつゝあり。甚しきに至っては地主が撰定したる籾以外のものゝ納入に対しては一貫匁乃至二貫匁を増徴し小作人の拒むに於ては田地を取上げ他に貸付をなすと云強迫的言語を弄し小作人をして益々悲境に陥らしめ平然地主顔をなし居る有様なるが小作人にして之れを拒まば直に耕作地を取上げらるゝ恐れあるより泣きつゝも地主の言ふが儘になし来りしことなるが此の弊風は峡東七里村下於曾に起り一般に伝播したりとの事なり根本地丈けに七里村の地主は小作農の困憊に目も掛ず自己の収利のみを心掛る風あり（山日1918.8.14）。

　地主対小作人の関係が段々悪化する／双方の妥協譲歩が必要
　今日の地主は全く小作人に対し極めて横柄で小作人を見る事恰も奴隷の如くに見て居るものがあるが之は甚だ面白くない態度である。小作人も地主も対等の人間である以上、待遇の上にも談話の上にも相当の親しみ敬意とを以て互に相接するやうにしなければならない（山日1920.11.12）。

　地主対小作問題／地主側は何所まで目醒めて来たか
　地主階級と来てはお話にならない……国民の思想がどうあらうが、其処に何等の自覚もなければ、発奮もない農村改良は先ず地主の頭脳から大に開拓して懸らねばならない（山日1921.2.7）。

このような地主小作関係に対して、県農会は繰返し地主会の設立を呼びかける。1916年には地主会設立について知事・農会幹部・地主代表出席の下に協議している。その設立要綱中の「事業」は次のとおりである。

　一、時々小作地を巡視し働労を賞し改良を奨め小作人各戸に就き家事の状態を視察して之か指導を為し且つ其労を慰藉すること。二、時々自家又は適宜の場所に小作人を集合し農事其他必要の事項に付懇談し親睦融和を図ること。三、小作人と共同し貯蓄の方法を設け凶作疾病等不時の災厄に備

ふること。四、小作人にして不慮の災害又は疾病等の為生計に困難するものあるときは適宜の方法を以て救済すること。五、必要に応じ奨学金を与へて小作人の子弟を教育すること。六、小作人にして不法の行為なき限り成るべく変更をなさざること。七、特別の場合の外現在の小作料を増徴せざること、し殊に小作人によりて施されたる土地の改良に伴ふ増収に対しては小作料を増徴せざること（後略）（山日1916.5.1.19）。

　このような事業項目を掲げ、「地主をして小作人を愛撫せしめ両者の葛藤を未然に防ぐのみならず協同して農事に奮励せしむるは益々緊切なる農事上の問題なるを以て山梨県農会は町村に地主会を設立せしめ此目的を達せんとし本年度に於て設立要項を定めて之が奨励を始めた」（山日1916.2.21）。しかし、地主が圧倒的な力を保持する状況では、小作農保護を目的とする地主組合の設立は進まない。1916・18・19年の記事は次のように伝える。

　　地主会の奨励
　　県農会に於て……地主と小作人との連絡調和を図る為め地主会の設立を屢々奨励したるが意見区々にして殆ど其の設立を見ざる状態なれど此種地主と小作人の連絡的機関を設置せしむるは農政上より見るも時代の要求すべき施設たれば一層設置奨励の必要ありと県当局者は語れり（山日1916.10.15）。
　　小作奨励方法
　　県下地主にして小作人奨励方法を設け居れる者は至って僅少にて現在具体的方法を設置せるは市内山田町若尾氏位のものなるが小作人の奨励は直接地主に対する利益のみならず産業啓発上極めて必要の事なれば県農会にては地主会の設置を慫慂すると共に小作人奨励に関する具体的方法の実施に就き努力する方針なり（山日1918.2.10）。
　　地主と小作人／大体に於て融和す
　　地主組合に対しては県農会に於て奨励を為しつゝあれど未だ之が設立を見るの運びに至らざる状態なり（山日1919.5.10）。

　地主会設立は遅々として進まず、1916年以来の設立奨励を3年後も継続せざ

るをえなかったのである。地主の力が強いとはいえ、農村には少数の小作組合はあり、村落内での小作料調整もある。例えば次のような記事がある。

　県下の小作組合
　　山梨県農会にては帝国農会よりの照会に基き県下に於ける小作組合の成立せるものを調査したるが右小作組合は唯僅かに東八代郡英村字成田組に成田共済組合の一小作組合設立され居るに過ず同組合設立の理由を聞くに同組は戸数百七十余戸の大部落にて平作の場合は極めて平穏なるも……大凶作に遭遇する時は引方は特に地主と小作人と寄合の上更に協定する事とし……以来小作人と地主との間は極めて円満に農事の発展に努めつつあり（山日1916.7.19）。

　地主と小作人／大体に於て融和す
　　本県が各郡市に命じたる地主と小作人に関する調査結果を総合するに地主と小作人との融和協調に就ては既往十数年前凶作引続きたる年に於て小作納米等に関し両者間に紛議を生じたる事例少からざりしが其後幸ひに凶作なく収穫比較的潤沢なるを以て両者間大に融和し地主の小作人に対する態度も寛容となり小作人は地主を尊重し徒らに騒擾するの却て不利益なる事を覚れるものゝ如し故に現今に於ては衝突紛擾等の声を聞かず……凶年に於ては小作人より地主に其引方を哀願するを例とするも此の場合地主は他の地主と協議し下見或は坪刈等を為し歩合を定めて相当減免を為すを通例となせり（山日1919.5.10）。

　小作組合があり、凶作時の小作料減免で多少の軋轢があるとはいえ、小作料減免は地主の圧倒的な力の下で、許容される範囲での地主主導の小作料調整だと考えるべきであろう。
　このような地主小作関係に対して、地主の無理解・横暴を批判する記事の中で「弊風を除去する為には小作人組合などの組織を見るに至ったのは小作人等の利権擁護の上より見て喜ぶべきものと云はねばならないが組合を楯に無暗に地主に反抗さへすればいゝやうに考へるのも間違った所である、……地主に反抗する意気があるならば須く農事の改良発達を図り一日も早く自作農たる事に心掛くべきではあるまいか」（山日1920.11.12）と、小作人組合に理解を示して

いるとはいえ、「反抗」には否定的であり、限定された小作組合容認論である。その地主小作関係についての姿勢は、県農会の地主組合設立奨励の記事をコメントなしで載せていること、また「小作問題は協調の態度を失ふな」、「農村は権利義務の四角張つた方面より協調相和の妥協的歩調を以て進む方が地主小作人の利益であり農村問題の捷径であると信ず」(山日1922.12.3) という当局談話をそのまま記事にしていることから、地主主導・農会主導の協調に期待していると考えるべきであろう。

2．小作争議の出発と小作農擁護の論調

　地主の力が圧倒する中で1921年6月県下最初の小作争議が勃発する。それは次のように報道されている。
　　本県に嚆矢の純小作組合の組織／地主側は之を承認せず
　　本県には従来地主小作人間に大なる軋轢紛争を醸したる事例なく幸ひに地主小作人の協調は比較的円満に保たれ来りし結果小作人組合の設立あるも其の実質は地主小作人間の融和利益を計り相互扶助の精神を基礎としたるものにて純然たる小作人のみが団結したる小作組合は殆ど一組合も無かりしが最近東山梨郡七里村下於曾に約七十名計りの小作人を以て小作組合組織されて地主に向ひ這般来入付其他小作人の利益となるべき諸問題に関し交渉を重ね来れるが地主側にては斯る組合を承認せば将来地主側の経済上に於ける危機を惹起するやも計り知られずとの憂慮より小作組合の代表者に向っては組合の設立を承認せざると共に小作人の委任事項に対しても交渉に応ぜず入付其他の関係に就ては従来の如く直接地主対小作人との間にて問題を解決すべしとて之を刎ね付けつゝありと云ふが右に付同地方の某有力者は語りて曰く七里村の小作組合に対して若し地主側が従順に之れを承認し且各種の問題に就て交渉に応ぜんか恰も燎原の火の如く峡東全部に亘り旬日を出ずして小作組合設立され地主側に対抗する事となるべき必然なるより同組合に対しては地主側が目下持て余し居り代表者の交渉は勢ひ之を拒絶しつゝある状態なり（山日 1921.6.18）。

この争議の後各地に小作争議が発生し、小作人組合の設立が相次ぐことになる。山日は、地主の自覚を求め、小作農の立場に共鳴する論説や、署名入り論文を載せるようになる。
　1924年1月13日の「小作問題の対策（二）」（深澤議一）は「今日の小作争議は……分配上の問題と思想上の変化とより起こったことは言ふ迄もないが往々にして地主の態度が争議を醸成し又助長せしむることが少くない、数ある地主の中には時勢の推移も知らず唯納米を取りさえすれば能事了れりとして更に農事の改良発達などには無関心の人がある、又偏狭で自己万能主義で他人と融和して協同して事を計ることの出来ない人もある。……地主まづ覚醒するの必要はあるまいか大に考慮を煩はしたいのである」と地主の自覚が必要であると論じる。1926年11月27日の「言論」（社説）は「現在の小作問題に対しても、地主小作人の関係を昔時の親分乾分のやうな温情的気分からのみ眺めることも許されないし、又一概に小作人に斯かる微温的な精神のみを以て、世智辛くなってゆく時代の生活苦を味はって行けといふのも無理な注文であらう」と地主小作関係の変化を認識する必要があることを指摘する。署名論説「『小作争議に面して』を読む（二）（三）」（赤木聲一）は、次のように高率な小作料が不合理で社会的正義に反すること、小作組合が必要であることを説く。

　　現代の小作組合の発生は小作関係乃至小作制度の改造乃至改善が個々の地主対小作人の交渉を以てしては不可能だと云ふところから生れてゐると思ふ。個々の関係に於ては、小作人は地主に比較して資力に於て智識に於て到底敵たるを得ない哀れむべき状態にある。従って小作関係に於ける不合理や欠陥の補正を地主に申出でても地主がそれに応ぜざる限り、小作人は何時も泣き寝入りしなければならぬのである。されば、……小作組合等団結力によって、その要求を貫徹しようとするのは理の当然の行方ではあるまいか（山日1926.12.24）。
　　要求の当不当は此の場合の問題ではない。小作組合こそ現代経済組織の圧迫から逃避し、或は之に積極的に対抗する小作人の自己防衛的機関なのである。然るに……現行法が之を認めないと云ふ単なる理由から直に、個人交渉に返れと主張するのは小作人をして依然として地主の奴隷たらしめようとする暴言であると云はねばならぬ。現在の小作料が極めて不合理な高

率なものであることは今更云ふまでもない。従って社会的正義に基くならば、小作料の引方要求は疾に認めらるべきものでなければならぬ（山日1926.12.25）。

　小作争議が広まる1920年代半ばには小作農の立場を擁護することは社論になっていたと考えてよい。1927年1月3日の「新年新論」では「耕作権の確立／農民組合と農村問題の将来」と題して「農民組合の目的は所有権に対抗する権利を得んとするものゝ如く、小作人の生存を基調とし、耕作権のみが完全に国家によって保護せらるるに至らば農民運動の目的の一半は達せらるると思ふのである。近く制定せられんとする小作法は少くとも耕作権の確立を内容とするものであらねばならない」と耕作権の法的確立を求めている。

　新聞報道は地主に圧力を与える。1921年10月に書かれた「若尾地所部決算報告書」は、「小作問題ハ漸次重要ナル社会問題化シ来リ。此ノ種ノ出来事ニ対シテハ事ノ大小ヲ問ハズアラユル言論機関ガ筆舌ヲ極メテ誇大ニ論議セラレ、事件ノ真相ヲ極メズ其理非ヲ正サズシテ只々小作側ニ同情シ寧ロ争議ヲ煽動スル風サヘアリ」（『山梨県史　資料編17』p.70）と、地主の嘆きを記している。地主の小作関係についての認識も変わる。「組合各地に雨後の筍の如く簇生し事態容易ならざりしが各地主も自覚する処あり旧慣に倣はず不作に対する納米の引方、小作料の軽減等両者折衷の意見にて無事解決」（山日1922.9.6）、「最近地主側も覚醒し来り小作料軽減についてその契約を改約することに吝ならぬ傾向を呈して来たことは県当局のみとむるところである」（山日1925.9.14）という記事が地主の「覚醒」を示している。

3．小作料調整の進展と「言論」(社説)

　連年の小作争議は、一部では激しい対立もあるが、争議初期から妥協・落着に向かう動きがみられる。個別の争議（その中には激しいものもある）、個別の妥協・調整に関する記事が多い中で、次の記事は全体的な妥協・調整の進展を示している。

県下の小作問題残るは僅か四組合／二組合は早晩解決／その他は飽迄強硬だ

県警察部高等警察課の調査に依る本県内小作組合は大体に於て地主小作人諒解を得て落着せるが、未だ其気運の到らざるもの東山梨郡下於曾同村千野地区松里村井尻、北巨摩郡登美村等の小作組合にして何れも地主に対し圧迫的に出で不当の要求をなし居るらしく地主も彼等の要求に応ぜんか今後止まる処を知れず一層初志を貫徹し小作人にして不法の行為ある場合は法の定むる処に依り曲直を明かにせんとの意気込みらしと、然しながら井尻、千野の両小作組合は扇動したるものありて強硬なりしが斯の如くにして日時を費すは相互の不利なりと知りたる折柄……一般は迷夢より覚めて至当の要求をなし又地主も之を追求せずして譲歩し解決を見るに至りたるものなり（山日1922.9.7）。

県下に起りし小作問題多くは解決／尚未解決は十七件あり／互譲して解決に努めよ

さる十年秋米作の不作より……小作問題台頭し甚だしき勢ひを以て各地に蔓延し……問題は容易に解決せざりしが漸く争議の不可なるを悟り漸次軟化し来り解決の曙光を認めらるゝに至れり、県高等警察課の調査したる処に依れば昨年十月以降発生したる県下の小作争議は……四十二件にして内解決したるは……二十五件にして残余の十七件は地主小作人各自が自己の意志を固執対抗しつゝあるため未だ解決の運びに至らずと（山日1923.3.22）。

小作争議も妥協で解決

本年九月末日現在の調査に依ると昨年中の小作争議……の結果は妥協して円満解決を見るもの多く要求貫徹若しくは撤回、耕地の返還等の如きは殆ど無い（山日1926.11.8）。

このように小作争議が妥協・落着に向かう中で県農会は、小作関係調整のために動き出す。1926年8月には「争議防遏で標準田設置／県農会の施設」という見出しで「小作争議防遏の一助として各町村農会に於て坪刈標準収穫田の設置をなして居る所あり本県でも東八代郡英村農会の如きは既に実行して居るが

此の施設の甚だ有効なのに鑑がみて県農会では此の種の施設の奨励をなす意向」(山日1926.8.2) を示し、1926年12月には、小作争議の防止の「協調施設機関として各町村を単位に一つの委員会を起し小作人と地主間との協調を保たしめることになり県農会では数日中に各町村農会に対してこれが施設方の通牒を発する」(山日1926.12.1) ことになる。協調機関では小作料の決定・収量調査（坪刈）・小作料減免額の決定を行うことになっている。1927年3月には「争闘本位から／漸次協調的に／共倒れを覚った地主と小作人が握手する時代は来た」という見出しで協調団体の動きについて次のように述べる。

> 争闘本位であった地主対小作人関係が最近協調的となり収穫の増加を図ると共に農民以外に向って利益の公平を要求する傾向を来してゐる。県高等警察に於て調査したところに依れば農民関係の組合は初め東山梨郡下に簇生したがその後中巨摩郡に転じて以来中巨摩郡下全部に波及して更に西山梨郡北巨摩郡に及び紛糾を極め争議の結果は双方共倒れのごときことゝなったので逐次協調するを利益とし大正九年には六団体の協調機関を生じ十一年には九、十四年には十一団体を生じ計四十九団体となった、而して之等協調団体は地主小作両者の分収歩合の協定、精農者の表彰等に依る奨励、地主が資金の融通、勤倹力行に依る積立金、災害者の救済方法を講じてゐる（山日1927.3.2）。

地主小作関係の協調化、農会による公共的調整機関設置の開始、協調団体設立の動向に合わせて、小作農の立場を考慮する山日の論調に変化が現れる。地主小作協調の促進である。そして1927年以降、「言論」（社説）で繰り返し地主小作の協調を訴えることになる。類似の社説が繰り返されるが、以下に主張が明確な三つを取り上げる。

① （言論）地主小作人の猛省を促す

　従来小作人は地主から奴隷視され、自らも奴隷的地位に甘んじて来た。束縛から脱するや大衆の団結力を得て俄かに奔放なる態度と過大の要求をなすことが当然与へられた権利かの如く解して来た嫌ひがある。又地主は往時の伝統的精神にのみ支配されて、時勢の推移と、人権の発達とを理解すること乏しく、労働を尊重するの念薄く、土地よりの不労所得を依然重く見て来た結果、両者の思想間に大なる軒輊を生じた為め小作争議が思想的

方面からも助長されて来たのは事実である。……小作争議が一朝一夕に解決さるべきものでないことはわれ等が屢言した通りであるが、現状のままに推移して行ったならば、争議の防止よりも寧ろ争議を助長する弊風が各所に醸成されると見ねばならない。小作人が農民組合の団結力に訴へ、動ともすれば常軌を逸する程度の要求にまで出で地主は数の上に於ては小作人に対抗力の乏しきをるが故に……小作人の圧迫から逃れ以て官憲其他の応援に拠って小作人に対せんとする……われ等は此の際地主が襟度を開いて小作人と共に農業の実相を深く研究して、両者の有無を探り、小作料の高い場合は適宜入付を修正するなりして、相互一致の上、立ち行くやうに努力することこそ最も急務であると信ずる。……経済的争議は出来得るだけ経済的に解決するのが至当であることは云ふまでもないが、その間地主小作間の融合的温情を以てする協調提携の研究調査機関を作り、農村発達の方途を講究し、両者の睨み合を一歩づつなり和げて行くことが雛て農村を光明付けるものではあるまいか（山日1927.5.6）。

地主に「労働の尊重」「襟度を開くこと」「小作料の適正化」を求め、小作農には団結力による過大な要求を抑制することを求める。両者に理智的な経済的対応を求め、地主小作間の協調提携を図り、農業発達を考究すべきだと主張する。

② （言論）争議の悪化／血みどろとなる勿れ

労働者や小作人が余りに団結的自我に没入して、他を顧みるの余裕さへ持たないことは決して喜ぶべきことではないのである。小作争議に於ても然うである。自作農創設をさへ呪つて、之を否認することは、小作権確保の道程から見ても決して至当な叫びであるとは云へない。農地を耕すことは労力を提供することであるからとして、土地の不労所得を全然認めないことが現在の社会制度からいって果して当然な要求であらうか、小作権を確保せんとすることは好い、然し土地所有権を認めないことは不当であらねばならぬ。（中略）畢竟するに争議が悪化するとしないとは、階級的闘争性の助長か将又緩和かの如何に在る。又経済的観念の衝撃度合の如何に在る。だから資本家や地主は懐手して儲けた往時の地位から去り、固陋な考

へを擲つて不労所得の過分を冀はず、労働者や小作人は団結的不当要求のみを夢見ずして、経済的純理に立脚すべきであらう。然も古風ではあるが温情的な育くみを断排せず、其処に資本と労働、地主と小作人間に角突合んとする理智の先端に幾分なりとも緩衝の鞘を押しかぶすことは、決して笑ふべきことでもなければ、呪ふべきことでもない。（中略）争議の中心者に警告せざるを得ないのである（山日1928.4.6）。

　地主小作人に経済的理智を求め、地主には「不労所得」＝小作料の適正化を、小作農には市場経済秩序の基本である土地所有権の尊重を求める。
　③　（言論）争議悪化への一点眼
　農村に於ける経済闘争が、多分の思想的運動に基いて行はれてゐることは、蔽ふべからざる事実である以上、その争議を単なる経済上の穏和的要求としてのみ見ることの出来ないのは当然である。
　小作争議が、動ともすれば、その則を超えて、或は不当の要求となり、或は暴力的行為となって現れるところに、見逃すことの出来ない思想上の動きがあるとしたならば、かゝる方面に対して、検討を行ふの要があることは云ふまでもあるまい。然し、一方、われ等は経済上行詰った悲境の農村に対して、復活の曙光を与へることの必要であるを痛感する者である。と同時に、永い間虐げられて来たかの観がある小作人階級に対しては今日の如き不況に際しては、一層同情を禁ぜざるものである。然し小作権を楯にして、「土地は小作人の手に奪還せよ」といった、不当無謀の要求に対しては、聊かも同情を寄せることは出来ないのである。経済上行き立たないとの理由の下に於ける、合理的な引け方要求であったならば、乃至、それが地主小作人双方の利益の分配にして不公正であり、且、小作人の窮状に忍び難いものがあるとしたならば、地主に対しては、寧ろ、今日までの慣例も、入付関係も顧慮せず、相当英断を下して、小作人が生き得られるやう、積極的手段を講ずべきであることを要求することも出来るのである。然るに、個人の所有権を無視するに等しい行為、所有権を多数の力に依って剥奪するに等しいスローガンを掲げて、経済的問題を思想的方面から悪化せしめ、一種の宣伝によって、何物かを勝得ようとすることは、決して

賢い策ではない。否、寧ろ、小作人側に同情を持つところの無産有識階級をも、彼等から精神的に遠ざけてゐる拙劣な方策であると見なければならない（山日1931.6.24）。

　分配の不公正を正す必要を指摘しつつ、小作争議が経済問題・分配問題を超えて、所有権を否定する思想・運動（市場経済秩序を超える思想・運動）に転化している現状を批判する。
　引用した三つの「言論」が求めているのは、(1) 公正な小作料、(2) 地主小作農の市場経済的な理智的対応、(3) 地主小作人の協調、(4) 所有権の尊重（市場経済的秩序の維持）の四つである。このような「言論」の主張はその後も基本的に変わらないが、1930年代の恐慌期には農業・農村問題の扱いに変化がみられる。

4．恐慌期の「言論」の変化

　恐慌期には、小作関係の報道に代わって農業・農村問題の記事が増加する。小作争議の沈静化、小作関係の安定化傾向の中で、農村社会の関心も地方紙の関心も急速に農業利益・農村利益に向かうことになる。そして1930年には新聞の論調に新しい視点が加わることになる。小作争議では農業・農村問題を解決できないとする認識からの主張の変化である。三つ取り上げる（主張の変化の前提として、小作料が農村社会で「相当」と理解される水準に引き下げられ、「小作争議が行詰まった」という認識があると考えられる）。
　① （言論）農村よ、先ず提携せよ
　　農村に於て争議を持続し係争沙汰を繰返してゐることは、地主も小作人も経済上多大の不利益であるとの意識が次第に潜行的に拡がって行くのは見逃すことの出来ない現れだと云はねばならぬ。
　　農村の経済上の不振を打開するには、何うしても地主、小作と自作農とが打って一丸となって行く努力が必要である。若し、それぞれが立場を異にするといった単なる経済的概念からのみ争議を事として行ったならば、恐らく農村は栄え行くの日に遠ざかるのみで、今日より以上に衰退の将来を

俟たねばなるまい。故に経済界不振に伴ふ農村の不景気に泣くよりも決然
起って、行詰れる現状を打開して行くことに心掛けるのが何よりも緊切で
あると思ふ。それには有名無実の農会を活用するとか、各種産業組合を一
層運用するとか養蚕組合其他の団体的活動をさらに促進せしめる等、夫々
機能を発揮せしめる共同事業の発達を促すことが最も必要である（山日
1930.1.3）。

　地主小作農の協調が進む中で、農会・産業組合活動による農業利益・農村利
益の増進を求める。
　②　（言論）争議期を前に／農村の融合性を思ふ
　経済界の不況が農村に及び、今や、農村は行詰ったとの嘆声を、地主、自
作、小作の何れの階級を問はず、一様に聞く現状であるとしたならば、地
主のみを倒して、小作人が完全に生きられやう筈はない。又、地主のみが
独り経済的回復を欲求しても、それは困難な事情の下に在る農村である。
故に、平凡な見方ではあるが農村の総てが団結して、行詰り打開に努力す
るより外はあるまい。小作人側からのみ云つたならば、五俵の入付を三俵
にしたなら、二俵の利益があるわけだが、それは単なる表皮的算数だ。地
主の二俵の減収が直に小作人の儲けとならず、中間の搾取機関が之れを横
取りする割合が、果して、何十パーセントに当るか。さらに又、争議で無
駄に費す時間と、冗費が、農村の利益をどれだけ奪ひ去つて行くか。
　われ等は、かゝる点に考へ及ふと、農村に於ける争議が、必ずしも小作人
階級の大衆を利益してゐるとのみは、断定されない感がある。而して、争
議が行詰つた農村を、不知不識の間に、なほも蝕ばんでゐることにも一顧
を払ふことが、農村民相互の、負はされた大きな義務であると云はねばな
らぬ。大衆的行動は、時代が生む一つの現勢であるとしても、無謀の要求
と暴力まで伴ふ運動は、断々乎として排斥せねばなるまい（山日
1931.11.12）。

　小作争議が農村問題を解決するものではないことを指摘し「農村の総てが団
結して、行詰り打開に努力する」ことを主張する。地主小作間の対立を超えて

農業利益・農村利益を図ることを求める主張である。
　③　（言論）農村経済と争議協調
　　農村に於て、争議が頻発せんとする事象の前に立ち塞がって、地主小作人間の協調が各所に行はれてゐることは、なによりも喜びとせねばなるまい。頑迷なる地主、貪欲の小作人、これあるがために、農村経済を紊す場合が、甚だ多いことを思ふと……自我の利益のみを固執して、環境の不利を顧みないといった態度は、各自が改め相互の妥協、譲歩によって、争議を根絶せしむるよう、理解し合った上、農村経済の更新、生活の改善に一歩を進むべきではあるまいか（山日1934.11.10）。

地主・小作協調による農村経済の更生、農村生活の改善を求める主張である。地主小作関係の協調が進む中で農村社会は、小作関係における市場経済秩序を基礎として恐慌への対応を求められているのである。

5．総　括——小作関係報道と市場経済的理智の促進

地方紙の論調は、次のようにまとめられる。

(1) 1920年前半……地主の「横柄」・無自覚を批判し、その覚醒による小作農の生活改善を求める。
(2) 1920年代後半……地主小作人両者の理智と協調を求め、市場経済的秩序を破壊する思想・運動を批判する。
(3) 1930年代……1920年代後半の論調を引き継ぎつつ、恐慌に対応して全村的に農業利益・農村利益の拡充を求める報道・主張に重点が移る。

地方紙の小作争議報道の数は多く、記事は大小・長短種々である。激化した争議を伝える3段見出し・4段見出しの大きい記事があり、10行足らずの簡単な争議の経過・結果についての記事もある。小作争議・農民組合・小作関係の論評等を含めて小作関係の記事の件数を表5-1に示した。記事の件数は、天候による豊作・不作、経済状況などによる変動があるが、多い月には連日報道

表 5-1　年月別小作関係記事（山梨日々新聞）

年月	1	2	3	4	5	6	7	8	9	10	11	12	合計	争議件数
1927	27	18	10	17	11	13	3	6	2	3	15	14	139	38
28	14	—	4	8	7	10	7	13	7	5	34	27	136	53
29	27	24	19	12	17	11	7	10	10	16	17	33	203	86
30	18	8	11	18	20	18	21	15	17	16	7	9	178	144
31	11	18	11	20	14	16	3	3	1	5	6	9	117	150
32	2	0	16	8	6	4	1	3	2	2	4	0	48	139

注）小作争議・農民組合・小作関係記事の合計。ただし、1928年2月と3月22～31日は欠けている。争議件数は小作年報による。

されていることがわかる。大きな争議が多い1927～1930年には小作争議件数をかなり上回る記事の数である。このような新聞の情報はこの時期の新聞発行部数の増加の中で農村社会に共有されたと考えられる[2]。小作関係情報の共有は農村社会での小作争議・小作料についての理智の形成を促進することになる。そして、小作関係の情報を共有する農村社会は、小作関係の修正に取り組むことになる。それは小作争議を含む試行錯誤の中で、落着点を見出し、その結果が小作料の低下とそれを基礎とする作離料（事実上の耕作権となる）の形成である。小作料は低下し、小作権には価格が発生することになり[3]、小作関係は多少の軋轢を残しつつ落着することになる[4]。

●注
1）「農民が調査した小作人の生活状態」（山日1923.1.24）は、中巨摩郡三恵村加賀美小作組合で調査した収支計算を示している。それによると、米作1反歩を男21人、女6人で作ってわずかに30銭の純益であり、男の日当を1円50銭、女の日当を1円10銭とすると33円90銭の欠損となる。「小作人は其の本業では僅かの利益を得るに過ぎないが種々の副業に依ってこの窮状を緩和して居るのである」。
2）山梨日々新聞の発行部数は1910年の7,545が1920年には19,800へ2.6倍に増える。その後の統計はないが、全国紙の発行部数は1920～25年に倍増しているので、地方紙もかなり発行部数を増やしたと考えられる（奥武則『大衆新聞と国民国家』2000年、平凡社、123頁）。
3）土屋喬雄編『大正十年　府県別小作慣行調査集成　上』には小作権についての記述はない。帝国農会の米生産費調査によると、山梨県の反当り小作権価格は1937年90.00円、38年37.50円、39年41.67円、40年41.64円である（『農業累年統計4　米生産費調査』77頁）。

4）農民運動取締りについての地方紙の姿勢と内務省・警察の方針は次のとおりである。

　1927年7月の「左翼運動取締」と題する社説は「すべての争議を、必ずしも左傾分子の煽動に因るとか、又は過激思想が浸潤した結果とのみ断定することはできない。正当なる労働条件、公平なる利益の分配……それ等は当然認めなければならぬやうな時代であって見れば、当局に於ても是等の諸点を充分考慮斟酌する必要がある」（山日1927.7.12）と述べ、農民運動・小作争議を容認すべきだとする。農林省については1927年6月18日に「小作取締に農林省側は反対」と題する記事があり、内務省の取締方針を警戒している。警察については、特高課長は1928年の着任時に「本県の社会運動の主体をなす農民運動に厳しい取締の手を下すといふが如き事はあり様はない。要するに農民運動も都会に於ける労働運動の如く所謂必然的な現象であって将来組合員の増加、党勢の拡張といふ事は首肯されるが、極端に云へば暴動化しない以上、即ち社会に悪影響を与へない以上、正当穏健な農民運動に目を光らす理由はないと思ふ」（山日1928.8.1）と語っており、原則として農民運動を容認する。社説・農林省・警察はいずれも市場経済秩序を破壊する意図をもたない運動を容認していると理解される。

第6章

小作関係調整システムの形成と
「小作争議の時代」の終焉

はじめに

　21世紀の現在に至るまで、1920-30年代の小作争議研究は栗原百寿の言葉「弾圧さえなければ、小作農民運動はおそらく『末は小作の作り取り』の流行歌（？）のとおりに、最後まで発展していったであろう」という指摘から出発し、小作争議の発生・展開を説明することに終始しているといっても言い過ぎではない。しかし栗原は、その文章に続けて「苛烈な弾圧があり、しかも小作事情が一応改善されるならば、そこに農民運動が必然的に沈衰するメカニズムが与えられねばならなかったのである」[1]と、農民運動沈衰の「必然性」を指摘することを忘れていない。本稿は「末は小作のつくり取り」というスローガンは小作争議（小作農）が求めた課題だったのかという疑問から出発する。むしろ栗原が指摘する「小作事情の改善による農民運動の沈衰」という事実を小作農の意識・農村社会の意識状況との関係で検討することから出発すべきではないかということが本稿の問題意識である。

　ところで、栗原論文には貴重な指摘がいくつかある。例えば「香川農民運動の崩壊をたんに弾圧にのみ帰することは表面的である。これについて、当時の日農指導者も口をそろえて、農民自身が弾圧に抗してまで農民組合をつくる必要を感じなくなったことが根本原因であるといっている。平野氏はいう、地主

側が攻撃してくれば、小作側も組合をつくったであろうが、地主側が積極的に動かなかったため、農民自身が農民組合をつくる気合いがなくなったのであると」[2]、「農民自身が動かなくなったことは、農民自身が経験を積んできてみずから村または部落内で地主小作問題の解決ができるようになったこと」、「香川農民運動は、その急激な発展過程において、わずかに数年で一応の小作問題を解決して、いち早く眠りこんでしまったのであって、他地方に比べてその農民運動はきわめて圧縮された過程と形態とをたどったのである」[3] 等々の指摘は地主小作関係・小作争議の本質を突いた指摘である。しかし、その指摘が全体の論理構成の中に適切に位置づけられてないところに問題がある。それは、「末は小作のつくり取り」という言葉に示される「小作料はゼロに近くなるべきである」、「小作農は土地所有関係の変革（農地改革）を求めている」という点から出発して論証を進めたことに原因がある。

　栗原のように地主小作関係をとらえる方法は20世紀末に至っても受け継がれている。表現はやや異なるが西田美昭『近代日本農民運動史研究』（1997年）がそれを示している。西田は玉真之介の小農論に対して、「『日本農業＝地主制』『農民運動＝小作争議』という把握が一面的であるとするなら、玉は「日本農業＝？」「農民運動＝？」とするのであろうか」と批判し、「戦前日本農業における地主制の重み、戦前日本農民運動における小作争議の重要性を確認」する[4]。

　本稿は、農林省農務局『地方別小作争議概要』を資料として、地主小作関係の全体像を小作関係の調整という視点から見直すことを目的とする。以下小作関係の調整パターンを三つのタイプとして検討する。①小作争議先進地として、香川県・岡山県・岐阜県・新潟県を検討する（いずれも1927年前後に小作争議は基本的に収束する）。香川県・岡山県は栗原百寿の先行研究で知られており、岐阜県は横田英雄と中部農民組合の運動、新潟県は木崎村争議で代表的な小作争議地として取り上げるべき県である。②都市周辺農村として愛知県・東京府・神奈川県を取り上げる。都市周辺農村は労働力需給・小作争議情報を考えると小作争議が多発・激化する条件が備わっているようにみえるが、現実には小作争議が発生せず（または紛糾することなく）小作料調整がなされる。③争議後発地（または争議が起らない地域）として青森県・岩手県・大分県を取り

上げる。地主の力が強く小作農の対抗力が小さいか欠如している東北・九州地方の典型例として検討する[5]。

留意したポイントは、(1) 小作争議の出発、(2) 小作争議の落着、(3) 小作調停法・小作官の役割、(4) 土地返還問題の調整、(5) 小作組合・農民組合の動向、(6) 1934年災害時の小作争議・小作組合、(7) 小作争議以外の農民運動、(8) 農民組合の産業組合活動、の8点である。

....

本章で使用する資料は次のとおりである。
(1) 農林省農務局『地方別小作争議概要』(大正13・15年、昭和5・7・9年)
(2) 『小作年報(第三次)』(昭和2年) 収録の「地方別小作争議概要」
(3) 農林省農務局『地方小作官会議録』(1927年第4回地方小作官会議～1935年第9回地方小作官会議) の「地方別答申要録」(内容は道府県別小作争議概要)

本稿の引用については次の略号を用いる。
○ 農林省農務局『地方別小作争議概要』(各年) 大正15年10～15頁＝(大15 pp.10-12)、昭和5年15頁＝(昭5 p.15) 等
○ 農林省農務局『小作年報(第三次)』……(昭2 p.15)
○「昭和10年7月開催　第9回地方小作官会議ニ於ケル協議事項ニ対スル答申要録」(農林省農務局『地方小作官会議録』第5分冊)……(昭10小作官会議p.20)

1．小作争議先進地

(1) 香川県

(小作争議)

『小作年報(第三次)』(1928年) は香川県の小作争議の出発を次のように伝える。

　　本県ニ於ケル小作争議ハ大正十年頃マテハ比較的静穏ニシテ単ニ非常ノ凶作年ニ限リ小作料ノ一時的減免ノ嘆願ヲ為スノ程度ニシテ事件落着ト同時

ニ平常ニ復帰シ永ク禍根ヲ貽スカ如キコトナカリキ然ルニ大正十年六月大川郡津田町ニ於テ麦年貢全廃問題ヲ惹起シタルヲ動機トシテ漸ク県下各地ニ争議ノ頻発ヲ見ルニ至リ越エテ大正十二年三月香川郡太田村ニ初メテ日本農民組合ノ支部設立セラルルヤ相次テ組合ニ加盟スルモノ続出シ小作人ノ団体的行動ハ益々組織的トナリ当初ハ麦年貢ノ廃止或ハ小作料ノ一時的減免ヲ要求スルノ程度ナリシカ今ヤ小作条件ノ永久的改善或ハ耕作権ノ確立等ヲ要求スルニ至リ争議ノ内容モ逐年深刻化シ来レリ此レカ為県下ニ於テハ彼ノ伏石事件、今蔵寺事件、土器事件等ノ激甚ナル小作争議ヲ発生シテ社会ノ耳目ヲ聳動セシムルニ至リタリ（昭2 p.328）。

農民組合は急速に組織を拡大し、「大正十五年ニハ組合数二百二十一、組合員二万七千七百六十人ヲ算シタリ右小作人組合ノ内系統的日本農民組合ハ大正十五年末ニハ百十余支部ヲ設ケ組合員一万五千五百余ニ達シ其ノ区域ハ島部ヲ除キタル県下一円ニ及ヘリ、該組ハ小作問題ノ外政治運動教育問題等ノ方面ニ運動ヲ試ミ消費組合ヲ組織スル等一致団結シテ偉大ナル力ニ依リ地主ヲ圧迫シタリ、而シテ其ノ他ノ小作人組合モ之ヲ模倣シテ同一行動ヲ採」（昭7 pp.560-61）るようになる。そして「本県ノ小作争議地ハ県下全般ニ亘リ何レノ郡ニ於テモ争議ノ発生ヲ見ルノ状況」（昭2 p.329）となった。

しかし、農民組合の組織拡張、小作争議の広がりは1927年には行き詰る。この状況について『小作争議概要』(1930年) は次のように報告する。

　　昭和二年ニ入リテハ此等小作人組合ハ其ノ増加ノ跡ヲ断チ却ツテ減少傾向ヲ示セリ、此ハ組合員中既ニ争議ノ主眼タル小作料問題ノ適宜解決セラレ之以上組合加入ノ必要ヲ認メサルモノ或ハ組合運動ノ過激ナルニ恐怖ト厭忌ノ念ヲ抱クモノ、又ハ地主ヨリ訴訟等ニヨリ圧迫セラレ対抗シ得サルニ至リ組合ヨリ脱シテ地主ト和合スルモノ等ヲ生シタルニ依ルヘク……更ニ昭和三年ニ入リ彼ノ共産党検挙ニ依リ……運動ハ全ク挫折シ地方的単独組合ニ於テモ……順次解散又ハ有名無実ノ状態ニ陥リ小作人ノ組合運動ハ昭和三年ヲ以テ終焉ヲ告クルニ至レリ（昭5 p.510）。

この文章は、いくつかの要因を列挙していて単純には読み解けないが、次の

第6章 小作関係調整システムの形成と「小作争議の時代」の終焉

ように理解しうる。第1に1927年には小作料問題が解決済みと理解され、組合も争議も必要とされなくなったこと、第2に系統的組合指導部と一般小作人との間に意識のギャップがみえてきたこと（小作料問題が解決済みと認識されているにもかかわらず、激しい争議手段が提起されたことが、恐怖・厭忌された）、第3に地主の法的手段による反撃、第4が3.15共産党弾圧事件というダメ押し的なできごとである。この四つの要因は並列的ではない。組合も争議も必要としないという小作農の意識が総ての出発点になっていると考えるべきであろう。その意識からみれば、第1に新たな争議手段の必要性は極めて小さい、第2に小作争議で求められた小作料は市場経済意識に基づくものであり、本来、市場経済の法的秩序を否定する争議指導と結びつくものではないと考えるべきであろう（市場経済の法秩序を否定するエネルギーは大きくなることは困難であり持続性を持ちにくい）。第3の共産党事件は系統的組合と農村社会との意識の乖離を決定づけたものではあるが、小作争議・農民組合全体の動向に大きな影響を与えるものではないと考えてよい（市場経済意識を前提とする小作争議と市場経済を否定する社会主義・共産主義思想とは本来相容れないものである）。1929、30年については次のような記述がある。

> 昭和四年モ亦鎮静ノ状態ヲ以テ経過シ昭和五年ニ入リテハ無産党或ハ中央農民組合ニ於テ本県小作人組合ノ奪還再組織ヲ目論見屢々運動ヲ試ミラレタルモ取締ノ厳重ナルト県民ニ之ヲ迎フルノ熱ナキ為カ未タ其ノ目的ヲ達セス、依然小作人ノ組合運動ハ鎮静状態ヲ保持シ現在地方的単独小作人組合二十六、組合員数二千百二十五人ヲ存スルモ全ク休眠ノ状態ニシテ何等積極的運動ヲ為サス（昭5 p.511）。

「小作料問題ノ解決」によって、小作農の意識を呼び覚ます役割を担った系統的農民組合は使命を終え、小作争議は沈静に向かったと理解される。他方で地方的単独小作人組合は「休眠」状態となる。そして1930年以降地主小作関係に変化がみられるようになる。「中小地主ノ一部ハ小作料ノ増額又ハ小作地返還ヲ要求スルモノ多数トナリ。過去ニ於ケル小作争議ト全ク反対ノ現象ヲ示スニ至」（昭9 p.613）るのである。この間の事情は次のように記される。

> 中小地主ノ一部ハ積極的ニ小作料ノ増額又ハ復旧或ハ小作地ノ返還ヲ要求

スルニ至リ農村ノ平和ハ再ヒ乱サレントスル傾向ヲ示スニ至レリ……小作料復旧ニ付テハ現在ノ改訂小作料ハ争議中小作人団体ノ暴威ニ依リ屈従ヲ余儀ナクセラレタルモノニシテ……合理的ナルモノニ非ス……今日相当小作料ヲ引上クルハ当然ナリト主張シ……尚ホ地主ノ一部ニ於テハ……小作人ヨリ土地ノ返還ヲ求メテ自作農タラントスルモノアリ……争議以来甘土料（小作権——引用者注）ノ騰貴セルニ着眼シ……無償又ハ少額ノ作離料ヲ供シ土地ノ返還ヲ求メ……ルモノスラ出現スルニ至レリ（昭5 pp.504-05）。

　即ち、1927年までの小作争議で小作料減額が行き過ぎたので、本来あるべき「相場」に戻すべきだというのが中小地主の要求である。小作料低下にともない騰貴した「甘土料」をめぐる対立が出現していることは注目される（「甘土料」は小作者への土地所有権の一部移管であり、「甘土料」をもつ小作地が、他の小作人に転貸され「中間小作料」もらうことになれば小作料の中間取得であり、「寄生」的性格をもつと考えられる）[6]。

（地主小作人組合）
　1928年以後、系統的農民組合が壊滅し、単独小作人組合が「休眠」状態に陥る中で地主の動きも変化がみられる。1927年までは農民組合に対抗して地主組合も「漸次組織的発展ヲ遂ケ昭和二年末ニ於テハ……県下一円ニ普及ヲ見タ」（昭5 p.512）が、以後の状況は次のように記される。

　　土地会社ハ……小作人組合ノ壊滅ニ依リ自然立消トナリ……一般地主組合……モ多ク有名無実ノ状態ニ在リテ積極的運動ヲ為スモノナシ、尤モ最近反動地主ノ台頭ニ依リ小作料引上ケヲ策スルモノ続出シ、其ノ一部ハ地主組合ノ運動ニ依リ該目的ヲ達セント企図スルモノ在ルヲ認メラル、モ一般地主ハ争議ノ再発ヲ虞レ形勢観望ノ状態ニテ未タ表面上団体的積極行動ヲ採ルモノハ認メラレサルナリ（昭5 p.512-13）。

　即ち、組織的な地主の運動は土地会社であれ地主組合であれ行われなくなり、一般的には地主は小作農の潜在力に脅威を抱き行動を控えている状態である。

第6章　小作関係調整システムの形成と「小作争議の時代」の終焉　139

この状況を1934年の『地方別小作争議』は次のように伝えている。

> 争議ガ団体的ヨリ個人的ニ変動シタル今日地主小作人共ニ組合運動ノ必要ナク新ニ組合ノ設立ヲ見ルコトナシ。然レドモ地主ノ感情等ニ基ク比較的広範囲ニ亘ル土地返還小作料値上要求等ニ対シテハ、其ノ小作人等ハ共同シテ反対スルハ勿論旧農民組合幹部ノ指導ヲ俟ツテ行動スルモノアルヲ見受ケラル。小作人ノ組合運動トシテ表面ニ顕ハレザルモ裏面的ニ旧来ノ幹部ノ潜勢力アルハ今尚見逃シ得ザル処ナリ。大地主、土地株式会社等ハ右状勢ヲ察知シ争議ノ再発ヲ虞レ小作料ノ滞納者ニ対スル処分等ノ外ハ積極的ニ運動ヲナスガ如キコトナク平静ニ経過シ居レル現況ナリ（昭9 p.621-22）。

　小作農は、組合がなくても利益を守る力量を保持しており、1934年稲作旱風水害の際には「県内全般ニ小作料減額要求ノ問題起レルヲ奇貨トシテ、旧農民組合幹部ハ互ニ連絡ヲ保チ行動ヲ起シテ農民ノ意ヲ迎ヘ」（昭9 p.619）る行動を示してる。

　県は小作争議対策を図り、「小作問題ノ対策トシテ争議ヲ円満ニ解決シ或ハ之ヲ未然ニ防止スル」ため協調組合の設置を奨励する。その成果もあって協調組合はかなり広く組織される。その状況については次の報告がある。

> 協調組合ハ……大正十年ヨリ同十三年頃ニ於テ争議ノ解決又ハ防止ノ目的ヲ以テ設立セラレタルモ争議激烈トナルニ及ヒテ有名無実ニ陥リ全ク行詰リノ状態トナレリ、茲ニ於テ県ハ大正十五年四月訓令ヲ以テ協存同栄ノ趣旨精神ヲ一層強調スルト同時ニ地主小作人及自作農ヲ包含スル協調組合即チ振農自治組合ノ設立ヲ奨励シ委員制度ニヨリ争議ノ仲裁ヲ為スト共ニ農事ノ振興及思想ノ善導ヲ図ラントセリ、然レトモ当時未タ小作人組合ノ激増ニ比シ其ノ設立ハ微々トシテ振ハサリシナリ、其ノ後昭和二年後半以来小作運動ノ不振ニ反比例シテ漸次其ノ機能ヲ発揮スルヲ得テ組合数モ増加シ現在組合数ハ七十三、組合員一万人ニ達セリ、殊ニ小作人組合ノ壊滅ノ今日協調組合ハ益益重要性ヲ帯フルニ至レリ（昭7 pp.562-63）。

　ここで指摘されていることは、第1に小作争議が盛んに展開されている間は

協調組合は広まらないこと、第2に県が推奨する協調組合は「委員制度」(地主・小作人・自作農の代表者が小作関係を調整する)であり、また農事組合の役割を合わせもつこと、第3に農民組合の解散で協調組合は増加し、役割が大きくなること、以上3点である。農民組合・小作組合がなくても地主小作関係は村落内で農事関係の一環として協調組織で調整されるようになったのである。不作年である1934年の協調組合の役割は次のように記されている。

> 昭和六年以後争議後ノ問題モ一段落ヲ告ゲ協調組合ノ活動スベキ機会ナク殆ンド形骸的存在ノ観ヲ呈セリ。偶々昭和九年度稲作ハ旱魃風水害ノ為収穫激減トナリ小作人側ニ於テモ往年ノ如キ激烈ナル行動ニ出デザルモ、比較的多数集結シテ地主ニ小作料減額方ヲ申出ヅル等小作争議発生ノ虞アリタルヲ以テ、県ハ一面従来ノ振農自治組合等協調団体ノ活動ヲ促ストトモニ他面ニ於テ本年限リノ風水害(調停)委員会ノ組織ヲ俟テ円満ニ解決スベキ様市町村長ニ通牒ヲ発シタルモノナリ。之ガ……大イニ効果ヲ収メタリ。現在協調組合七十四、組合員一万九千人ニ達シ地主小作人ノ紛争ヲ未然ニ防止スル重要ナル役割ヲ帯ブルニ至レリ(昭9 p.621)。

小作争議が終息した後は農民組合・小作人組合が有名無実になるだけでなく協調組合も有名無実化すること、そうした状況の下で不作時には小作人の集結による地主への要求、県・市町村長による公共的立場からの協調促進策があり、村落内調整が進められることを示している。常設的組織としては農民組合・小作人組合、地主組合、協調組合の必要性は極めて小さく、活動はいずれも低調になっている。

(小作調停)

次の報告が、小作争議沈静後の小作農の小作調停に対する姿勢と小作調停の進め方を示している。

> 小作調停法実施当時ハ地主小作人共ニ危惧ノ念ヲ抱キ其ノ運用ニ付懸念セラレタルモ……漸次調停ノ実質ヲ諒解セラルヽニ及ビ多年ノ争議ニ倦怠ヲ感ジ来タリタル小作人ハ一方大正十五年ヨリ昭和二年ニ亙リ地主ノ態度稍々強固トナリ殊ニ訴訟ニ依ル攻撃猛烈トナリタル為著シク圧迫ヲ感シ一

第6章　小作関係調整システムの形成と「小作争議の時代」の終焉　　141

層協調気分ヲ促進シ調停件数ヲ増加スルト共ニ其成立歩合モ向上セリ越エテ昭和三年ニ入リ共産党事件検挙以来支持団体ヲ失ヒタル小作人ハ調停ニ依リ有利ニ解決セントシテ続々調停ノ申立アリ、其ノ件数四百十件余ニ達シ此ノ間ニ従来ノ難事件モ殆ント解決ヲ見タリ、右ノ情勢ハ昭和四年迄継続シ昭和五年ニ至リ米価ノ暴落ヲ契機トシテ反動地主ノ台頭ニ依リ小作料ノ増額或ハ自作ノ目的ヲ以テ小作地ノ返還ヲ要求スルモノ激増シ来レリ而シテ昭和六年末迄ハ小作料増額ノ申立ニ対シ小作官ハ地主ノ反動的態度ハ却テ社会ノ秩序ヲ紊スモノトシ穏忍自重ヲ勧誘シ現状維持ニ努メタリ（昭7 pp.559–60）。

　この報告は、第1に恐慌期に争議が紛糾すると小作農は小作調停法による地主小作関係の調整を求めていること、第2に小作調停は地主の要求を抑制する方向で行われていること、この二点が注目される。土地返還争議における地主は「一般的ニハ平和手段ニヨリ解決ヲ図ラントシテ調停申立スルモノ多キ状態」（昭7 p.560）であると報告されており、土地返還問題も地主抑制的に小作継続を原則とする調整がなされたと考えられる。

（要約）
(1) 小作料問題は一定の小作料減額で1927年までには終息し、農民組合・小作人組合は「休眠」状態になる（争議終息・農民組合解散・小作人組合解散について警察の弾圧は一つの契機に過ぎない）。
(2) 小作争議の結果、小作料が「下がり過ぎた」という意識が農村社会で共有されていたと思われる。地主の小作料値上げ要求、土地返還要求や、「甘土料」の騰貴（小作料の低下は小作農の取り分の直接的な増加だけではなく「甘土料」＝「移管された所有権」の価格上昇をもたらした）がそれを示している。小作調停では「他ニ影響ナキモノニ限リ特ニ小作料増額ヲ認」めている（昭7 p.560）。
(3) 小作人組合・地主組合は小作争議の終息後有名無実化すること。
(4) 協調組合は村落内組織として争議解決について役割を果たし、争議終息後有名無実化するが、不作の際など必要に応じて小作料調整を行う。

(5) 協調組合は、町村長の調整等と合わせて小作関係の調整の役割を果たしていること（調停は市場経済意識を基礎とし、小作農の生活・経営を考慮した調整である）。
(6) 小作調停法は地主の利益を抑制する方向をもっていることが理解され、小作人が有利な解決を求めて小作調停を利用するようになる。小作農の要求は、小作調停法の利用で基本的には満たされたと考えられる。

(2) 岡山県

（農民運動と小作争議）

岡山県の農民運動については栗原百寿の詳細な研究があり、事実関係についての解明はかなり進んでいる。栗原は岡山県の特徴を次のように説明する。

　岡山県農民運動史は、日本農民運動の初期、勃興期において、岐阜県とならんでその先頭を切って最先進地帯の一つとして重要であるとともに、その後の農民運動の展開過程においても、つねに全国的な運動の盛衰の傾向を率先リードしていっているという意味において、……とくに注目さるべき代表的・典型的意義をもっているのである[7]。

　大正一一年を最高頂とした小作争議は一二年から一応減少するが、なお農民運動としては……一四年ごろまでは高揚局面を続けていた。しかし、大正一五年からは、小作争議件数が急減するとともに、農民運動も……顕著に衰退して、昭和五、六年の大恐慌の時期まで、一貫した退潮期が続くのである。この退潮期については……日農を中心とした農民組合運動による小作料永久三割減闘争の結果、小作料水準が一応のところ適正化されて、小作農民側の死活的要求がある程度満たされたとともに、地主側の反動攻勢がようやく本格化して、それが全般的な反動情勢（司法権の発動、小作調停法、治安維持法、三・一五等々）と結びついて、小作農民側の攻勢に一頓挫を与えたものということができよう[8]。

1926年までの小作争議は「小作料闘争がすでに一定の限度までギリギリに戦われ、それ以上の進撃は、『争議調停法、立入禁止、立毛差押等々限りなき障害と重圧』とのもとでは、すなわち換言すれば、『現在の如き資本主義経済組

第6章　小作関係調整システムの形成と「小作争議の時代」の終焉　143

織の下では』不可能であ」[9)]るというところまで進み、「この間県下の平均小作料は一石三斗八升から一石一斗七升となり、約二斗が引下げられ、嘗ては地主の言ふがまゝに取上げられた小作地には事実上『耕作権』が存在し、止むを得ず返還するときには支部の所在地では反当二百円乃至四百円の作離料が慣例となつてゐる」[10)]状況を現出した。その結果としての農民運動の衰退について「岡山県農民運動の停滞、それはじつにもっとも早く農民運動の高揚した先進地帯が、いわば必然的に、もっとも早く運動の後退過程に入ったという、農民運動後退の先進性（？）ということであった」[11)]と総括する。

　1927年には市場経済的法秩序の下での小作料減額の到達点に至ったと考えてよい。この状況を示す個別争議が赤磐郡石生・豊田両村争議（1922〜25年）である。この争議について栗原は次のようにまとめている。

　　石生・豊田両村はともに大正一一年一一月、日本農民組合支部を結成……相ともに果敢な争議を闘い抜いたのであるが、大正一四年……小作調停でその大争議が解決するとともに、同年一二月石生では組合員が組合長Y氏一人を置き去りにして全員脱退し、豊田では幹部を先頭に組合全員脱退して、事実上両組合とも崩壊するにいたった点が特徴的である。……長期にわたった困難な争議が一応解決し、しかもそれが小作調停によって結着されたとなれば、もはやそれ以上の闘争は現実的には、すなわち現在の秩序のもとではむずかしいという意識が生じて、おのずから戦闘態勢が崩れ、農民組合が崩壊するにいたるのも、無理がないことであったといわなければならないであろう。……岡山県下でももっとも古い歴史をもち、もっとも輝ける果敢な争議を闘い抜いた花形組合たる石生・豊田両組合が争議の解決とともに大正末期に崩壊するにいたったということは、県下の農民運動の動向をもっとも端的に示しているものとして、注目しなければならないところである[12)]。

　このように小作争議先発地で小作争議・農民運動が退潮を示し、県下全体では小作争議が終息に向かうことについて、1927年の小作官会議で注目すべき指摘がなされている。その一つは、地主小作間の対立について、「本県ニ於テハ大正十一年来日本農民組合ヲ背景トスル激烈ナル争議カ一般注目スル所トナリ

斯ル深刻ナル紛争ヲ以テ争議トナシ小作団体ノ関与セサル平凡ナルモノハ争議
中ニ数ヘサルヲ例トシ警察方面ニ於テモ小作団体関係争議以外ノモノハ報告ス
ルモノ少ク、尚町村ニ於テハ争議ノ発生シタルコトノ世ニ伝ルヤ近隣ニ波及シ
又ハ日本農民組合ニ宣伝ノ動機ヲ与フルヲ慮リ一面争議ノ発生ヲ町村ノ不名誉
トナシ之ヲ隠蔽スルノ嫌アリ、町村当局ハ成ル可ク報告ヲ避クルノ傾向助長シ
之カ為微温的争議ノ調査困難ナルモノアリ、統計上ノ争議件数各年共少シ」
（昭 2 小作官会議p.216）という記述があることである。つまり、県下全体で争
議としては扱われない村落内調整が広範に行われたことを示唆している。二つ
には「激烈ナル中心争議ノ解決ノ結果ニ鑑ミ地方有志ノ斡旋ニヨリ協調スルカ
又ハ当事者間ニ於テ妥協シ平静ニ帰シタルモノ多シ」（昭 2 小作官会議p.209）
という指摘であり、争議の結果は他地域で村落内調整の参考とされている点で
ある。三つには「大正十三年十二月一日小作調停法施行以来該法ノ運用ニヨリ
着々トシテ解決シタルヲ以テ問題トナラサル程度ノ地主小作人間ノ確執モ或ヒ
ハ之ニ倣ヒテ協調スルアリ、或ハ調停成立ノ報頻々トシテ伝ハリ終息的気運高
潮シタル為新タニ争議ヲ惹起スルノ虞アリシ地方モ慎重ノ態度ヲ持スルニ至レ
ル等争議ノ発生ヲ抑制シタルノ感アリ」（昭 2 小作官会議p.209）という指摘に
みるように、小作調停の解決条件は、公共的立場からの妥当な調整として他地
域に影響を与え村落内調整を促進したことである。全体として争議の波及効果、
小作調停の波及効果により小作料の村落内調整が促進される。

（地主・小作人組合）

小作争議終息後、地主小作関係と地主組合・小作人組合・協調組合も大きく
変わることになる。『地方別小作争議概要』は1927年以降の小作人組合・系統
的農民組合の状況を次のように報告している。

> 地方的小作人組合ニアリテハ大正十四年ノ百四十一組合、農民組合ニアリ
> テハ昭和二年ノ九十五支部ヲ最多トシタルモ、其ノ後地方的小作人組合ハ
> 関係争議ノ解決ト共ニ漸次減少シ今ヤ其ノ運動トシテハ記スヘキモノナシ
> ……農民組合ハ……争議ノ解決ニ従ヒ自然消滅或ハ解散スル組合続出ノ状
> 況ニアリシ処、偶々三・一五事件検挙ノ影響ヲ受ケ組合運動衰退ノ兆漸ク
> 濃厚トナリ……県連最高幹部間ノ軋轢ヲ生シタル為組合ノ統制乱レ、益々

不振ノ情勢ニテ推移（後略、昭7 p.524）。

　地方的小作人組合も系統的農民組合もともに自然消滅・減少に向かう中で3.15共産党事件があったのであり、事件によって運動が衰退したのではないことは強調しておくべきであろう。

　小作人組合に対抗する地主組合の方は、争議が激しかった1926年までは対抗措置を講じるが、1927年以降変化を示す。『小作争議概要』は、「大正十五年……岡山県一円ヲ区域トスル岡山県農事協会ノ設立ヲ見タルカ、昭和二年以降小作争議減少ノ情勢ニ随伴シ組合ノ創立セラルヽモノ殆ントナク」（昭5 p.449）、「関係争議ノ解決シタル現在ニ於テハ特記スヘキ運動ヲ認メサル……最近ニ於テハ何等ノ運動モ見サル状態ニアリ」（昭7 p.525）と、争議多発時における小作争議への対抗と、争議終息後の有名無実化を伝える。

　協調組合も小作人組合・地主組合と同様の動きを示す。『小作争議概要』の記述は、「大正十一年ニ入リテハ小作争議激甚トナリ……爾来逐年増加ノ傾向ヲ示シタルカ昭和三年以降小作人組合運動ノ漸次凋落スルニ随ヒ、既設ノ協調組合ニアリテモ解散或ハ自然消滅スルモノアリ」（昭5 p.450）、「小作争議沈滞ノ状勢並小作人組合運動衰退ノ傾向ハ相俟ツテ協調組合運動ノ進展ヲ阻止シ、遂ニ解散スル組合スラ散見サルヽニ至リ概シテ協調組合運動ハ不振ノ状況ニアリ」（昭7 p.526）と、小作争議沈静化とともに協調組合も解散、有名無実化することを示している。

　このような組合組織の変化の中で地主、小作農の意識も変化する。地主側は「昭和二、三年ニ至ルヤ徒ラニ訴訟ヲ提起スルノ風改マリ、成ル可ク訴訟等ニヨラスシテ解決セントスルニ至」（昭5 p.464）り、小作側は「地方有志ノ居中調停又ハ小作調停法等ニヨリ穏健ナル解決ヲ望ムニ至」（昭5 p.431）ることになる。村落内調整または小作調停法の利用による解決の一般化である（小作調停法の利用といっても通常町村長等の関与がある）。

（1932年以後の不況・不作への対応）
　1930年代の不況の深刻化にともなう小作争議の増加は「近時不況深刻化ニ伴ヒ一般農民ノ経済逼迫シタルヲ以テ之カ影響ハ忽チ小作争議ニ波及シ、遂ニ発

生件数ノ増加並関係範囲拡大化ノ趨勢ヲ再現シタルノミナラス、争議ノ内容複雑化シ解決至難ノモノ多ク……ナレリ」(昭7 p.511)と記されるが、地方的小作人組合は「運動トシテ特記スヘキモノナシ」、地主組合は「何等見ルヘキモノナ」く、協調組合は「其ノ運動トシテハ特記スヘキモノヲ認メス」と報告され、「団体争議ノ大部分カ小作調停法ニ依リ解決シ」(昭7 pp.517-27)た。内実は村落内調整を基本とし、紛糾した争議が調停法で解決されたと考えてよい。

1934年の不作については「本年度ハ未曾有ノ風水害アリ、其ノ被害各種ノ事情ニ影響シ争議激増ト共ニ調停事件モ亦増加ヲ示シ、特ニ調停条項中ノ検見、小作料ノ品質、俵装、滞納小作料ノ支払等ノ履行ヲ求ムルモノ相当数ニ上リ、日ト共ニ小作料一時減額、小作料支払、土地返還等ノ申立事件台頭シ調停条項不履行ニヨル深刻ナル争議ノ発生ヲ見タリ」と記されているが、団体争議は「解決至難ト見、調停ノ申立ヲ為スモノ特ニ増加セリ」といわれ、土地返還争議については、「調停法ノ利用ニヨリ大体年度内ニ於テ解決ヲ見タリ」(昭9 pp.551-52)とされる記述から、紛糾する対立(特に土地返還争議)は小作調停法で解決が図られるが、「大争議ハ何レモ農民組合ノ関与セルノミナラズ……争議ニ際シテハ……全力的応援ヲ為シ……着々トシテ組合運動ノ実績ヲ挙ゲツツアル」(昭9 p.554)という状況がある中での小作調停法による小作関係の調整であった。

(要約)
(1) 小作争議は1926年から減少に向かい、村落内調整が一般化する。
(2) 小作争議、小作調停には波及効果があり、他地域に村落内調整の基準を提供する。
(3) 小作人組合(農民組合)・地主組合・協調組合は争議解決によって解散、有名無実化するが、不作の際には小作人組合・農民組合は力を示す。
(4) 小作関係は村落内調整を基本とし、小作調停法で補完し「穏健ナ解決」がめざされる。

(3) **岐阜県**

「全国ニ率先シテ争議ノ発生ヲ見タ」岐阜県の小作関係の調整過程は次のと

第 6 章　小作関係調整システムの形成と「小作争議の時代」の終焉　　147

おりである。1926年までの小作争議の展開後、1926年には「各地ニ地主、小作人、小作官等ヲ以テ組織スル委員制度ヲ見ルニ至リ之等委員ノ裁量ニ一任シテ訴訟ニ依ラス当事者間ニ円満ナル解決ヲ遂ケムトスル傾向増加シツツアリ」（大15p.79）、1927年には「農民組合ニ関係ナキ事件ハ殆ント解決ヲ見ル」中で、「組合関係事件ハ組合本部カ単ニ争議ヲ応援指導スルノミナラス更ニ一歩ヲ進メ積極的ニ巨細ニ亘リテ干渉シ自説ヲ固執シテ譲ラス調停頗ル困難ナリ」（昭 2 pp.154-55）といわれるように一部系統的組合による地主との対抗は残るが、解決を図る動きが次のような形で強まる。

　　前年ノ争議ニ鑑ミ訴訟ニ依リ継続スルハ双方ノ不利ナルヲ痛感シ速ニ解決。小作側ノ要求ニ対シ地主側ハ……年々争議ヲ繰返サレ且要求率漸次増大スルニ於テハ経済的ニ破滅スルノ外ナキヲ以テ将来ニ対スル根本的解決ヲ主張シ……今後争議ノ根絶ヲ期スルコトニ努力セリ……将来ニ於ケル争議解決手段ハ地主及小作人ト之ニ小作官ヲ参加セシメタル委員制度ニ依リ協定セムトスルモノ或ハ立毛刈分ノ方法ニ依リ解決セムトスルモノ多シ（昭 2 pp.151-52）。

　争議の長期化・訴訟の提起は小作農にとっては脅威であるが、地主にとっても大きな負担であり、多少譲歩しても避けるべき事態であった。
　1926年までの小作争議の展開と争議の解決を受けて、農民組合運動は「昭和二年ノ収穫期ヲ転期トシテ組合運動ハ遽カニ衰退ノ傾向ヲ辿」り、地主組合は「昭和三年……以降農民組合運動ノ衰退ト共ニ地主組合ノ活動モ亦昔日ノ比ニアラ」ざる状態となり、「協調組合……ハ単ニ両者協力シテ農業ノ改良発達ヲ図リ争議ノ未然防止ヲ目的トスルモノ多ク、従テ争議ノ鎮静ト共ニ自然消滅又ハ解散スルモノ増加ノ傾向ニアリ」（昭 7 pp.304-06）という記述にみるように、地主小作間の対立は急速に沈静化する。協調組合が農事組合化することは注目すべき点である。なお、協調組合は不作の際には活動し、「協調組合ノ減額協定ニ依リ附近町村ノ減額協定ヲ促シタルモノ勘カラズ……附近町村ノ減額基準トナリ之ガ先鞭ニ依リ小作争議ノ発生ヲ未然ニ防止シタル効果多大ナリ」と、その役割を果たしている（昭 9 p.314）。1930年の『概要』は、その状況を次のように記している

争議ノ手段ハ従来ト別段ノ変化ナシト雖モ一般ニ法律戦ニ出テス協調的解決ニ依ルモノ多ク、訴訟件数ノ減少ト共ニ平穏ニ経過シ……一般ニ争議ノ紛糾スルコトノ不利ナルヲ自覚シ互譲妥協ニ依リ著シク解決ノ促進セラレタルコトヲ知ルヘシ（昭5 pp.245-46）。争議ノ比較的軽易ナル事件ニアリテハ当事者ノ直接交渉ニ依リ円満解決ヲ遂クルモ、其ノ紛糾シタル事件ニアリテハ小作調停法ニ依リ或ハ仲裁者ノ調停ニ依リ妥協成立スルヲ普通トス（昭5 p.243）。

　小作料問題については村落内調整を基本とし、紛糾する場合に小作調停法による公共的立場からの仲裁による解決を図る。土地返還問題については「地方有志ノ斡旋又ハ小作調停法ニヨル調停ニヨリ妥協成立スルヲ普通ト」（昭7 p.299）し、「多ク耕作ノ継続ニヨリテ解決シ、小地主ニシテ自活ノ必要上已ムナク明渡ヲ求メタルモノニ対シテハ繋争地ノ一部又ハ全部ノ返還ヲ余儀ナクセルモノアレ共其ノ面積ハ大ナラス、返地ノ場合ハ作離料トシテ一年乃至二年分ノ掟米ヲ免除セラルルヲ普通トス」（昭5 p.243）という文章が示すように小作継続を原則とし、また作離料が定着していることがわかる（ただし、「地方組合トシテ……交渉ニ関シ小作官ノ指示ヲ望ムモノ多ク……小作官ニ事情ヲ陳述シ指示ヲ求メ之ニ基キ解決策ヲ講ジタリ」（昭9 p.302）という報告があるので、小作官・小作調停の調整者としての役割が大きくなっている）。

　1934年には「暴風被害ノ為稀有ノ不作ニ付掟米減額問題ハ全県下ニ発生ヲ見ルニ至」った（昭9 p.297）、「小作人側ハ……団体交渉ヲ執リシモ全農県連本部ノ指揮ヲ受クルモノナク地方組合同様独自ノ立場ニ依リ折衝ヲ進メ……地主側ノ検見坪刈等ヲ回避セズ減収事実ヲ地主側ニ認識セシムル為立会検見又ハ坪刈ヲ小作側ヨリ要求セシモノ多ク」（昭9 p.301）「掟米減免問題ハ互譲妥協ニ基ク当事者間ノ交渉又ハ地方有志ノ仲裁ニテ解決セルモノ多キ」（昭9 p.303）形で決着をみる。系統的組合の指導を必要としない小作農の交渉力の存在と、坪刈など客観的基準での村落内調整による小作料問題の解決である。

　以上の要点は次のとおりである。(1) 1926年には村落内調整が広まり、全体として小作争議は解決をみる、(2) 1927年には系統的農民組合運動も衰退し、地主組合、協調組合も自然消滅・解散・有名無実化する、(3) 1934年の凶作時

には坪刈調査という客観的基準で小作料調整が行われる、(4) 土地返還問題は小作継続を原則とし、作離料（小作権の一種と考えられる）が定着している（小作農の生活・経営が優先して考慮される）[13]。

(4) 新潟県

『小作争議概要』(1934年)は次のように小作争議先発地＝新潟県の小作争議を振り返る。

> 大正十三年ニハ日本農民組合関東同盟新潟県連合会、北日本農民組合ノ二大系統連合団体結成セラレ小作人ノ地主ニ対スル態度ハ著シク積極的トナリ、小作争議ニ対シテモ小作人等ハ団結力ト大衆行動ヲ以テ地主ニ対抗スルニ至レリ。……争議ハ各地ニ頻発シ年々其ノ数ヲ増加シ深刻化スルニ至レリ。……大正十三年頃ヨリ現在小作料ヲ高率ナリトシ小作料ノ永久減額要求ヲ為スニ至レリ。……小作料ノ定免ハ……1割乃至二割五分稀ニハ三割乃至四割ノ減額行ハレタリ。斯テ県下従来ノ争議地方ニハ小作料ノ定免協定普遍化シ……小作料減額ノ目的ハ或程度迄貫徹セラレタルヲ以テ年々深刻ナル争議ヲ繰返ス余地ナク、……県下農民運動ハ漸次沈静ニ帰シ小作人ノ争議ニ対スル態度ハ消極的トナレル (昭9 pp.217-18)。

「大正十五年頃迄ハ所謂小作運動ノ過渡期ニシテ……地主ニ反抗的ノ態度ニ出」(昭5 pp.158-59) た小作組合は、その後「地方的ニ調停事件解決ノ普ク先例アルニ鑑ミ……各組合自体ニテ事件処理ニ対スル方策ヲ樹ツルモノ多ク徒ニ中央ノ指導者等ノ宣伝乃至策動ニ迷ハサレス極メテ理智的ノ発達ヲ為シツツアリ」(昭3 小作官会議p.93)、「小作組合運動ノ理智的発達ニ依リテ可成小作調停法ニ依リ事件解決ヲ欲シ、止ムヲ得サル場合ニ限リ法廷ニ事件ヲ抗争スルノ方針ヲ執リ、以前ノ如ク表面化スル手段ハ概ネ減少シツツアリ」(昭5 p.158)、「昭和五年発生争議中小作調停法ニ依リ解決ヲ見タルモノ七割ヲ占メ、小作官ノ調停法外ノ調停ニ依リ解決シタルモノ約一割ニシテ、其ノ他ハ官公吏地方有志等ノ調停ニ依リ解決シタルモノナリ」(昭5 p.162) という報告にみるとおり、小作調停を基準とする村落内調整や小作調停法による解決が多くなる。さらに、新潟県の小作官は1928年の小作官会議で「調停ハ原則トシテ当該事件ノ係争年

度ノミノ調停ニ止メス数年ヲ一期トスル減免小作契約ニ依リテ小作料ノ改更其ノ他不作減免ノ取扱方等一切ニ至ル小作条件ノ契約ヲ為サシメ其ノ期間ニ於テ再度ノ紛争発生ヲ防止スル方針ニテ調停ニ衝リ来リシ」(昭3小作官会議p.90) と報告しており、小作争議の継続は困難となっている。地主と小作農の市場経済的な「理智」と小作調停による客観的で市場経済的な基準の提示で小作料調整は円滑に進むことになる。

小作地返還については、小作継続を原則とした上で一定期間後の返還、一部返還、作離料提供など、村落内調整・小作調停による解決が図られる。小作地が狭少で小作人が以後の耕作に差支えがない場合には小作地を返還して解決する場合もあるが、「極メテ少数」である(昭7 p.232)。

1934年の凶作時の小作料調整の状況は次のように記される。

　　最近小作人ノ争議ニ対スル態度ハ著シク消極的トナレリ。……小作料一時減免要求ヲ為ス場合ニ於テモ先ヅ地主ノ検見ヲ要求シ……依法調停其ノ他第三者ノ調停ニヨリ解決セントスルノ態度ヲ採ルモノ多シ(昭9 p.224)。
　　小作官ノ法外調停、警察官、地方有力者ノ仲裁斡旋ニヨリテ解決シ軽易ナル事件ハ当事者ノ交渉ニヨリ解決セリ(昭9 p.225)。

小作料の調整を検見による客観的な基準で、村落内調整または公共的な仲裁を求めることで解決を図るようになっている(1934年の『概要』には地主組合・協調組合の「活動ハ見ルベキモノナシ」pp.240-41とある)。

このように地主小作関係が農民運動の対象から外れる中で、農民組合は次のような農民生活改善の運動と産業組合活動に取り組む。

　　県下各農民組合ハ雪害養蚕村救済策実現ヲ大叫要望シ又「農民食糧一箇年分差押禁止」運動ヲ中心ニ農民生活擁護連盟ヲ組織シ……従来小作争議中心ノ農民運動ヨリ農民経済全体的ノ運動ニ視野ヲ拡大シ以テ相当ノ成果ヲ収メ得タルハ特記ニ値スベキ事トス(昭9 pp.238-39)。
　　全国農民組合新潟県連合会幹部石田、三宅等ハ……従来ノ小作争議中心ノ農民運動ヨリ日本精神ヲ取入レタル所謂全体的経済運動ニ其ノ視野ヲ拡大シ所謂新官僚及産業組合其ノ他共提携シ農民福利ヲ増大スベシトノ主張ヲ為スニ至リ、全農県連合会ノ指導精神ニ若干ノ変化ヲ来セル如キ観アリ

(昭9 p.241)。

　新潟県の要点をまとめると、(1) 1926年を境に小作争議は「理智的な」解決が図られるようになる、(2) 小作調停を基準とする調整や小作調停法による解決が多い（小作調停法による解決が多いのは系統的組合が強いため村落内調整が困難なことによると思われる）、(3) 土地返還問題は小作継続を原則とし小作農の立場が十分に考慮される、(4) 農民組合が農業経営者全体の生活・経営に関わる活動に取り組む、以上4点である。

　　（補注）木崎村のような激しい小作争議は、市場経済意識を超えるものを求める農民
　　運動と市場経済秩序を守ろうとする地主が対立した「特異」ともいうべき事例で
　　ある。それは小作料を押し下げる上で一定の役割を果たすが、農村の意識状況か
　　らみれば、広がりをもつことは困難、というよりも不可能であった。

2．都市周辺農村

(1) 愛知県

　愛知県の小作争議の出発は全国に先駆けるものであった。それは、「争議気分ハ大正十年ノ不作ニ際会シテ勃発シ、一躍二百数十件ノ争議ヲ惹起スルニ至リ、小作側ニ在リテハ暴行、暴動的ノ大衆運動ヲ以テ要求ノ貫徹ヲ計ラントスルモノ続出シ、農村維新ノ混乱ヲ思ハシメタリ」(昭5 p.264) という形で出発し、地主は立入禁止・差押・訴訟等の対抗手段をとる。

　しかし1926年には「争議ハ地主小作人直接ノ交渉ニヨリ解決スルモノ多ク調停者トシテ区長並部落総代、地方有志最モ多シ」(大15 p.88) と村落内で調整され、1927年には「地主……ノ大部分ハ多年ノ争議ノ結果ニ鑑ミ此ノ手段（訴訟・差押等——引用者注）モ自己ニ有利ナルモノニアラサルコトヲ自覚シ小作官ノ調停ヲ希望スルモノ或ハ裁判所ヘ調停ノ申立ヲナスモノ又ハ其ノ他何等カノ方途ニ於テ妥協的解決ヲ期セントスルモノ少ナカラス」(昭2 p.175) といわれるように小作争議高揚後間もなく妥協の解決を図るようになる。このような争議解決の背景には次のような小作側の意識があった。

　由来本県農民ノ心理ハ徹頭徹尾打算的ニシテ一般組合運動者ノ用フルカ如

キ宣伝用語乃至指導用語ハ彼等ノ意中ト相容レサルモノノ如ク、殊ニ既設組合ノ従来本県下ニ驥足ヲ伸サントシテ画策セシ態度ハ徒ニ宣伝ニ流レテ実無ク遂ニ信頼ヲ得ルニ至ラス、偶々争議ノ発生ヲ見ルヤ小作人等ハ其ノ対抗上止ムヲ得ス既設農民組合ニ加盟スルモ衷心ヨリ出タ結果ニアラサルヲ以テ、一度事件ノ解決ヲ見タル後ハ宛然燈ノ消エタル後ノ如ク不知不識ノ間ニ組合ト絶縁スルノ状態ナリ、故ニ農民組合運動ノ成果ハ只其ノ事件ト関連シテ見出シ得ルニ過キス（昭5 p.271）。

小作農の市場経済意識と、市場経済の秩序を超えようとする農民組合本部の争議方針との乖離である。この点を1934年の『概要』は次のように明確に指摘している。

小作組合ニハ部落的小作組合ト系統的小作組合トアリ。……系統的小作組合ハ大正十三年ニ横田某ガ中部農民組合創立事務所ヲ名古屋市ニ置キ……大正十四年日本農民組合支部ヲ海部郡ニ置キ活動を開始シ爾後系統ヲ異ニスル幾多ノ農民組合ガ組合員ノ獲得、支部ノ増大等ヲ図ル為各種ノ方法ヲ講ジタルモ何レモ其ノ機能ヲ十分ニ発揮スル能ハズ。……蓋シ系統的農民組合ガ本県ニ発達セザル所以ノモノハ県民全体ガ小作人ト雖モ資本主義的ニ訓練セラレ思想的農民組合ノ存立意義ト背馳スル所少カラザルニヨルベシ（昭9 pp.338-39）。

「資本主義的ニ訓練セラレ」た都市周辺農村での小作争議持続の困難さを示す事情だといえよう。1934年の不作の際にも次のように都市周辺農村の対応を示している。

部落的小作組合ハ昭和九年ノ大災害ニ際シ一斉ニ眠リヨリ醒メタルモノノ如ク集会ニ、各地ノ視察ニ、各種対策ヲ講ジ争議爛熟時代ノ観ヲ呈セルモノモアリタレド、争議態度ニ洗練サレタル組合ノ多クハ闘争ヨリハ実益ヲ主眼トシ他組合ノ力ニ依テ己ガ組合ノ有利ヲ図ル方針ヲ堅持シテ蠢動セズ待機ノ姿勢ニテ越年セリ。……減額歩合ノ交渉深刻ニ亘リ争議化スルコトアリトスルモ十年田植期迄ニハ大部分協調点ヲ見出シ自ラ解決ス可キヲ思ハシムルモノアリ（昭9 p.341）。

即ち、小作組合の力量を示しつつ周辺村落の小作料減額の結果をみて、無用な軋轢を避け妥協点を探る「争議態度ニ洗練サレタル」方法である（地主組合・協調組合は不作の際に多少の動きを示すにとどまる。昭 7 pp.333-34）。なお、争議の解決は「仲裁斡旋者ノ介入」により、村落内で解決された（昭和 7 p.320）。

土地返還問題では、「地主ノ土地明渡事件ニ関シテハ先ヅ小作契約継続ノ方針ヲトルハ勿論ナルモ、小地主ノ返地要求切実ニシテ、之ヲ不調ニ終ラシムルコトハ現行制度上小作人ヲ窮地ニ陥ラシムルヨリ、外ニ途ナキ場合ニハ、返地期限ヲ延長スルカ或ハ一部返地ノ方法ニ依ラシメツツアリ」（昭 7 p.325）と、小作継続を原則とする調停を行っている。なお、都市化にともなう特徴として土地引上げと小作権賠償問題の増加がある。

(2) 東京府

都市部の農村では「近時各種ノ刊行物、新聞、雑誌等ニ掲載セラルヽ他地方小作争議ノ状況ニ刺戟セラル」（神奈川県小作官報告―昭 2 p.小作官会議 p.74）というように、小作争議の情報に刺激されやすい条件があったにもかかわらず、必ずしも争議が広まらないのは、地主・小作人ともに小作関係に「資本主義的ニ訓練セラレ」「理智的」に対応したためではないかと思われる。東京府と神奈川県はその事情を示している。

東京府では、都市化にともなう土地争議漸増の情勢（昭 2 p.87）の中で、小作争議の様子は次のように報告されている（日本農民組合支部が組織されるのは1927年である）。

> 従来小作ニ関シ紛議発生セルモ多クハ当事者ニ於テ個人交渉或ハ地方有力者ノ調停ニヨリ解決ヲ告ケ（昭 2 p.89）、小作組合ハ……従来小作紛議ニ際シ一時的団結ヲ為シタルモノ又ハ農事実行組合ノ延長ト看做スヘキモノニシテ、其ノ設立ハ大正九年以降ニ属シ活動亦見ルヘキモノナカリシ……地方ノ単独小作組合ニ在リテモ多ク一時的小作料ノ軽減其ノ他軽微ナル小作条件ノ維持改善等ヲ目的トシ其ノ運動モ極メテ微温的ナルモノニ過キス（昭 5 pp.136-37）。

地主小作関係は、村落内で「理智的」に処理・解決されたのである。ただし、「解決稍困難ナルモノニ付テハ直接間接ニ小作官補ノ活動ニ依ツテ円満解決ヲ為シ又之カ地方的標準ヲナシテ附近ニ於ケル争議ノ解決ヲ促進セリ」（昭7 pp.198-99）という記述から、小作官・小作調停法が一定の役割をもっていることがわかる。

土地返還問題では「都市ノ発展膨張ニ伴フ土地引上」の増加と並んで普通農業地方での問題もある。「之等ニ対スル調停ニ於テハ殆ント小作ヲ継続セシムル様努メツヽアリ」（昭7 pp.203-04）と、小作農の利益が図られている。

(3) 神奈川県

神奈川県では、1923年以後相当数の争議が発生するが、「一般ニ農村労力不足シ小作地過剰ノ傾向アル為地主ノ対抗力薄弱ニシテ其ノ態度妥協的ナル為紛糾ヲ極ムルニ至ラスシテ解決シツツアリ」（大15p.44）といわれるように、地主が「理智的」になる条件は十分に存在した。このような条件下では小作農も系統的農民組合による争議の指導を必要としない。小作人組合としては「対地主小作料減額運動ニ関シテハ各最寄組合等相当気脈ヲ通シ……ル」（昭5 p.149）ことで事足りる。したがって「県下小作人組合ハ殆ント全部一大字ノ区域ニ依ルモノニシテ其ノ規模極メテ小ニ且ツ多クハ孤立的ニシテ系統的組織ノ下ニ有力ナル指導機関ヲ有スルモノ少ナシ」（昭5 pp.147-48）ということになる。小作人組合の動きに対する地主側は「近時世相ノ変化ニ鑑ミ組合等ヲ組織スルハ徒ニ小作人ノ反感ヲ誘発セムコトヲ懸念シ之ヲ回避シツツアルカ如キ状態」（昭3小作官会議p.85）である。争議の解決方法は「理智的」な地主小作関係を反映して、次のように報告されている。

> 本県下農民ノ気風ハ……比較的温和醇朴ニシテ従来小作組合運動盛ンナラズ地主モ亦大地主ト称スベキモノ極メテ少ナク又特ニ争議ヲ社会ノ表面ニ暴露スルヲ避ケントスル傾向アリシガ為メ争議発生スルコトアルモ可及的当事者直接ノ交渉又ハ地元有志等ノ斡旋ニ依リ解決ヲ遂ゲツヽアリタルヲ以テ小作調停法ノ実施セラルヽニ至リテモ進ンデ同法ニ依リ解決セントスルモノ極メテ少ナク……（昭7 pp.209-210）。

第6章　小作関係調整システムの形成と「小作争議の時代」の終焉　　155

争議は村落内調整で「理智的」に解決されるのである。ただし、「近年一般ニ争議ノ益々複雑且ツ深刻化セルニ伴ヒ地方有志等ニシテ調停ノ労ヲ執ラントスル者頻ニ減少セル結果自然小作官ノ調停ヲ期待スルモノ増加シ為ニ其ノ件数モ幾分増加ノ傾向ヲ示スニ至レリ」（昭7 p.210）と、小作官・小作調停の役割が大きくなる傾向がみられる。

土地返還問題では「出来得ル限リ相当ノ代地ヲ与ヘテ小作ヲ継続セシムルガ如ク又万止ムヲ得サル事情アル場合ハ作離料ヲ支給スル」（昭9 p.214）方針で調停を行っている。

このような農村の状況の中で系統的農民組合は産業組合的活動を始めることになる。その出発は「単ニ地主トノ闘争団体トシテ活動ナスニ於テハ経済上ノ効果モ思ハシカラサルノミナラス一般町村民ノ反感ヲ買フニ過キシテ組合ニトリ頗ル不利ナルヲ悟リ漸次養鶏養豚等ノ生産事業並物資ノ共同購入生産物ノ共同販売等ヲモ併セ行」（昭3 小作官会議p.85）うことになったものである。その活動は「支部ニ依リ支部員相互ノ経済的向上ノ目的ヲ以テ肥料其ノ他農業用薬剤ノ共同購入、同共同調剤並ニ生産物ノ共同販売ヲ為シ相当良好ナル成績ヲ挙ゲ又養豚ノ普及ヲ図リ農事ノ改良ヲ図リ経済的ニモ収入増加ヲ計リツツアルモノヲ出スニ至レリ」（昭9 p.212）という記述にみられるように成果をあげていた。さらに「進ンデ支部員ノ金融ノ便ヲ図ル為メ産業組合設立運動ニ着手スルニ至レルモノアリ」（昭7 p.218）と、産業組合活動へ広げる動きを示している。

以上のように都市部では、（1）地主小作ともに「資本主義的ニ訓練セラレ」ているため、小作争議は起こりにくく、また争議は村落内で解決されるため、系統的農民組合の介入は困難である、（2）小作争議の継続には村落内で反感があり、早い時期に産業組合活動を始めざるをえなくなる（神奈川県）、（3）都市化にともなう土地引上げと小作権賠償問題が増加する。全体として村落が系統的農民組合・小作争議に対して距離を置いていることが理解できる。

3．小作争議後発地

(1) 青森県

　青森県は「一般ニ民度低ク農民ノ思想極メテ保守的」であったが、全国的な動きから遅れて1926年以降「所謂近代的ノ小作争議ヲ惹起スルニ至リ……県下各地ニ普ク発生ヲ見之カ性質モ益々深刻化スルノ傾向ヲ示シ……近時小作人階級ノ智識向上又ハ農民組合幹部ノ指導等ニ依リ其不合理ヲ認識スルニ及ビ勢ヒ其ノ改善ヲ地主ニ要望スルモノ多シ」（昭7 pp.39-40）と、農民運動の展開がみられた。しかし、昭和恐慌期には、帰農者・地主の要求・地主の負債整理等により「小作人ニ土地返還要求ヲナシ争議ト化スルモノ多ク又小作人間ノ小作地ノ争奪モアリ最近ノ小作争議ハ土地返還ニ原因スルモノ頗ル多シ」（昭7 p.36）といわれ、1934年には「本県ニ於ケル小作農ハ耕地争奪ヲ恐ルル事著シク小作料減免若シクハ小作条件ノ維持改善ノ如キハ之ヲ思念スル暇ナキモノト謂フベク小作料ノ如キモ近来寧ロ多少増嵩ノ傾向ニアリ」（昭9 p.17）という状況であり、小作農は弱い立場にあった。このような地主小作関係の下で小作側は「組合員大衆ノ実力ニヨリ解決セントシテ争議団結成等ノ方法ヲ執リ地主ニ対抗シタル事件一、二アリタルモ大体ハ調停ニヨリ解決ヲ求メントスルモノニシテ最近ニ於ケル小作人側ノ争議態度ハ真摯ニ平和ニ解決セントコヲ希フ状態ニアリ」（昭9 p.18）と、小作調停法に依存して争議の解決を図ることになる。地主の方も民事訴訟に訴えることをやめ、「最近ニ於テハ小作調停ニ対スル理解ノ度ヲ加ヘ……土地返還事件ニ於テ小作継続若シクハ作離料支給等ニ就テハ凡ソ円満ナル解決ヲ見タルモノ多シ」（昭9 p.19）という事態をもたらした。

　1934年の凶作時に県が「特ニ警察部ト協力シ凶作地ニ小作争議防止委員会ヲ設置セシメテ小作地ノ凶作ニヨル減収調査ヲ為サシメ且之ガ和解斡旋ヲ取計ラハシメタルニ其ノ成績概ネ可良……此ノ作況調査ハ単ニ減収ニヨル地主小作人間ノ紛争ヲ防遏又ハ解決ニ資スルノ外、積極的ニ小作料ノ合理的解決ヲ計ルニ於テ意義アルモノト認メ」（昭10小作官会議 p.86）たという報告がある。小作農の置かれた状況は小作官・警察という公共的な立場から支援を受けた調整を必要としたのである。

(2) 岩手県

　全国的には小作争議がほぼ終息する1930年代に至っても岩手県の地主小作関係はほとんど旧来のままであった。1930年と1932年の『概要』は次のように記している。

> 地主小作者ノ実力ニ甚シキ懸隔アレハ地主ニ対抗シ折衝セムトスルカ如キ小作者稀ナリ、サレハ小作関係ハ概シテ温情主義ノ下ニ円満ナル間柄ヲ保持シ紛争ヲ惹起スルコト少ク、小作争議トシテ注目スヘキ事件ノ発生ヲ見ス（昭5 p.23）。本県ハ一般ニ民度低ク殊ニ小作人ノ思想幼稚ナル為メ小作条件ノ改善或ハ小作人ノ社会的向上ヲ図ル上ニ小作者ノ団結協力ノ緊要ナルヲ自覚セス他面小作争議ヲ頻発セサル為メ自然地主、小作人両者共団体運動ヲ企図セズ未発達ナリ（昭7 pp.52-53）。

　このような状況下で1927年には日本農民組合の支部連合会が組織されるが、「組合員ト称スル者乏シク殆ト有名無実ナリ」（昭2 p.34）、「経済的社会的地位劣弱ナレハ未タ地主ニ対抗スルノ観念ト実力ヲ欠キ……組合運動未発達ナリ」（昭5 pp.24-25）という記述にみられるように、影響力はほとんど皆無であった。

　1932年には小作争議の記述がみられるが、いずれも個人的争議（土地返還問題）で、「前年ヨリ持越ノ争議一件及ビ本年発生ノ三件ハ何レモ小作調停法ニヨリ調停ヲ行ヒ地主小作者ノ妥協ニ努メ争議発生ヨリ三ケ月以内ニテ全部円満ニ解決セリ」（昭7 p.51）と、小作調停法が利用されている。

　1934年までは「争議ノ発生……ハ局部的散発ノ状勢ニ在リ従ツテ件数少ク且ツ之等事件ノ多クハ大ナル紛糾化ヲ見ズシテ解決ヲ見タ」（昭9 p.35）が、「本年発生争議ノ原因ヲ見ルニ其ノ大部分ガ土地返還要求ニ基因スルモノニシテ発生総件数二十件ノ内十八件ニ及ビ実ニ発生件数ノ九割ヲ占」め（昭9 p.37）、小作農にとって深刻なものであった。争議における小作農の立場は弱く、「昭和九年ニ於ケル申立事件十五件中地主ヨリノ申立ハ僅カニ一件ノミニシテ他ハ全部小作人ヨリ申立タル事件ナリ。斯ノ如キ現象ハ……小作者ハ常ニ受動的立場ニアル事実ノ反映ト見ルベキナリ」（昭9 p.41）と報告される。

　このような地主小作関係の下では小作調停法・小作官の役割は単なる調停者

の役割にとどまりえなかった。この点について1934年の『概要』は、「調停ニ当リテ……調停委員会主義並ニ現地調停主義ヲ採リツツアルハ当該事件処理上ノ目的以外ニ本県ノ実情ニ鑑ミ小作調停法ノ趣旨ノ普及並ニ地方小作事情改善ニ寄与セントスルニアルモノナリ」(昭9 p.42) と述べる。小作農は調停法の小作関係調整に依存し、小作官は小作調停の過程で小作調停法の趣旨の普及と小作事情の改善を図ろうというのである。公共的立場からの小作条件改善・小作関係調整である。このような小作調停法による解決は市場経済意識を基礎とする小作料調整と、小作農の経営・生活の安定を図る小作継続を原則とする小作関係の調整であり、小作農にとっても「合理的な」ものと理解されたと考えられる。

小作調停法・小作官主導で小作関係の改善が図られる中では、農民組合・無産政党の小作問題での出番はなく、1930年の『概要』は「無産政党支部ハ……農村不況打破、電燈料値下ヲ主唱シテ本部ヨリ幹部ヲ招キ演説会ヲ開催スル等ノ運動ヲ主トシ、特ニ小作人ノ経済運動ヲ指導スル事ナシ」(昭5 p.25) と運動方向を小作争議以外に向けている。

なお、小作調停法についての次の記述は、争議が困難な地域でのその効用を示している。

> 小作事情幼稚ナル時代ニ於テハ之ガ目的達成ニ小作調停法ノ運用ガ極メテ重要性ヲ有スルモノニシテ、調停申立事件発生毎ニ一般ニ新シキ認識ヲ深メツツアル点否ミ難ク、最モ穏健ナル道程ヲ以テ小作事情改善ニ資シツツアルモノナリ。事件発生ニ際シ徒ニ公然化ヲ嫌忌シ、地元町村当局又ハ有力者等ガ俄ニ内輪ニ於テ調停斡旋ニ狂奔スル所謂揉消策ヲ講ズルガ如キハ往々妥当性ヲ欠キ無理ノ伴フ場合多キノミナラズ、前記調法上ノ副作用効果ヲ失フコトアルヲ以テ之等誤レル思想ヲ矯正啓発ニ努ムルト共ニ一般ニ小作調停法ノ趣旨徹底ヲ期シ之ガ利用ヲ勧奨スルコトガ肝要ニシテ、此ノ意味ニ於テ一層調停機関ノ充実拡張ヲ要望スルモノナリ (昭10小作官会議pp.113-14)。

(3) 大分県

1924年までに数件の小作争議があるが、その後争議は沈静化する。1930年の

第6章　小作関係調整システムの形成と「小作争議の時代」の終焉　159

『概要』は地主小作関係について、「多クハ共存共栄、互譲妥協ノ精神ヲ発揮シテ和解ニ努ムルヲ以テ、所謂近代的争議ノ発生ヲ見ルコトナク現時静穏ヲ保チ居レリ」(昭 5 p.599) と述べ、また1932年の『概要』は小作争議について「本県ニ於ケル小作問題ノ発生ハ他府県ニ比シ其ノ数少ナク、大正七年ヨリ昭和七年ニ至ル過去十五ヶ年間ニ発生シタルモノヲ数フルモ僅ニ五十件ニ過キス、而カモ其ノ争議タルヤ何レモ個人間ノ一時的ノ紛議ニ止マルモノ多クシテ団体的ノモノ即チ近代的ノ小作争議ニ至リテハ実ニ寥々タルモノナリ」(昭 7 p.642) と、全国の動向から取り残されたような小作関係の存続を指摘している。とはいえ、「地主モ亦多クノ場合被害地ノ検見ヲ行ヒテ減収程度ヲ調査シ被害程度ニ応シテ小作料ノ減免ヲ為スヲ常トシ」(昭 5 pp.598-99) ており、地主主導の村落内調整がなされている。

　小作人組合は、全国的な小作争議の展開の影響を受けることなく、「地方的孤立無援ノモノニシテ、其ノ運動ニモ統制ナク、組織当時小作料ノ減額運動ヲ為シタルコトアルモ、爾来継続的ニ運動ヲ為サス、現時ニ於テハ休止ノ状態ニ在リ。系統的組合トシテハ昭和四年十二月ニ全国農民組合所属ノモノ大分市中島ニ組織サレタルモ爾来組合員モ増加セス、組合ノ運動トシテ未タ見ルヘキモノナシ」(昭 5 p.602) と、有名無実の状態であり、それに対応して地主組合・協調組合も「注目スヘキ活動ナシ」(昭 7 p.646) といわれる。

　1934年には「県下稀有ノ旱害ニ襲ハレ田畑ノ減収甚シキモノアリシモ、其被害極メテ明瞭ナルモノアリシヲ以テ地主ニ於テモ此等事情ヲ了解シ、大ナル紛争ヲ見ズシテ解決セリ」(昭 9 p.731) と報告されている。しかし表面化した争議もあり、「昭和九年発生シタル争議ヲ通観スルニ地主ノ勢力依然トシテ小作人ヲ圧シ、小作人モ又不満ヲ抱キツツモ旧態ヲ持続シツツアルガ如キヲ見ル」(昭 9 p.735) 状態であったという記述があるので、地主主導の村落内調整とみなしてよい。1934年には小作地返還問題について次のような変化もみられる。

　　小作関係争議ノ増加……之等ノ態容ヲ見ルトキハ地主ノ一方的行為ヲ以テ小作関係ヲ左右セムトスルヨリ発生スルモノニシテ、之ニ対シ従来絶対服従シ来レル小作人ノ反対ナリ。之等ハ小作人ノ自覚シ来タレルモノトモ見ラルヘク……争議ハ小作地ヲ挟ンデ漸ク深刻化セントス。尚従来ニ比シ小作人ハ小作調停法ノ利用ヲ理解シタルモノノ如ク、小作調停ヲ申立ツルモ

ノ漸次増加ノ傾向ニアリ（昭9 p.739）。

小作農が争議の解決策として小作調停を求めるようになるのである。土地返還問題は「何レモ調停委員会及裁判所ニ於テ調停成立シ、何レモ円満解決シタルヲ見ル」（昭9 p.737）と報告されているので、小作継続を原則として調整されたと考えてよい。このような地主小作関係に対して系統的小作人組合は「何等注目スベキ活動ナク時々小作調停事件ニ関与スルニ過キス」（昭7 p.646）という指摘にみるように小作調停に関わる（依存する）ことによって小作関係の改善を図っている。

むすび──総括

小作争議の全国的な流れは、およそ次のように要約してよいであろう。

（1）1920年代前半─小作料減免争議の出発・展開
（2）1920年代後半─小作争議先進地の退潮、争議後発地の争議開始
（3）1930年代─土地返還争議の増加、1934年災害による一時減額争議の増加

小作争議先進地・都市周辺農村・争議後発地について、小作争議の展開に対応する小作関係の調整をまとめると以下のようになる。

（1）小作料調整

①　小作争議先進地
①1926年までに小作料減額の実現。②1926年以降争議は沈静化。小作人組合・地主組合・協調組合の有名無実化の傾向。以後、小作関係は村落内で調整され、紛糾する場合には小作調停法が利用される（小作調停法は村落内調整を補完する）。他方で県が推奨する農事組合的協調組合を組織する動き（滋賀県・群馬県・山梨県など）。③小作組合は有名無実化（眠り込み）し、系統的組合の争議指導・政治運動は小作農民の意識と乖離し、争議沈静化とともに組合離れが進む。④小作農の対地主交渉力の存続。地主は常に小作農

の抵抗を意識せざるをえない。⑤小作争議によって小作料は減額され、作離料の形成・定着が進み、小作料割安感のため小作料値上げの動きがみられる（1930年代、特に恐慌期）。⑥小作争議に対する反発もあり農民組合は産業組合的活動に取り組むようになる。

② 都市周辺農村
①地主小作人両者の「理智的」対応により紛争せず解決。系統的農民組合は拡大しない。②小作関係の調整は基本的には地主と単独組合との村落内調整でなされる。

③ 小作争議後発地（または争議がない地域）
①地主の力が強いため小作争議は少数（特に小作料減免争議は少ない）。②小作農の力が弱いため、小作関係の問題が発生すると小作調停を申し立て、また町村長・県内務部・警察などによる公共的調整を求める。小作官が連絡を取る警察は「従来ノ取締方針ヲ変更シ一歩ヲ進メ農民ノ立場ニ立チ」指導する方針を示すようになる（宮崎県—昭10小作官会議p.768）。③系統的組合も小作官・小作調停法による小作関係の改善を図る。

(2) 小作関係の調整

①土地返還問題はほとんど個人間の対立であり、村落の有力者の斡旋・調停で調整が図られるが、解決しない場合小作調停で調整される。②土地返還問題は小作農の生活と経営が考慮され、小作継続を原則とする調整がなされる。一定期間後返還の場合も、小作継続の延長を図る。③やむなく土地を返還する場合作離料の支給で調整する。その結果小作権が形成され、小作権価格が上昇する。④小作争議後発地の小作調停法利用が多い。

小作関係調整は全体として、①全国的な小作争議・調停の情報の影響の下で村落内調整がなされる、②仲介・斡旋に当たる村落内有志は公正さを求められ、公正さを欠くとみなされた場合調停役を外される（滋賀県の例）、③小作調停法の実施過程で小作関係調整に関する情報は地主・小作農に共有されており、

それが「合理性」をもつものとして農村社会で理解が進み、紛糾する際には小作調停法で解決を図る（調停法・小作官による調整は町村長・村落内有志等と連絡をとって行われる）、④小作調停法・小作官は村落内調整を促進・サポートし、また小作調停法による調整は、農村社会に対する教育的効果を期待される、そして小作調停法の解決条項が他争議・他地域の基準として利用される。小作関係調整は以上 4 点に要約される形であった[14]。

小作料調整・土地返還問題ともに村落内で調整するか（村長・農会長・区長などの仲介斡旋）、小作官・小作調停法という公共的立場で調整するかの差はあるが、地主が一方的に小作関係を決めることはできなくなっている。小作関係調整の内容は農村社会の市場経済意識を基礎とし小作農の生活と経営を考慮した形となる（耕作権の形成を含む新たなレベルの市場経済意識が形成される）。小作料の低下、小作農の地位の強化とともに小作権は拡大・定着し、その価格は上昇する。

1930年代にはこのような「小作関係調整システム」が定着することによって、小作争議が農民運動の主要テーマではなくなる。「小作争議の時代」の終焉である（紛糾する組織的な争議は起らず、解決困難な個別・散発的な争議が残る）。小作争議が主要テーマでないことが認識されたことは、一方では「小作争議型を放棄」する形での農民運動の転換（自作農・小地主を含む勤労農民運動への転換）を決定づけることになり[15]、他方では、農民組合の産業組合的活動への取り組みを本格化させる（新潟・神奈川・滋賀等。神奈川県では1927年という早い時期に産業組合活動が始まる。農民組合は経済更生運動の担い手にもなる―鳥取県）。農民組合の指導者は農業利益・農村利益の担い手への転換を始めることになる。

●注
1）『栗原百寿著作集　Ⅶ』16頁。
2）『栗原百寿著作集　Ⅶ』237頁。
3）『栗原百寿著作集　Ⅶ』238頁。
4）西田美昭『近代日本農民運動史研究』（1997年、東京大学出版会）62頁。なお、林宥一『近代日本農民運動史論』（2000年、日本経済評論社）も、農民運動＝小作争議とする研究であるとみてよい。
5）本稿のキー概念の一つである「村落」については大鎌邦雄編『日本とアジア

の農業集落』(2009年、日本経済評論社)、庄司俊作『日本の村落と主体形成』(2012年、日本経済評論社)が、村落研究の現状を示している。斎藤仁『農業問題の展開と自治村落』(1989年)は小作調停法と小作争議の関係について説得的な論点を多く含んでいる。しかし、地主小作関係の把握が静態的で、また小作争議の原理的説明を村落共同体とするのは、論証の出発点として問題があり地主小作関係変動の歴史的意味を解明しえない。

6)「甘土料」については、『栗原百寿著作集Ⅶ　農民運動史(下)』26〜31頁参照。
7)『栗原百寿著作集Ⅵ　農民運動史(上)』64頁。
8)『栗原百寿著作集Ⅵ』87〜88頁。
9)『栗原百寿著作集Ⅵ』118頁。
10)『栗原百寿著作集Ⅵ』138頁。
11)『栗原百寿著作集Ⅵ』121頁。
12)『栗原百寿著作集Ⅵ』91〜93頁。
13) 岐阜県の農民運動については、農民運動史研究会編『日本農民運動史』(1961年、東洋経済新報社)第4章「岐阜県農民運動史」を参照されたい。なお、1930年以降「従来不当ニ掟下ヲ為シタリト認ムル小作料ノ値上ゲ」(昭9 p.298)を求める動きがみられる。
14) ただし、「小作調停法ノ趣旨徹底ハ近年殆ド遺憾無キ処マデ進ミタルモ……調停法ノ運用ニ依リ小作事情改善ノ根本目的ニ触ルル、コト尠ク、已ムヲ得ズ当面ノ紛争ノ解決ニ終ルハ頗ル遺憾トスル所ナリ。小作調停法ニ強制調停ノ途ヲ開クコト及小作法制定ニヨリ小作権ノ効力ヲ確認シ、又小作委員会ノ設置ニヨリ減収調査、其ノ他小作事情ノ積極的改善施設ヲ為スヲ必要ナリト認ム」(秋田県小作官の報告、昭10小作官会議pp.140-41)と、指摘されているように小作調停法を補強する小作関係法の整備が求められていることに留意する必要がある。小作調停法の補強は特に東北地方で必要とされていたと考えられる。とはいえ、この時期までには全国的に村落内調整を小作調停法・県内務部・警察が補完することで小作関係はほぼ安定をみたと考えてよい。なお、小作関係法の整備は1938年の農地調整法でかなりの部分実現される。
15) 農民運動の転換については前掲『現代資本主義形成期の農村社会運動』参照。

第7章

1930年代の農業・農村利益要求
——昭和前期政治史の基礎過程——

はじめに

　1920年代の小作争議を経て、「昔時の小作人が奴僕的立場に在って、地主に多くの利益を占められて来たことも事実である。然し、それ等は順次改革されてゐる」(山日1930.7.7「言論・農村生活を改善せよ／争議万能の通弊」)という認識が広がり、地主は「社会状勢と一般農民の生活状態並に収穫の如何等あらゆる事を思慮して出来得るだけ協調して平和のうちに解決したい希望」(山日1929.9.18)をもつようになる。他方農民組合は「昭和七年……十二月十三日ニ年次大会ヲ開催セリト雖モ『既ニ小作料モ相当低下シタルヲ以テ今後ハ産業組合運動ニ主力ヲ注カサルベカラズ』ト主張シ居リ活動方面ヲ転換シ新生面ヲ開拓セムト苦慮シツヽアリ」(全国農民組合山梨連合会・総本部派、『地方別小作争議概要（昭和7年）』p.282)と運動の転換を進める[1]。

　このような地主側・農民組合の変化は小作関係の調整を円滑に進める原因でもあり、その結果でもある。小作関係が円滑に処理されるようになる中で、1930年代に入ると恐慌は深刻になり農業は破綻に瀕し、農村の困窮は深刻度を増す。農業・農村の切迫する状況に対して農村・農民はどのように対応したかを農業団体（農会・産業組合・産業組合の特殊形態である養蚕関係団体など）と市町村・政党の動きについて検討するのが本章の課題である。そうした動き

の一環として「中小地主自作農と連携して農村委員会を組織し大地主を除外した農村の一切の階級を打って一丸とした経済運動を開始すべく協議することにな」(山日1930.8.8) る農民組合の対応をも検討する。

1. 農会

[1929年]

1929年には、町村農会の不振・解散の声がある中で、農会の活動は副業奨励・品評会・多収穫品種の栽培など農業・農村振興策を指導・奨励することに中心がある。山日は「疲弊した農村の振興策／系統農会の連絡活動」という見出しで次のように伝える。

> 米価の低落と農産物の比較的低廉地主小作間における争議等により地方農村は疲労困憊の状態にあるので県農会に於ては郡市町村等の系統農会と連絡して之が振興策に腐心してゐるが明年度より各種販売組合の創設と農家副業組合の奨励に意を注ぎ主産物以外農閑期を利用する副業の発達を計るべく各郡農会長地方農村篤農家と協議漸次農民の勧農心を作興するため各郡下に於ける各種品評会多収穫栽培による収量調査等の催しをなし疲弊せる農村復興の一助ともなす事になった(山日1929.2.25)。

農業・農村の困難を農会指導の下に克服しようというのである。10月には国の財政緊縮策に呼応して「県農会に於ては公私経済緊縮節約の折柄県農会独自の立場より農村の窮状を顧慮し緊縮のみに止まらず真に更生的農村の活路を開くことになり過般定例職員会議に於て左の重要事項を協議し系統農会団結の力を以て農村の更生策を講ずることになった」と、県農会は下級農会と連絡して「農村の振興と消費節約の宣伝」に努め実行を促すことになる(山日1929.10.15)。国策に沿う緊縮と自力更生である。

1929年の農会の活動は、政府・県への要求・批判——県当局の高圧的な指示・監督への批判(山日3.21)、県農会補助費の削減への不満(山日9.27)、農林大臣への米価維持の陳情(山日9.29)——があるとはいえ、上意下達で農業振興を図る役割を果たしていると考えてよい。

［1930年］

「町村農会の不振を如何にして振作すべきかを協議」(山日1930.5.11「衰退農村を如何に振興せしめるか／郡農会長会議で協議」)、「解散決議の九村農会に断然更生を厳命／煮え切らなかった県当局が断固たる態度に出づ」(山日1930.4.13) という記事に見るような農会の不振が続き、部落農事組合の設置で農会の振興が図られる中で、1930年の農会では不況に対する農村振興策・米価・蚕糸業対策が問題となっている（蚕糸業については後述）。農村振興では例えば山日1930.6.28は「農村の不振をどう切り抜ける／来月上旬農会長を招集して指導方針をきめる」という見出しで「農村の不振状況は益々深刻化するだけで何等転換策も行はれないが農村経済を好転せしめ得る農家の生産業に至大の関係をもってゐる町村農会に対し県農会では来月上旬を期して、農村の不況に対する町村農会の態度につき郡農会長並に主任技術者の会議を開き漸次町村農会に及ぼす意向であるが農会の活動によりて農村の不況が幾分にても緩和されば見物であると注目されてゐる」と報道する。県農会主導の農村振興の模索である。

県農会主導の農村振興は、基本的には農村の自力更生を図るものである。山日8.11は次の記事でそれを示している。

農村不況の対策決議／南巨摩協議会

南巨摩郡農会において一昨日農村不況の打開策に関する町村農会長及び技術員協議会を開き県から清水技手、県農会から吉川技師、農事試験場から鎮目技師が出席、協議の結果左の決議をなした

▽決議

現下農村に於る経済的不況に直面して之が打開を図らん為め左記事項に関し各町村農会に於てその徹底を期す

一、農業経営組織の改善を図る事（イ）食料の自給自足（ロ）農産物の加工並に共同出荷（ハ）自給肥料の増殖並施用方法の改善（ニ）家族労力の分配及利用（ホ）農産物の現金化（ヘ）水田裏作の改善及中間田の利用（ト）新副業の研究其他

二、生活改善を徹底せしむること（イ）分度を守り生活の計を立つること（ロ）奢侈遊惰を戒め勤労を鼓吹すること（ハ）消費節約に関する申合

を厳守すること

このように自力での農村振興が強調されるとはいえ、農会長会議は他方で政府に政策的対応を求める。山日8.1の「農村の窮状を訴へて救済の策を迫る／農会長会議の決議を齎して／浜口首相善処を厳命」いう見出しの記事は「安藤帝国農会長外数名の陳情委員は三十日の道府県農会長会議の決議を齎し三十一日午前十時浜口首相を其官邸に訪ひ一時間半に亘り農村及農会の窮状を訴へ根本的の救済策を即時講ぜられんことを懇請した」と伝える。米価については山日10.28が町村農会を基礎とする政策要求があることを記している。

米の買上を迫る／帝国農会の運動に本県からも五十名参加
本年度米作は未曾有の豊作を予想され……て居るが一方に於ては米価惨落の悲惨を辿り更に米価は低落の歩調を示してゐるので政府は六千万円の低資を融通して籾貯蔵を奨励する事になったが果して行詰れる農村が之に依って収穫米を持ち耐へ得るか否かは非常に疑問とされて居る折柄帝国農会に於ては政府に米の買上を迫るべく全国農会代表者を総動員し実現運動を起すべく来月一日青山会館に於て協議の上之が具体的方法並に政府への陳情をなす事に決したので本県農会も之が動員に参加し中込幹事は三十一日県下郡市農会長、町村農会長、並に農会関係者五十名と大挙して上京し右大会に参加する事になった。

農会は農村の自力での農業・農村振興を図るが、農村の現実は政府に農村救済、米価・繭価対策を求めざるを得ない状態に追い詰められており、農会はそれを受けて政府に対応策を迫るようになる。

[1931年]
農会の不振は継続し、農会不要論は町村に広まり、「東八代郡下に農会解散風」(山日1931.3.28)、「六百名署名で農会解散申請／休息村農会」(山日3.18) などの記事が散見される（農家組合・農事組合の設置は推進される）。そのような中で、農会は農業・農村振興策を推進する。例えば山日1.19は「部落本位に不況対策の樹立／西山梨郡農会が相談相手」という見出しで「西山梨郡農会で

は区域内町村農会と連絡して部落毎に対策研究会を開いて実行運動をなしてゐる、西山梨郡幸甲運村の部落毎の研究会は十五日より行はれ昨十八日をもって終りをつげた、会議には県農会よりも小宮山技手が参加して部落の実情に応じて対策を立てたが要するに多角形式農業を営むものとして養豚養鶏が手取り早いものとして実行されてゐる模様である」と伝える。また系統農会・全国道府県農会と歩調を合せて負債整理計画に乗り出している。しかし上意下達の農会の不況対策は基本的には農村・農民自らの努力を待つものである。

［1932年］
　農会はその負担に比して「活動上に物足らなさがある結果」（山日3.24）、不要論がある中で町村とともに農村の自力更生を推進する。自力更生を唱える記事は「不況打開の大評定／農村経済の自力的更生を申合せ」（山日1.21）、「農村計画の岡部村民大会／全村一丸となり四月から実施」（山日7.3.16）、「農村計画実施の十一ヶ村活気づく」（山日3.28）など多数ある。郡村レベルの記事「更生気分溢る」（山日1.15）は「東八代郡農会にては十九日午前十時より農会の事務所に郡下町村農会長座談会を開催し『農村更生に関し農会のとるべき方法』を中心にして自力によって立たうとすることになった、また北都留郡東村では農事組合長会議を開いて部落農事組合の活動と統制につき協議すると云つた更生の気分横溢するに至る向がすくなくない」と報道する。8月12日には県農会として全県的に「農村計画会議で自力更生方針決定」の運びとなる。
　自力更生に力点が置かれるとはいえ、農業・農村の窮乏が自力で回復できない状況に追い詰められていることは明らかであり、県と政府に対策を求めざるをえない。県農会はその音頭取りを努めることになる。山日4.7の記事「冬眠の殻を破って農業者の一大デモ／六月の農閑期に甲府で実行／県農会が音頭とり」は次のように報道する。
　　県農会にては帝国農会と歩調を合せ本年六月下旬田植後の農閑期に於て農
　　会員大会を開催し、農村問題に関し当面の対策を研究し本県農政の基礎確
　　立、農業者の福利増進のため適宜の方策を立てることゝなった、会場は、
　　舞鶴城大広場に於て少くとも一万人の参集を求め萎靡、甚だ振はなかった
　　農業者の大デモを行ふことゝなるので注目されてゐる。

県農会主催で県の農政に圧力をかけようというのである。山日6.19の記事「農会長会議を開き／更に農民大会／県農会も協議」は「県農会では農家七万戸の農民のためにたゝざるを得ないとし、二十三日午前十時から県会議事堂に、県下郡市農会長会議を開き今日の逼迫せる不況打開の議事をねることになったが、この会議後農民大会を開き、更に全農民の調印をとり、中央政府に訴ふべく目下準備中である、主たる議題は農家の負債整理、農産物価格引上其他である」と負債整理と農産物価格問題で政府に対策を求める運動を企図していることを伝える。山日6.28の記事「農会では一千万円／農村の自力更生に必要だと／農会長会委員会決議」は「郡市農会長会議委員会は昨日午前十時から県会議事堂に開会、委員の上矢西山梨、笠井南巨摩、長田中巨摩、小尾北巨摩の各郡農会長出席、農村救済策に関する決議案を……起草決定」する。決議案は、農家の負債整理、農産物価格の引上、農家の負担軽減、農蚕業技術員の俸給国庫支弁の4件であり、いずれも国の予算をともなう措置を求め、山梨県農会・各郡市農会から関係各大臣、帝国農会宛である。

　帝国農会は道府県農会の要求を受けて国に対応策を求める。山日6.6の記事「帝国農会が飛檄／農村救済の大評定／第六十二議会に猛運動」は「没落して行く農村を救済するため、帝国農会は斎藤内閣の下に行はれる、第六十二議会を絶好の機会であるとし、之に向って猛運動を試むべく、全国各府県の農会長に急電を発して上京せしめ七、八両日、丸の内帝国農会事務所に集合して運動方法を協議する筈である」と伝える。協議事項は、農家負債整理、農産物価格維持、農家の負担軽減、硫安輸入許可制度の撤廃、農産物関税引上げ、小麦生産増殖、農業経営改善、農会における配給改善事業の進展、農会事業振興策の9項目で農業・農村問題全般に亘る。特に「農家の負債整理問題は、焦眉の問題なりとして、政府に向って低利資金の融通、農村負債の一ヶ年モラトリアム実施等を要求する。また農家の租税その他の負担についても、農家は商工業者の二倍の負担増加となってゐるので、少くとも之等は同率まで引下げを要望する方針である」。その後、農会代表は次のような陳情を行う。

　　帝国農会副会長月田藤三郎氏及び各府県農会長代表十一名は十日午前九時首相官邸に斎藤首相を訪問、行詰った農村疲弊の現状について、種々陳情すると共に左の如く農村救済策断行に関する決議及び二決議を手交した。

一、農会の負債整理　二、農産物価格の引上げ　三、農家の負担軽減、地租付加税に関する決議案、農村の自力更生に関する決議案（山日6.11）。

　農会は自力更生を強調するとはいえ、県農会は町村農会・郡農会の要求を受けて県と政府に農業・農村に対する臨時的・恒常的政策を求め、帝国農会は府県農会の要求を受けて、政府に農業・農村政策を求めることになる。上意下達の性格が強いとはいえ農会組織は農業団体・農村団体の圧力もあり、政策要求をまとめて政府に伝える役割を果たさざるをえなくなっている。

［1993年］
　1993年の農会は農村・農家の負担軽減に取り組む。県農会独自の調査を示して、「最近数年に亘る極度の農村不況は農業者の所得に対する租税負担の割合を一層増大せしめてゐる。凡そ税制はその組織がどうであらうとも、結局個人の負担は同一所得である限り、同じでなければいけないと思ふ。職業によって軽重があるなんてことは不合理だと信ずるわけで、この運動も起きて来るのです」(山日1933.8.23「農村租税負担／不均衡への鬱然たる反対烽火／商工業者に比し五倍の高率」）と租税負担軽減要求の正当性を主張する。要求の方法として「県農会は愈農会の租税負担の軽減に立つことになったが、その運動方法として農家全体に檄をとばして各戸より陳情書をとって一括し、その筋に働きかけようといふもので」ある（山日8.23）。町村・郡レベルでの動きは次の記事が示している。

農村民の負担軽減運動を起す／東山梨で全郡調印
　東山梨郡農会では、県農会よりの指令に基いて、農村民の負担軽減運動を行ふことになり、来月中旬からポスター及び宣伝ビラを郡下各町村民へ配布し、併せて小村を除く各町村で、農家負担軽減の講演会を開き、此の運動の主旨を郡下の全農家に徹底せしめ、来る十月中に郡下全農家の記名調印を取って、県農会、帝国農会の手を経て今秋の通常議会へ向って、商工業者の税金と、農家の税金の均衡が取れる程度迄農家の税金の軽減要求に関する陳情書を提出することになった（山日9.1）。

この農会の活動について、「県農会若尾幹事外郡市農会長は、曩に村民の署名捺印を求め、農村の負担軽減のため農林省を初め関係各省を歴訪、陳情した」(山日9.20「農村負担軽減で郡農会長協議」) という後日の報道があり、郡市農会は県農会・帝国農会とともに政府に要求の実現を働きかけている。

［1934年］

1934年は繭価の暴落があり、農村救済策の継続が必要とされていた。年初から農村救済策を求める郡農会・県農会の動きが伝えられる。ここでは記事を一つだけ挙げておこう。

農村救済策如何／農村のドン底振りを実査し、政府へ迫る／先ず郡代表が上京して打診

県農会では二十二日の農会役職員大会の決議により、二十七日実行委員二十一名は関屋知事に面接、既報の各条項につき陳情する処あったが、明三十日上矢近太郎氏以下各郡代表者は上京、農林、内務、大蔵各省に陳情する事になった、尚同会では陳情と共に各町村農会をして農村の困窮状況の材料を集めしめ、農林省に送付する筈であるが、もし三十日の陳情に対し政府が農村救済のため臨時議会召集もせず、年度内に特別救済施設もしない時は、この材料をもって各町村代表を上京せしめて執拗な運動を続ける予定である、県農会に於て各町村農会に調査せしめる項目は次の如くである。一、病人に医薬を与へ得ない実例　一、欠食児童の数　一、納税不納の実情　一、小学校教員俸給不払状況　一、共同支払停止の実例　一、飯米不足の実例　一、施肥不能の実例（山日1934.8.29）。

町村農会の危機感を基礎とする郡農会・県農会による陳情である。そして「政府へ迫る」「各町村代表の上京」「執拗な運動を続ける」という言葉は政府への圧力を意味する。農会は圧力団体の性格を強めざるをえなくなっているのである。そして、山日8.9の記事「(経済ニュース) 各種農村団体業を煮やす／再び米穀蚕糸対策／臨時議会召集を叫ぶ」は、帝国農会も道府県農会と同様に圧力団体として動いていることを記している。

［1935年］

1935年の農会は、官僚的な本来の姿に戻る。その計画は下部組織として農事組合を整備し、帝国農会の指導下で農家経営を改革し、縦断的に経済更生運動の徹底を図るというものである（山日4.22「不振の農事組合／拡大強化を図る／県農会が拡大強化に乗りだす」）。上意下達的な組織の性格を示し、県・政府に対する農業利益・農村利益の要求は後退する。

2．農業団体・養蚕関係団体

［1929年］

山梨県で最も重要な養蚕関係団体の動きからみよう（養蚕関係団体は特殊業種の「産業組合」と考えてよい）。1929年には養蚕経営の基礎的条件の整備を求める要求がなされる。例えば県蚕糸連盟は、総会の決議に基づき蚕糸業の改善策として蚕品種の整理統一、飼育技術改善、繭検定所の完備を求め（山日4.13）、全国道府県農会養蚕主任者協議会は、組合製糸に関する知識の普及と設立助成、乾繭取引の奨励、ラジオの普及による繭価放送、養蚕業指導方針の確立などを求めている（山日5.9）。県・政府に対する要求は生産・流通の知識の普及、基礎的条件の整備に関わるものであり、養蚕経営への助成、養蚕業の救済措置はない。

農業関係団体で注目されるのは「県の指導監督の下に漸次発展しつつある」（山日7.21）産業組合に農民組合が乗り出していることである。山日8.28は次のように伝える。

> 産業組合運動／地主から農民階級へ／排斥した農民組合で盛んに活用を開始
>
> 県産業組合係に於ては先般来より各係官を各郡下町村に派し産業組合設立に就て勧奨すると同時に指導監督に努めつゝあるが現組合数二百十五、組合員数三万八千人を数へ一村全戸数の八十パーセントを包含せざれば今後は設立認可を与へない方針を取って居るので非常に困難を感じ稍ともすれば農民組合の深く浸潤せる町村にありては排斥の徴候さへあったが現在は右傾農民団体たる社民党は勿論全農組合所属の農民組合に於ても挙って産

業組合の設立を希望し居り県に於ても従来の如く一部地主資本家に壟断せられつつあった組合が一般農民階級を包含し農家の福利増進を計る方針の下に役員の如きも地主、小作階級より同数宛を選任之に当らしむる事となり解散組合の如きも月平均五、六組合に及ぶが一方同数以上の設立を見非常に好成績を呈してゐるが、更に進んで積極的に農民組合と提携し組合設立に猛進することになった。最も極左傾団体に於ては絶対反対を唱へて居り設立を阻害しつゝあるが一般には大した影響はなく農民運動の旺盛を極めつゝある中巨摩郡等に於いては殆ど全郡を挙げて産業組合運動の発展を図りつゝあり、北巨摩、東八代、東山梨等がこれに次ぎ南北都留は財界の影響その他農産業の不振に伴ひ産業組合運動は皆無の状態である。

農民組合が農業利益を図るため農村全体を組織する産業組合活動に積極的に取り組み始め、産業組合の方では農民組合と連携するようになっているのである。

［1930年］
蚕糸業安定について養蚕家に対する県の指導は継続して行われる。山日1.10の「蚕作安定から／県の技術員会議／糸価暴落で打合」という記事は「県では本年蚕作の安定を期す上から来る十五日蚕業関係技術官会議を蚕業取締所内に開催するが協議事項としては糸価暴落の今日養蚕家としては如何なる態度をとったらよいかと云ふのであるが尚指示事項として、一桑園改良奨励、一稚蚕共同桑園設置、一特約養蚕組合、一蚕品種の統一等に関し当局より指示する筈」と、養蚕家に経営改善の努力を求める事項を挙げている。しかし1930年の養蚕業の不振は養蚕家の努力で克服できる限度を越えていた。1月13日の山梨県蚕糸業者大会の様子は次のように報道される。
　　此の危機を救へと／蚕糸業者大会を開く／糸価安定の急務を叫ぶ
　　糸価暴落に対応するの策を樹立すべく三分業者が打って一丸となり融資補償法実施其他をその筋に迫って危機に立つ斯界救済の烽火を掲げる為め昨日本県蚕糸業者大会が開かれて別項の通り大いに気勢を揚げ実行委員を挙げたので愈来る十六日上京、関係各省、貴衆両院其他に陳情して決議事項

の実現を期することゝなった。

糸価暴落の窮状を打開／生糸新人連盟会主唱で八百名が合同決議
山梨生糸新人連盟の主唱による製糸、蚕種、養蚕の三業者大会即ち県下の生糸暴落に対する力強き応急対策を講ぜんとして起つた全県総動員の三業者大会は予定の通り昨日午後二時より県会議事堂にて開催、県より平田知事松島内務部長も臨席、来会者八百余名に達するの盛況を呈するに至った。定刻となるや劈頭渡辺（和）委員長は大会成立の経過報告を兼開会の辞を述べ次で平田知事より左の告示があった。

▽知事告示
（中略）本県蚕糸業の状勢を見るに蚕糸は各種生産品中首位を占め之が消長は直ちに県経済に影響する所甚大なり若し夫れ現時の状勢を持続せんか関係業者の打撃深刻にして又立つ能はざるに至るべし、故に本県に於ては客年十二月糸価安定融資補償法の運用につき農林大臣に上申し県会も安定意見書を提出せり。其の他蚕糸業各種団体に於て之が対策につき方法を講じつゝあるは周知の事実なり此の秋に当り茲に本県生糸新人連盟主催の下に蚕糸業者大会を開催し以って此れが対策を講ぜんとするは真に機宜に適したる処置と言ふべし、願はくば慎重論議研究の上之が安定策を樹立し刻下の窮境を打開するに努められむ事を（中略）

▽決議文
我が蚕糸会の現時の経済的危機は独り当業者のみならず七十万県民の生活の脅威を誘致するものなり依て吾人蚕糸業者は茲に大会を開き左の決議をなし以て之が貫徹を期す。

▽決議事項
一、融資補償法を速時発動し糸価安定を樹立せられたきこと
一、蚕業経済を安定せしむるため国策を樹立せられたきこと
一、蚕糸業に対する特殊金融機関を確立せられたきこと
一、生糸取引方法を改善せしむること（山日1930.1.14）

蚕糸業者・県会・県当局一体となって蚕糸業救済・安定策を求めている。養蚕業関係の県・政府への要求と運動はその後も繰り返し行われる。「産繭調節

の為の休養桑園に補償せよ／県養蚕組合から全国大会へ提出／農家の生活安定の策」(山日4.9)、「悲況の養蚕家のため遂に二百万円を要望／昨日蚕組連合会評議員会で決定／県に乾繭設備を陳情」(山日6.11)、「糸価補償対策で養蚕家が蹶起／七日の連合評議員会」(山日10.4)、「補償生糸は政府に買上げしめよ／応急資金の償還は延期と／養蚕連合会の決議」(山日10.9) 等の見出しがそれを示している。全国大会には県の蚕糸業代表者が出席し農林省・大蔵省などに対策を要請し、知事は上京して農林、大蔵両省に養蚕業の実情を訴え対応策を求める。全体としてみると、養蚕業者団体→県・県議会→農林省・大蔵省という政策要求のルートが成立する。

　産業組合が政策的な助成を受けて体系を整えつつある中で、農民組合は消費組合運動を本格化させる。山日4.20は「大鷹県議は消費組合運動に」という見出しで農民組合運動のリーダーである「大鷹県議は……極力階級的非営利的消費組合運動に突進する事となり、同氏に準じさきに東八代郡連合会長たりし武井藤一郎氏も一致の行動に出で固き決心を以て東部連盟生産消費物配給組合の組織を一層拡大強化し全山梨農民運動史上に一大転換を為すことになった」と伝え、農業利益・農民利益を求める農民運動の方向を示している。

　なお他に「失業救済として先づ大規模の開墾事業を促進／土地改良協会から県に陳情」(山日9.27) の記事にあるような土地改良協会の運動がある。

[1931年]

　養蚕業関係者は、3月2日に県蚕糸業連盟会総会を開き、優良品の安価生産・養蚕応急資金の返還期限延期・資金の補給を政府に要望する（山日3.4)。3月22日には東山梨郡養蚕組合連合会通常総会が開かれ、養蚕救済のため決議をなし堀内茂信氏外9名の実行委員を挙げ県に運動することになった（山日3.24)。12.10の山日の「養蚕業者が県議を声援／東山梨業者が警告」とする見出しの記事は、「本年の県会が悲惨極まる養蚕業者の実態に注意を払ひつつあるの状況に鑑み東山梨郡蚕業組合有志は所属組合に通牒を発し県会に於て勧業費上程の当日は力めて県会を傍聴し県会議員に声援すると同時に県当局が至誠の有無を監視する様通知をなした」と県会議員と県に対して圧力をかける。

　産業組合については、「県下にトップを切る産組青年部創立／西山梨甲運村」

（山日3.6)、「産組青年部の連盟樹立運動／甲運青年の意気」(山日3.9) という記事は青年層の関心の高まりを示している。

［1932年］
　養蚕関係では、蚕糸業組合が養蚕応急資金借入、養蚕実行組合の活動助成、養蚕技術員俸給の支給などの対策を県・政府に求める（山日1.13、4.1、4.17、4.21、4.24など）。山日4.27の記事「蚕業技術員の俸給支給方を申請／蚕桑改良資金償還延期も懇請」は、「蚕糸業連合会総会の決議を実行すべく、昨日午後一時から実行委員たりし山口清次郎氏外九名、蚕糸課に参集。その方法を考究」し、芝辻知事に対しては養蚕実行組合助成・蚕業技術員の俸給支給を陳情、農林大臣に対しては上京して本年度繭の円滑な処理・蚕桑改良資金の返済猶予の要望を提出具申することになった。
　県の対応では、「上京中の芝辻知事は臨時土木事業補助費としての十五万円分捕運動を起して居るが、更に焦眉の急に迫られて居る養蚕家並に製糸家の救済策に就き金融の途を講ずべく政友会の田辺総務以下県出身政友各代議士と共に大蔵、内務、農林の三省に対し、夫々猛運動を開始してゐる」(山日4.22「繭資金借入れに知事積極的運動／蚕糸課長に所要額調査を命ず」) と知事と政党が一体となって政府の対応を求めている。
　産業組合については「産業組合の素晴らしい進展／組合員四万を突破」(山日3.7)、「産業組合網完成へ／一村一組合創設と内容拡充に努力」(山日4.3)、「農村経済更生／産業組合が中心となり確立／青年連盟結成準備会を開く」(山日10.18) などの記事が示すように組織の整備が進む。そうした中で11月2日の記事「産業組合主義／青年連盟を結成」は「産業組合青年連盟大会は、愈々明三日午前十時より、県庁構内青年会館に於て発会式を挙行することになった、これは各町村組合青年連盟の準備会でもある、然して参集者は実務に携わってゐるもの五十名、其他の組合主義支持者百五十名計二百名参集、会則を定め、スローガンを決定し、役員、事業施行其他の大綱を決定するもので、注目されてゐる」と伝え、青年層を中心とする活動の活発化をうかがわせる。
　なお、土地改良協会の不況対策の開墾要求・耕地整理・償還期間延期などの運動は継続して行われている。

[1933年]

1933年は繭価格が持ち直したこともあって、養蚕関係団体について取り上げるべき記事はない。

産業組合と農民組合の関わりについては注目すべき動きがみられる。農民組合の産業組合運動への転換である。例えば山日1.9の記事「玉幡農民党員産組青年連盟へ」は「産業組合五ヶ年拡充計画の一方の特色たる、青年連盟の結成は愈近くなった。既に甲運村が早くより組合主義の青年連盟を作って活躍し、見るべきものがあったが、農民組合運動の盛んな玉幡村の全青年は、産業組合主義に急転向し来たり、七日同村小学校に開催された青年連盟結成に参加すると云ふ特殊な相を見せた」と報道する。また山日11.16の記事「常永村転向／農民会館を事務所に信用組合設立」は「中巨摩郡常永村は日農系の農民組合が大正八年頃創立され、小作争議のトップを切ったが、今度組合幹部は信用組合を設立することになり、目下全村に亘り了解運動をしてゐるが、近日中に創立総会を開き、併せて農民組合の解散式を行ふことになった、従って農民会館は今度信用組合の事務所となる模様である」と農民組合先進地での全村的な産業組合運動への転換を伝える。山梨県の農民組合運動を指導してきた大鷹貴祐も居村で産業組合の中心的役割を果たすようになる（山日8.13の記事「甲斐の新風土記／錦村（12）」は「農民組合は『負けろ』戦術を放擲した。大鷹貴祐氏も指導方針に大修正を加へ、専ら信用組合に立籠って信用組合運動をしてゐる」と記している）。

農村社会の急激な変動、農村・農民の行動の変化は農民運動全体の方向に変化をもたらす。1932年12月に創立された「大鷹貴祐、田中正則、林実氏等国社党大衆党の幹部連を網羅した山梨農政研究倶楽部」は、県レベルで転換の方向を次のように示している。

  政治闘争を捨て／産業組合に潜入する／農政研究倶楽部の方針
  農民組合運動から一切の政治闘争を清算して、産業組合運動の渦中に投じ、農民組合真正の本領に立ちかへらんとし、創立されることになった山梨農政研究倶楽部は、国社党、大衆党、旧労農党等より同志参加し、昨日午後一時より錦町山梨食堂に第二回の協議会をなし、左の諸件を協議す
  一、吾人は本倶楽部の拡大強化を協議す

一、吾人は過去の運動を厳正に批判し、以て新運動方針の基調を定めん事
　を期す
一、吾人は新団体組織の結成に協力せん事を期す（山日1.27）

　過去の運動方針の批判と新運動方式、産業組合運動への転換である。農民運動・無産政党のリーダーは産業組合運動に加わることによって、農業利益の担い手として立ち現われようというのである。

［1934年］
　1934年は繭価格の暴落を受けて養蚕関係団体の動きはかなり活発となり、県・国に対する要望・陳情が繰り返し行われる。養蚕業界の動き、それに対応する県・政党・政府の動きについての記事は枚挙にいとまがないほどである。例えば「本年の蚕糸対策動く／三百三十万円要望／保管四十万・養蚕応急五十万・購繭百四十万／知事も上京活躍」(山日2.4)、「養蚕業者から乾繭倉庫を要望／東山梨にその気運」(山日2.11)、「新資金百五十万円で養蚕家を救済／県の時局対策なる」(山日3.22)、「春繭乾繭保管／五十万貫を目当に県債で貸付を要求／養蚕組合連合会の態度きまる」(山日4.19)、「蚕糸県知事が政府に対策要望／きのふ農林省に会合」(山日5.13)、「経済非常時に彷徨する蚕糸対策／政府が樹立せねば県独自の融資案／県首脳部の意見一致」(山日5.14)などの記事が県内の動きとそれを受けた県の対応を示している。以下1934年後半の政党・県会議員・県選出国会議員・全国養蚕連の動きを示す記事を三つ挙げておこう。
①政党
養蚕特別匡救事業を本県に実施されたし／県会協議会へ提案する民政派案成る
　民政党支部では、十六日の蚕糸業非常時に関する全員協議会の打合せ会を十一日午後、……開会し、県会協議会に民政派としての提案する原案を左の如く決定し……た。
一、政府は速に臨時議会を招集し蚕糸業に対する根本策として養蚕地方救
　済のため特別救済事案を実施せられたし。
一、県下桑園を整理しこれに相当する補助金を交付しこれをもって現在の

桑園三割を減反（中略）
一、乾繭倉庫の政府補助を増額（後略）（山日7.13）
②県会議員
首相・農相・政党へ窮状を泣いて訴ふ／けふ大蔵、陸、海三省へ／二十余名の県議陳情団
山梨県民の窮乏は繭安のため又々そのどん底につき落されるに至ったので、これが救済を訴ふべく県会議長奈良重威氏外県議、養蚕業組合連合会、上矢近太郎其他二十余名は十八日午前九時半新宿駅に於て勢揃ひをなし、本県選出代議士福田、川手両氏の案内で同十時永田町首相官邸に岡田首相を訪問……山梨県の窮乏の実情につき救済を要請する七項目の要目を説明し、陳情をなし十一時辞去、更に一行は引続き農林省に出頭し長瀬次官、山崎農相に会見して詳細に陳情の要旨を訴へ、引続き後藤内務大臣、政民両党本部をも歴訪して当日の行脚は一ト先ず終了、……本日は大蔵省及び陸・海両省を歴訪陳情の上帰峡する筈（山日7.19）。
③全国養蚕業組合連合会
不徹底を責め政府に反省要求／全国養蚕連から
全国養蚕業組合連合会では過般農林省に対し養蚕応急対策緊急施設費三百万円の支出に対し全国養蚕地の窮状に鑑み頗る不満の意を表示してゐたが黒木、加藤正副会長は八日午前十時永田町首相官邸に岡田首相を訪問し全国養蚕地の窮状を詳細に述べ政府の反省を促し更に今回の応急対策の結果に鑑み恒久対策を速かに樹立すべき様陳情する処があった（山日8.9）。

　①は既成政党の農業利益との関わりを、②は県議団の政府および政党本部への働きかけを、③は全国組織が「政府を責める」「政府の反省を促す」という圧力団体の性格を以て要求していることを示す記事である。
　農業諸団体の動きは、繭価格暴落に9月下旬の台風被害が加わり農村が悲惨な状況となったことでさらに切迫したものとなる。県内の農業諸団体は事実上の「県民大会」の意志を以て政府に迫る。その経緯は次のように報道される。
　　県会と呼応して産業団体連合大会／形を変へた県民大会
　　養蚕不況に加へての風水被害は農民大衆をよりドン底の淵に沈淪せしめて

居りこれが打開と救済方を政府へ要望すべく各種民間団体主催の下に県民大会を甲府市に開くべく寄々団体代表者間に協議が進められてゐたが関屋知事をはじめ取締当局たる県警察部に於ても賛意を表せざるため会そのものゝ形を変へて、主旨が県当局の鞭撻と輿論喚起とにあるのでこれが達成のため、各種団体代表者は二十八日庁内耕地協会事務所に落ち合ひ、これら外郭団体連合大会とし、実質的には県民大会の総意をもって政府に迫る事に意見の一致を見、来る三十日県会協議会の召集日、県教育会館に県町村長会、耕地協会、産業組合県支会、県農会、県山林会、養蚕組合連合会、畜産組合連合会の七団体は一斉に起って決議をなし県会議員と共に上京、大挙政府へ救済の要望をなす事に決し二十八日それぞれ通牒した（山日9.29）。

「県民大会」「政府に迫る」「大挙政府へ要望」などの言葉は、農業団体が圧力団体としての役割を果たす意図があることを示している。

産業組合ではその政治進出について注目すべき動きがある。山日6.9の記事「本県から全国へ産業組合政党提唱／本県の意識を拡充」は次のように記している。

　　五月十九日中央に於て産業中央会の第十一回総会が開かれる。本県からは支会の主事五味三千三、県農商課の組合係赤尾主事補出席するが本県では支会が中心となってさきに産業組合協会を設立して政治運動を起さうとする鮮明なる意義を具体化したが、今回の会議に際し五味氏から中央会に向って全国に政治団体たる産業組合協会を設立せしめ中央会が産業組合政党結成の大旆を掲げて組合主義の徹底を期するやう提唱する筈。

産業組合が農業利益団体として全国的に政治に乗り出そうというのである。
このほか耕地協会から県・政府に対して食糧問題解決、時局対策として耕地改良事業について要望がある。

［1935・36年］
養蚕地帯として山梨県の経済的困難は続き、桑園整理助成金の割当などが報

道されるが（例えば山日3.5「桑園整理の追加費割当決る／臨時議会で決定した十八万円／これで予定の五割は完了」、山日4.10「一万五百八十円／十年度の割当決定／桑園跡作助成金」）、養蚕について対策を要求する記事は少ない。繭価の回復もあり、政府の対応策が取られたことで差し当たり要求の必要がなくなったと考えられる。とはいえ、県としては養蚕県の状況を政府に訴え続けることが必要だと判断した。山日5.14の記事「養蚕不況県知事重ねて協議／具体案を練り陳情」は、「土屋知事は長官会議に出席中、群馬、埼玉、長野の諸県知事と図り養蚕不況の善後処置案として、政府はこれ等不況県の徹底的救済案を樹立し、東北凶作地同様の恩典を与ふべしと力説し、内務、農林両大臣に対し特に詳細の具体的説明をなし、救済の途を求むべく、山梨、長野、群馬、埼玉の四県知事は盟約を結び、共同戦線に乗り出す事になった」と、養蚕県に共通する課題に対する政策を求めている。

産業組合では政治進出が明確になる。10月6日の県会議員選挙は選挙粛正が叫ばれる中で実施される。山日9.4は「産業組合候補無指名で推薦／郡部会を開く」の見出しで「県議選の切迫と共に、政治的進出を期する産業組合に於ても、これが準備工作が着々進められつつあるが、産業組合支会では選挙告示前に、郡部会を開催各郡部会に於て産組陣営内の立候補者を無指名で推薦積極的支援を行ふ事になった。なほ産組陣営内の立候補者は現県議、新顔等で合計二十余名に達する見込み」と県議会への取り組みを伝える。また産業組合青年部は「今期県議選の対策として選挙第一主義を排して産業組合の政治的勢力を強化拡充せしめることとし、大衆の政治教育、大衆動員の訓練、政治勢力を強化せしめるため組織の拡充を期することになった」(山日9.5「産組青年連盟政治力を強化／県議選挙を通じて教育」）と政治への取り組みを本格化させる。そうした中で選挙直前の産業組合の動きは次のように報道されている。

　　産業組合でも推薦状発送／陣営内の候補を守れ
　　定員三十名を目指して逐鹿戦線の立候補者は五十七名に達してゐるが、五十七候補中産業組合陣営内からの立候補者は二十六人の多きに及んでゐる、産業組合では今期県議選を期して政治的進出を期し早くからその対策を協議、陣営内の候補者に対しては産組協会から組合員に推薦状を出すことになってゐたが、投票日を五日の目前に控へた昨二日、各町村産業組合長、

理事、幹事、産青連の盟友に対して三千通の推薦状を発送した（山日10.3）。

推薦候補者の数の多さと、推薦状発送先が農村で影響力がある産業組合の役職者であることが注目される。6日の選挙結果は推薦候補者中当選者は14名で政友10、民政2、社会大衆党1、中立1である。政友会が多いが、政党にとられず推薦候補を決め当選者を出している。なお、「産業組合では去る六十七議会の農村対策の重要法案—産繭、米穀、肥料三案を繞る苦い経験から政治的進出を期し、今期県議選対策に腐心して来た」（山日9.19「既に立候補した産組内候補十六名／今後立候するもの八名」）とする記事があり、恐慌期の経験が農業利益のために政治進出が必要であるということを認識させたことをうかがわせる）。

1936年の衆議院議員選挙では衆院解散前から選挙対策を始める。山日1.9「産組主義を徹底すべく組合長会議を招集／陣営内の闘士支援か」の記事は「休会明け衆議院は解散の情勢にあるため産業組合中央会では総選挙に善処するため来る二十二日から三日間全国各支会の主事会議を開催、産組の政治進出を期することになったが、山梨支会に於ても二月初旬県下組合長会議を開いて選挙対策を考究、選挙戦を通じて産組主義のアヂプロを行ふことになった、尚解散なき場合は同会議の議会対策を考究、農村関係重要法案の支持、運動方法を決定する筈である」と報道する。山梨県の産業組合も産業組合中央会とともに「政党政派の如何に拘らず真に農村の利益を念とし産業組合の理解ある士を選出せむことを期」して選挙に臨むことになる（山日1936.1.29「農村関係三法案／産組は極力支持／臨時議会へ提案方／組合長会議で決議」）。そして選挙が迫る2月14日に山日には次の記事が載る。

産業組合協会の支持候補を決定／若尾、堀内、川手、矢崎、大崎五氏／けふ推薦状発送

県産業組合協議会では既報の如く衆議院議員選挙立候補十一名中から、五名の支持候補を決定するため、十大政策の回答を求める処あったが、常任理事会に於ては回答の審議を五味幹事に一任、五味幹事は各候補の回答を審議した結果、若尾金造（中立）堀内良平（民政）川手甫雄（政友）矢崎

曠（民政）大崎清作（政友）の五候補を支持候補と決定した、而してこれが推薦状は産組協会幹事三神愛蔵、中村巴、五味三千三、三幹事の連盟を以て各産業組合正副会長、理事、産青連幹部に3千通を今十四日発送する事になった、而して協会に於ては三千名中千五百名内外は動員可能で、千五百名に行動を共にする者を一名と見ても三千票獲得は出来得ると意気込んでゐる。

支持五候補の議会行動厳重監視
産組協会に於ては別項の如く五名の支持候補を決定、推薦状を発送する事になったが、この支持を理由として推薦候補の当選後の議会行動を制約せんとするもので、農村関係重要法案の審議を初め、産業組合の運動制限、反産運動等につき産組の主張を支持せしめんとするもので、第六十七議会に現れた如き苦い経験を克服せんとするものである。

候補者の産業組合への回答を確認した上で推薦を決めていること、推薦候補者の党派にこだわってないこと、産業組合の影響力に自信を示していることがうかがえる。さらに議会活動を監視して産業組合の主張を支持させることで圧力団体としての性格を露骨に示している（当選は川手、大崎の政友2名）。

3．町村・町村長会

[1929年]
「義務教育費増額／何は措くも実現せよ」（山日11.1）、「家屋税廃止促進／町村長会で建議」（県町村長会は県会に運動、山日12.6）など農村の負担軽減要求がみられる。しかし、町村は基本的には国・県からの指示を受ける上意下達の役割を担っている。国の財政緊縮政策に関する記事は次のように伝える。

地方財政の緊縮から町村長会をも招集／政府の方針を伝へて／実行予算を一割程度切詰める
現内閣の最大使命とする財政の緊縮は挙国一致でなければその成果を収めないことは異論のない処でこれがため中央政府よりの緊縮に関する通牒は県を通じて各町村に頻々と来り四年度実行予算を作成するのは勿論五年度

予算に対しては極めて徹底的なる緊縮振りを要求してゐる、而してその実行予算については県に対して調査報告を求めて来てゐるので各市町村に於て少くとも一割程度の事業繰延か同中止をなさねばならず県はこれが鞭撻に努めねばならなくなったが此の緊縮の目的を達成するには到底一片の通牒では達し得られないので県では平田知事の長官会議帰庁後全県下の町村長大会を議事堂に招集して政府の意のある処を伝へる意向である、而して当日は各市町村における斧鉞を加へ得べき各費目を調査してこれを一々指摘する程度に懇切にかつ的確に明示することゝ、なりいやが応でも予算より相当の緊縮ぶりをなす様仕向ける筈である（山日1929.8.8）。

町村は国策に沿う緊縮を求められ、町村長は小学校長とともに実行運動のリーダーとしての活動を期待される（山日8.31の記事「大衆に呼びかける経済国難の救済／消費節約の大宣伝」）。

［1930年］
1930年には町村の財政窮乏に関する記事は枚挙にいとまがないほどである。例えば「議決される町村予算は七分乃至一割の緊縮／負担の軽減を重視」、「減俸問題町村にも台頭／南都留の実状」（吏員の減俸、山日2.28）、「教員俸給の削減／町村の約三割が議決か／由々しき社会問題とする学務課」（山日3.12）、「鏡中条でも削減／結果は優良教員の淘汰か」（山日3.12）、「教員の初任給引下げ／反対を圧迫して決議／町村長会」（山日3.16）、「一宮の村税五割減運動村民の八割賛成」（山日8.3）、「不当の家屋税にいきり立つ富士見／陳情や異議の申立」（山日10.4「村をあげて反対し知事に陳情」）、「村税の未納が多くて村財政は極度に疲弊／大鶴村長椅子を投げだす」（山日11.6）、「役場吏員や教員の引下要求で紛糾／明神村長助役の辞職／役場派村議も消防連も辞職か」（山日12.29）等の記事が町村の財政窮乏を伝える。このような町村の財政窮乏を受けた県町村長会の動きを次の記事が示している。

県民の負担軽減を図る／町村長が蹶起して／県当局や政党方面に運動
本県町村長会臨時総会は去る二十五日不景気対策をねった末本県として特に▽郡農会廃止の件▽県民負担軽減の件、を決議したのであるが、此れが

実行につき斉藤会長、百瀬、大木両副会長、同大会委員長であった小宮山池田村長の四氏参集し協議の結果来たるべき県会の開会前各政党の勢揃い当日、即ち十三日には民政党へ、十四、五日頃には政友会へ夫々諒解を求めることにし尚ほ県当局に対しても平田知事に直接面接して県民負担の軽減の実行方法を迫ることになった。現在県民の負担は村税に於て二十三円九十銭、県税に於て二十三円、国税に於て三十円余に当るので適当に出来るだけの範囲に於て軽減して欲しいと云ふのである（山日11.7）。

政党・県への負担軽減要求運動である。負担軽減運動は農家の窮状を町村長会が県に対しては直接、政府に対しては政党を介して訴える形で行われる。

［1931年］
1931年の町村で目立つのは「農村計画」「模範農村の建設」等の言葉である。「農村計画」について山日5.28は「不況の機を逸せず模範農村建設計画／生産全層に対して特別指導実施／県が十年継続事業」という見出しの記事で「模範候補町村を設定し、設定町村に向って一倍の努力を傾倒し以て真に勧業政策の力ある徹底に入る段取となった」と県が推進することを伝える。ただし県の模範町村決定は「自発的熱望を選択条件」とするもので、この年は予算の計上もない。県の意向を受けた町村は「村是を確立して経済村難に当る／模範農村を目指して篠尾村が一致で」（山日10.23）、「そちこちに村の建直し／富士見も模範村の建設」（山日10.30）、「南湖でも目指す理想郷／学校、農会などが手を握る」（山日11.2）などと農村の立直しに取り組むことになる。この年は町村から負債整理、自作農資金償還善後策、失業救済対策低利資金などの県・国に対する要望はあるが、町村全体として自力での農村建設に関心が注がれる。

［1932年］
町村は国と県の方針の下、自力更生をめざす。例えば山日1.8の記事「村名の名に於て農村更生を宣言／其村独自の事情を生かす」は「農村計画は愈緒につかんとし、岡部、千塚、豊富、栄、睦合、南湖、飯野、安都玉、忍野、ユヅリ原の十ヶ村は何れも本月又は二月中には不振打開、農村更生の大旆を村民大

会の名によってふりかざしひた向きに押切ることになった」という記事はそれを示している。県は自力更生宣言で農村を方向づけ、山日は農村更生事例の連載記事で自力更生を後押しする（4月15日から10回の連載記事「模範計画農村を訪ふ」）。

とはいえ、「北巨摩郡鳳来村村民中には去年末より本年一月にかけて肥料資金を工面するに手持米を売り払って幾干かの肥料を用意した、しかるに今になってこれら村民は何れも食ふに米なく、さりとて、他から資金を融通するに何ものもないので、遂に村として対策を講ずることゝなり、村会を開いて、その決議により、一千六百八十俵の政府米払下げを陳情することゝなり、県に昨日一件書類を提出した、尚之による救済人員は二百九十六名である」(山日2.18「政府米払下げを／村会決議で陳情／峡北鳳来村の窮状」) という記事にみられる農村の窮状では町村も政策的な措置を求めざるをえない。

個別町村では、山日7.6の記事「峡南共和の不況打開策」は「西八代郡共和村では三日午後二時から共和小学校に於て共和村不況打開有志会を開催、出席者六十名若林弘毅、……諸氏の意見発表あり」低利資金の借入、失業救済事業、義務教育費全額の国庫負担などの決議を行い、「平等村民大会」(山日8.8) は地租の軽減、諸車税全廃、教育費軽減、産業道路促進などの項目を決議している。このような町村での政策要求を受けた県町村会の対応は6月27日の山梨県町村長会で示される。農村モラトリアム要求を含む報道は次のとおりである。

低資三ヶ年モラと農産物価引上げ／県町村長会から陳情

経済上の非常時対策を練る県町村長会——は昨日午前十時半より県会議事堂に於て開催された。出席町村長は二百余名で略全員出席——斎藤会長は全国町村長会会議、自作農維持資金償還延期の協議、各府県の会長会議の顛末と、其内容につき簡単に説明を加へ、農村救済の止むべからざる所以を説き、議案を配布して議事に入る（中略）。……宣言……

農村経済の窮迫に就ては本会夙に全国町村長と相呼応し其の実状を訴へ之が対策樹立の急務なるを叫び逐次具体的方策を宣明して当局に進言したり。特に公費負担の軽減、農産物価格の安定、負債の整理、並に地方金融の円滑を図るを以て最も喫緊の要務なりと信じ、其の実現を所期したたるも、不幸にして具体化するに至らず、現下農村瀕死の状勢は将に国を殆ふせむ

とす実に深憂に禁へざるな所なり。即ち吾人は自奮自励以て此の難局打開に勇往邁進せざるべからず。県当局、並に政府は宜しく国体の尊厳を維持すべく、此の際断固たる対策を樹て以て、人心の不安を一掃し、国民生活の安定を図るに於て万遺漏なきを期すべし（山日6.28）。

県・政府に対する農業・農村全般に対する政策樹立の要求である。この後町村長会実行委員が上京し関係各省、総理大臣、政民両党に陳情する（山日6.30）。そして全国道府県町村長会議代表はこれより先6月13日に斎藤首相を訪問し、農村対策、地方税改正反対、町村吏員待遇改善等の三項目に亘る全国大会の決議並に陳情書を手交している（山日6.14「町村長会代表首相に陳情」）。

[1933年]
1933年には地方財政交付金制度が日程に上るという予測もあって、町村は負担軽減と交付金制度についての要求を強める。山日2.11の記事「地方財政調整交付金を要望／町村別に署名陳情」は、「県町村長会では地方財政調整交付金制度を設け、これによって自治体の経済的立場を救ふより外なしとし全国町村長会と相呼応して努力して来たが更に昨日は各郡町村長会に対し、郡毎に各町村長の陳情文に連署し、総理大臣、大蔵、内務両大臣、貴族院六団体及三政党に夫れぞれこれが達成方を陳情するやう通牒した」と町村長会の動きを伝える。山日11.16の記事「地方財政調整交付金制度要求／全国町村長会で決議」はその後の動きを次のように報道する。

> 内務省においては積年の農村窮乏を打開すべく地方財政調整交付金制度確立を期し九年度予算に五八百万円を大蔵省に要求したが、惜しくも削除の憂き目に会ったので従来この制度の促進に関し運動を続けて来た府県町村長会議は十五日午前十時より青山日本青年館に全国の町村長約八百名相会し貴衆両院議員数十名列席の下に全国町村長大会を開催、交々農村の事情を訴へてこの積年の困苦窮乏を脱して重圧に悩む農村救済の実を挙げるにはこの「地方財政調整交付金制度」の確立が必要欠くべからざる所以を力説し、決議及び宣言をなし、今後とも内務、大蔵各省に陳情すると共に関係各方面に対して猛烈なる運動をつづけ飽迄この実現を期する事となった。

（決議）国民負担の不均衡を除去するため昭和九年度において地方財政調整交付金制度の確立を期す。

負担の不均衡を根本的に是正するためには地方財政交付金制度の早期の実現が必要であるという認識に基づくものである。

なお、1933年には負担軽減問題以外に匡救費問題・政府米払下げ問題という不況・凶作による一時的な要求も町村長会の大きな課題であり、政友・民政両党と県とともに政府に陳情を繰り返している。

［1934年］

恐慌下で町村財政の状態は悪化が進む。「村税滞納山の如し……これで仕事がやれるから不思議／自治体の財政危機／一郡で二十一万円に達す」（山日2.20）、「町村税の滞納百万円突破／繭安、農産物安の堆積」（山日6.2）、「この窮迫／村税滞納額六割五分に達す／村の遣繰りは結局俸給不払ひへ」（山日12.16）などの記事が町村財政の状態を伝える。山日6.2によると、町村税の滞納額は1928年33,428円、30年100,912円、32年238,610円、33年443,476円と、恐慌前の1928年と比べて33年には13倍以上に上る。このような過重な負担の下で困窮する町村財政問題が不況対策と並んで町村会・町村長会の課題となる。

1934年の県町村長会の運動を示す記事を二つ引用する。

不況時代相／町村長会臨時総会／受益者負担金廃止決議／国と県へ猛運動
県町村長会は刻下の農村不況に対処する為め昨二十三日午後一時より県会議事堂に臨時総会を招集し左の決議をなし政府並に県当局に要望し実行を促す事に決定した、即ち県に要望する決議事項中には過般来問題となって居た県道工事其他に対する受益者負担規定廃止案、商工課の独立案をも掲げ猛運動を展開する事になった

決議
一、地方財政調整交付金制度を昭和十年度より実施すること
一、各種低利資金の償還を延期すること
一、養蚕地方救済のため速かに特別救農土木事業を実施すること（以上政府に要望）

一、蚕糸の消化移出を計るため県は織機を購入し家庭工業の普及に力むること
一、商工課を独立して産業の振興を図ること
一、県道その他に対する受益者負担規定を廃止すること（以上県に要望）
尚全国町村長会に対しては地方財政調整交付金制度の実施を期するため直に全国町村長臨時総会を開催せられたしとの要望を発する事に決定した（山日10.24）。

全国町村長会へ／財政調整交付金運動／本県から大挙参加
県町村長会はさきに臨時総会を招集し全国町村長会に対し地方財政調整交付金制度の確立案に対し、速かに全国総会を開き臨時議会開会前に猛運動を展開すべく要望したに対し、全国町村長会でもこれを必要と認め愈来る九日午後一時、日本青年会館に該問題に対し総会を招集する旨通牒を発すると共に、殊に本県に対しては目下各町村の出席方を慫慂して来た（山日11.6）。

県町村長会と全国町村長会とは、「国と県へ猛運動」「臨時総会の招集」で県と政府に圧力を加えつつ恐慌対策、負担軽減を求め、特に農村利益実現のための財政的基礎として地方財政調整交付金制度の早期実施を求める。

［1935年］
1935年にも地方財政の困窮は改善されず、町村会は負担軽減・匡救事業の継続・町村財政調整交付金乃至各種助成金を要求する。「農村の窮迫振り／町村税の滞納百二十五万七千円／支払延滞金四十一万九千円／財政調整交付金／知事から要望」(山日4.21)、「農村不況でも租税は増す／累進的に負担過重」(山日5.25)、「公租公課の負担／農民が一番重い」(山日6.27) などの記事がそれを示している。地方の実状を受けて財政調整交付金制度の実現が近いという判断の下で、全国町村長会の動きが次のように報道されている。

財政調整交付金／町村長会から陳情／全国的に運動を起す
全国町村長会では地方財政調整交付金制度の確立運動を継続して来たが、

政府では新設された内閣審議会にはかってこれが実現を図る事になったので、全国的の世論を喚起すべく、各府県の町村長会から岡田首相以下関係三大臣に陳情書を提出する事になったので、本県町村長会からも直に陳情を送付することになった（山日5.16）。

このような農村からの負担軽減要求は1936年の「臨時町村財政補給金規則」施行以後、地方税負担軽減の実現に向うことになる。

4. 不況対策

［1930年］
　不景気対策は1930年代前半の農村の課題である。県町村長会は全国町村長会議と連携しつつ不景気対策を協議する。5月25日には県の町村長会評議員会を開き、「出席者十三人で二十二日東京に於て開かれた全国町村長会長会議に出席した竜王村長斎藤雅一郎氏から会議経過を報告した後不景気対策に関し重要協議を遂げた」(山日7.26)。9月には不景気対策で県町村長会臨時大会が開かれ、「全国町村長会臨時総会から帰来した斎藤会長は今週中に役員会を招集し県下町村長臨時大会を開く予定である。臨時大会は不景気対策を協議するもので全国的に之を開き気勢をあげる」(山日9.5) と報道されている。県は県内町村の要求を受けて国と折衝する。次の記事はその間の経緯を示している。

　　農山村失業救済低資で四百九十二万円を要望／本県から持ち出す希望額
　　農山村の失業救済として政府が放資する七千万円の低利資金の需要につき県は各町村に照会を発してゐるが平田知事が本問題に対する長官会議に七日上京するのでその材料として各関係課に於て町村の希望額に対し見込を立てこれを一応農林省に報告することになって農商課に於て夫々各課の見込をまとめたところによると……蚕桑改良、山林開発、耕地改良其他、水利組合其他……で総額四百九十二万円に達した（山日10.7）。

町村長会の要求を県でまとめ、県が政府と折衝する形である。

［1932年］

町村長会・農業団体の政策要求を受けて政友・民政両党も農村救済に取り組む。それを伝える山日6.11の記事「両政党支部も救済に乗出す／夫々運動に着手」は次のように報道する。

> 農村不況打開、農村救済の嵐は今や全国的大問題となって国民の眼前に展開されて居るが、愈々県下に於ける運動も漸く熟さんとし、県当局は勿論各派政党も超党派的の見地より、真剣にこれが打開に向って動かんとしてゐる、即ち民政支部は昨日常任執行委員会を支部楼上に招集し、農村不況救済方策を……討議研究する所あったが、結局支部としての態度は本県農村民の実状を精査、先づ具体的方策樹立の前提として農村救済打開座談会を開き、各方面の意向を聴取した後、県当局を鞭撻督励し、政府の方針如何に対しては県会の招集を県に迫り、徹底的の打開に向って進まんとし、政友会に於ても小尾保彰氏をして在京代議士を訪問せしめ、中央よりの政策徹底に当らしめ、田辺総務に対しては殊に県民の実状を述べ、政友会の幹部会乃至農村救済案の参照に供せしむる事となったが、更に在京中の山口県農会副会長、斎藤町村長会長等とも会し大所高所より救済に向って邁進する事となり支部としては鳴りを鎮めてゐる。

政民両党は党派を超えて農村不況救済に取り組むことになる。6月20日から県の陳情団が上京することになり、「全県議陳情団首相代理に窮状を訴ふ／更に関係各省を歴訪」、「七十万県民の利害休戚を双肩に上京した時局匡救経済懇談会実行委員—県議全員二十九名は……永田町首相官邸に斎藤首相を訪問した」(山日6.21)、「食糧にも事欠く／全県議の陳情文」(山日6.21)、「全県議陳情団斎藤首相と面接／県民の窮状を訴ふ」、「県会議員一行は——二十二日——永田町首相官邸に斎藤首相を訪問し、地涙を揮って県民の窮状を訴へ、難局打開の方途を懇願した」(1932.6.23)、「救済案を提げ関屋知事愈々上京／知事の尻押し県議連も繰り出す」(1932.7.14) 等の記事が続くことになる。

［1934年］

1934年の農村救済事業では時局匡救土木事業の打ち切り問題が深刻に受け止

められている。山日5.13は次のように伝える。

　　匡救事業継続を蚕糸県が要望／広瀬知事代表となって
　　昭和九年度を以て打切る政府の時局匡救土木事業は殊に養蚕地方に大打撃を与へ蚕糸価暴落のためこれ等地方民の窮乏が最も甚だしいと云ふので岡田長野、関屋山梨、外埼玉、神奈川、茨城、宮城、岩手、山形、鳥取、愛媛等関係各知事は同事業の十年度継続を政府に要望するため
　　一、時局匡救土木事業の継続
　　一、農村匡救事業の継続
　　一、罹災救助基金利子の救護費並に社会事業資金への流用
　　等を骨子とする意見書を提出すること、なり、十二日朝岡田長野、広瀬埼玉両氏の手によって意見書の作成を終わったので、同日地方長官会議終了後広瀬埼玉県知事が代表者となって首相以下各関係閣僚方面に意見書を提出したが今後更にこれが実現を期して運動を開始すること、となった。

　不況が深刻な養蚕県が共同で不況対策を迫る運動である。匡救事業継続についての町村長会の強い要望は「農村匡救事業は工事完了を期すべし／町村長会で県へ要望決議」(山日4.5)、「特別匡救事業を町村長会で要望／きのふ評議員会で決定」(山日7.28) などと伝えられる。知事はたびたび政府に要望、県会議員も上京し、農林、内務其他の主管大臣に陳情する。その甲斐あってか、山日12.6は「本県の養蚕窮乏県／農相が議会で確認／五日の衆議院予算総会の答弁」という記事を載せている。

　1934年にもう一つ注目されるのは、米価高騰に対する「飯米賃下げ」問題である。皇道会を中心とする運動に関する記事が多いが、町村長会でも取り上げられる。山日7.11は次のように伝えている。

　　政府持古米の廉価払下げ決議／東山梨町村長会から
　　東山梨町村長会は九日午前十時から塩山町の事務所に会合した結果……米価の高騰によって農民は飯米に窮してゐる仍て政府は所有古米を速かに廉価で払下げられたいと決議し、十日山下会長、塩山町長、小林加納岩村長は県庁に知事、内務部長並びに奈良県会議長、有泉町村長会長に陳情したが十六日の県会協議会に右案を重要議案として附議されたい旨をも附言し

た。

　町村の動きはこのほか「繭安米高の農民苦に町村長会も起つ！」(山日7.12)、「明穂、鏡中条から飯米貸下げ陳情／出来秋に新米で返済する／買ふに金なき実状」(山日7.12) などの記事で報道され、県・政府に対する圧力を形成する (他に民政派東山梨郡部会、農民組合、新日本国民同盟支部についての記事もある)。このような飯米事情と県内情勢を受けて、知事の政府との折衝は、「窮状打開に救済を強調／古米五万石払下と桑園三割制限の補償／関屋知事内相に要望」(山日7.23)、「県当局最後の頑張り／政府米払下代金延納の承認を閣議へ上程要請／関屋知事上京の意義」(山日8.4) という記事で報道されている。

　［1935年］
　1935年の時局匡救費獲得の運動は、養蚕県の知事として政府に救済を求める運動や「時局匡救費獲得の県会陳情委員上京」(山日3.3) の記事に見る県会議員の政府・政党への働きかけがある中で、民間団体の動きが注目される。山日7.25の記事は次のように記している。

　　不況県打開に民間団体も動く／蚕糸会館で八県代表会議
　　養蚕不況県打開のため土屋本県知事を初め、養蚕地方七県知事は団結して政府に当ってゐるが、更に八県代議士も議会を目ざし、予算分取に内務、農林、大蔵の関係各省を督励しつつ側面運動をしてゐるが、又々民間団体たる、八県の耕地協会、養蚕実行組合、県農会等は不況打開は知事、県会等に委ねて置くべき性質のものではないと、二十五日午前十時より東京蚕糸会館に集合協議、各省を歴訪して猛運動を展開することになった、而して本県からは左の如く四団体会長が出席する。県蚕連会長、県耕地協会長、県農会幹事、町村会長。

　時局匡救費獲得の運動は、農業団体・町村が知事・県議会・代議士に圧力をかけるだけでなく農業団体が自ら政府に圧力をかける形でも行われる。

5．農民組合・無産政党（農村社会運動）

［1929年］

　農民組合では納税延期・借金延期を取り上げるが運動の実態は乏しい。農村社会運動として1930年代に全国的に展開される電燈料値下運動は8月以降県内各地にみられる。「電燈料供託で値下運動／山中電燈に対して」(山日8.21)、「都留電への値下運動猛烈となる」(山日10.27)、「瓦斯電燈水道料値下げ運動／社民党支部で計画」(11.16)、「電燈料値下要求の村民等会社で喧噪す／社長室、重役室を占領し酒樽の鏡を抜いて気勢を挙げ、二名検束さる」(11.18) などの記事がそれを示している。無産政党・農民組合は運動の一端を担うことになる。

［1930年］

　農業・農村の困難に対して農民組合は新たな方針を模索する。山日1930.8.8は次のように記している。

> **中小地主も加へ農村委員会を組織／東部連盟が主唱して農村の不況を駆逐**
> 全山梨農民組合東部連盟は来る十日東八代郡石和町の事務所に常任執行委員及び各支部長会議を招集現下の農村窮乏打開策に関し東八代郡下の中小地主自作農と連携して農村委員会を組織し大地主を除外した農村の一切の階級を打って一丸とした経済運動を開始すべく協議することとなった。農村委員会組織の件が十日の協議会で可決すれば同連盟は直に各町村の農会養蚕組合その他の有志に加盟方を勧誘し小作料の合理化、肥料国営養蚕低利資金の拡大農民の諸税延期、同税撤廃借金支払猶予等に向って運動を開始する運びとなるがこの運動が実現の暁は本県の農村経済運動及び小作組合運動に一画期をなすものとされ同協議会の成行は注目されている。

　中小地主・自作農と連携し、農会・養蚕組合にも呼びかける農業利益・農村利益要求の新たな運動の提起である。山日8.18の記事「農村窮乏の打破から／全農東部連盟で農村委員会の協議」は具体的な運動として、「政府に対する要求　イ、養蚕損失補償　ロ、借金支払猶予に関する緊急措置　ハ、肥料の国家

による無償配布　ニ、失業者の生活補償　ホ、消費税の撤廃、塩・煙草の値下」、「県に対する要求　イ、諸車税の撤廃　ロ、失業救済事業の開始　ハ、中等学校の縮少、高給俸給生活者の減俸　ニ、政費の縮少」、「町村に対する要求　イ、中産以下の戸数割免除　ロ、失業救済事業開始　ハ、窮乏打破運動応援」をあげている。町村・県・政府に対する政策要求である。

このような農民組合の方針に対応する無産政党の動きに関して次の記事がある。

　県会対策／大衆党支部連合会
　大衆党山梨支部連合会では去る八日事務所にて県会対策、争議対策に関して常任執行委員会を開き左の如く決定した。
一、県会対策委員十八名を決定
一、各支部に指令を発し県会への建議を出さしむること（中略）
　尚県会への建議案は各支部で協議中であるが全国大衆党本部労農議会で決定した「府県制百十二条による農産生活者の納税猶予の緊急措置、府県営業諸車税等の大衆税等の撤廃、失業救済事業の開始、高給官吏公務員の減俸」等を中心に養蚕、繭価損失補償、養蚕保険法の制定等の目的を骨子として県会建議案を研究する（山日11.11）。

農業利益・農村利益実現のための県議会対策である。

なお農民組合の運動には外に家屋税廃止、納税延期、借金延期などの請願運動がある。また電燈料値下げ運動は継続して行われ、「全農派が電力値下運動／峡南六ヶ村に対する東電供給に対し」(山日1.15)、「東部連盟で電燈料値下運動／各村で決議し甲電に要求」(山日3.16)、「電燈料値下／国母貢川村民が交渉」(山日8.16)、「電燈料値下げ要求の烽火／東八代郡一町十ヶ村代表が五割引き交渉を決議」(山日9.29)、「電燈料値下十七ヶ村協議」(山日10.23) などの記事にみるように各地で電燈料値下要求があり、農民組合はその一翼を担っている。

[1931年]

借金延期・電燈料値下などの運動が継続する中で、1931年に注目される点は、

農民組合・無産政党から既成政党（民政党）へ流れる例がみられることである。山日1.22は「日川小作組合員民政党へ入党」という見出しで「東山梨郡日川村の小作組合長であり副業養鶏組合長の清水整策氏は日川改進党を通じて組合員百五十名と共に今回政党へ入党した」と簡略に伝える。山日5.3は無産政党離れ・民政党入党を次の記事で報道する。

　　無産政党から既成政党へ転落／かつての先鋭分子がけふ民政青年党を組織／非合法の頼り得ないを強調
　　無産政党から既成政党へ……の逆コースを辿る、中巨摩郡下に於ける農民組合の青年分子から成る立憲山梨中央民政青年党の結成式が、今三日午前九時から、甲府市柳町立正閣で挙行される、参加者は約五百名、中心分子は農民組合の青年闘士が多数で殊に昨年地主方を包囲肥桶を投げ込んだ大鎌田村事件の犠牲者安部竹次郎、田中正弘氏等の如きは卒先して同村農民組合を解消し山梨民衆青年同盟を脱退して一村挙げて参加して居り国母、西条、常永等の精鋭分子が構成してゐるものであるが、いづれも無産政党の頼む可からさるを強調し、合法政党によって歩一歩自分たちの利益を獲得しやうといふにあって、けふの発会式には民政党支部の依田理事長外数氏が臨席、式後演説会を開く等
　　利益の確保には無産党より既成政党の方が便／主唱者阿部氏等は語る
　　（前略）社民あたりにゐるのなら、既成政党の方がはっきりしてゐて、却って利益の獲得はなし得る、百のデモをやっても駄目なのだ、純な正しい青年の進む道として、今、自分たちは無産政党への決別を告げるわけである（後略）。

　農業利益・農村利益の実現には町村・県・国に要求実現を迫る組織として既成政党が有利だとする。政党を有力な圧力団体とみる理解によるものといえよう。

　［1932年］
　農業団体・町村以外の各種団体を含めた農村の不況対策を求める運動の広がりもみられる。山日4.29の記事「地方農村の窮境打開に挙県一致の請願／各種

団体動員の計画台頭」は次のように報道する。

　　最近財界の行き詰りは極度に達してゐるに拘らず、地方の実情を中央政府が参酌して適切な救済施設を行はないのを遺憾とし、茲に挙県一致の運動を起す必要ありとして、関係者間に相談が進みつゝあるが、これには県会、村長会、青年団、消防組、在郷軍人団等を初めとして、本県の公共団体、農民代表、各種団体等を打って一丸となし、全面的の困窮の事情を一括して大挙上京、或は低利資金の償還延期、救済資金の融通、其他につき最も効果的な運動を続けて目的を遂ぐべきであるとしてゐるが、右は全国運動の端として、政府をして之が上京認識の刺激となすべく、或はこれ等の事情から臨時県会開催の機運を醸成しはせぬかと見られてゐる。

　農業団体・農村団体挙げての挙県一致の運動である。それを農民代表の請願という形で示す山日6.11の記事「本県農民代表も後藤農相に面接陳情・要求／政府米直ちに窮民に施せ、桑園整理に反二十円補償せよ」は「山梨県農民代表羽村松太郎、矢崎徳太郎、古屋文二郎、小野正年の四氏は十日午前十時、前代議士堀内良平、現代議士河西豊太郎の両氏を訪問し、左の如き陳情書を提出して、農村の窮乏救済方につき詳細に陳情し、更に正午過ぎ、福田代議士の紹介により、農相官邸に後藤農相を訪問し、同様陳情するところあった」と伝える。陳情内容は政府による滞糸買上、桑園掘り取り費用の補助、政府所有米の無償交付、農村負担の軽減である。

　不況下の農村は追い詰められており、不況対策を求める運動が急速に拡大する条件があった。自治農民協議会の運動はその状況をとらえたものである。山日には、「飢餓線上の同志惨苦救済の運動／負債据置、肥料資金等々／農民三万議会へ」(山日6.4)、「本県五万の請願順次範囲を拡大／農村モラ案その他四項」(山日8.17)、「潜行する請願運動／着々署名調印村から村へ／自治農民協議会の代表者へも出席」(山日8.25) 等の記事が自治農民協議会の運動を報道している。

　農民組合・無産政党をみると、小作争議が終息に向かい、全国農民組合からの脱退が続出する中で、系統的農民組合と連携する無産政党は農業利益・農村利益を図る運動に取り組む。運動の形は農村社会の要求を取りまとめて、無産

政党の国会議員を介して政府に要求する形をとる。次の二つの記事がそれを示している。

　　大衆党代表有馬次官に要請／五項目の農民救済案
　　全国労農大衆党並に全国農民組合代表、田所、角田、徳永、杉山四氏は八日午後九時半より一時間に亘り、農相官邸で有馬次官に会見し、後藤農相宛の左の要旨の要請書を提出した。
一、農民借金、税金、小作料の五ヶ年間モラトリアム（支払猶予）の即時断行
一、農村資金の無担保融通
一、肥料、種子、農具の国家による無償配給
一、水産、養蚕、農家損失の国家保障
一、立入禁止、土地取上絶対禁止（山日6.9）

　　社民からも要求
　　社会民主党系日本農民組合同盟の鈴木、片山、長松各執行委員及び埼玉、長野、秋田、福岡各県代表者は、十三日午前九時半農相官邸に後藤農相を訪問し、塗炭の経済苦に呻吟してゐる貧農に対する緊急救済策を提示し、その即時実施を要請した（山日6.14）。

　運動は署名活動・演説会・座談会など行った上で国会議員を介して政策要求を行う形をとっており、農業団体や町村の農村救済運動とほとんど同じ形であるとみてよい。唯一大衆動員を行ったのが8月25日未明の国家社会党員の農民救済祈願運動である。その様子は次の二つの記事が伝える。
　　国家社会党員の請願運動阻止／中央沿線の水も漏らさぬ警戒／田中書記長等を検束
　　議会への請願、農民の窮状を訴へその救済をもとむるための陳情、それをするとせぬにかゝはらずその声は、遽に澎湃と起った観があり、これに全神経を働かせた県特高課は二十三日に続き、二十四日夜から昨朝へかけても、日本農民連合（国家社会党支持）員所在の各署、殊に大地盤である小笠原署管内を初め、甲府、竜王、韮崎、日下部、日野春、石和に次いで

中央沿線各署と連携、全能力を発動して午後十一時二十分及午前二時一分甲府発列車を中心に大警戒網を敷き国家社会党員を中心とした陳情デモ隊の状況を阻止、甲府以東猿橋間に於て百二十名を各駅、又は列車内より下車せしめて田中正則書記長外幹部十数名を分割検束留置しデモンストレーションを封ずるに至った（山日8.26）

農民救済祈願運動／警官の暴圧を議会へ陳情／全国的旋風と化した東上団の活動
昨報＝県警察部及び警視庁の厳重警戒網を突破した国家社会党員等の「農村救済祈願団」の守屋清重氏一行二十余名は、二十五日未明、明治神宮に祈願し、それより二重橋前に至り黙祷数刻の後、「天皇陛下万歳」を三唱し、用意の握り飯を平げて腹をこしらへ、内幸町本部で小憩、正午島平雄三氏等幹部と共に議会へ押しかけ、小池代議士を訪問し明治神宮祈願阻止の暴圧を訴へた（山日8.27）

1932年にはこのほかに農民組合・無産政党を含めて農村救済運動・県税徴収反対運動・電燈料値下運動などがある。

[1933年]
この年にも農民組合・無産政党から既成政党への「転向」の記事がある。山日6.18の記事「甲斐の新風土記／大鎌田と二川」は「大正十五年以来、連続的の小作争議は、昨年から急テンポの転向ぶりを示し、青年組は主として民政党に入党して、山梨青年党を結成し、嘗ての無産運動の闘士田中正之君が牛耳つてゐる。老壮年組は大部分政友会に投じて階級闘争の旗幟を全く下してしまった」と伝えている。既成政党に加わることによって農業利益・農村利益を追求しようとする動きである。

[1934年]
1934年の運動で注目されるのは、米価高騰に対する「飯米貸下げ」問題である。皇道会に関する記事は多い。例えば「政府米払い下げ運動を起す／皇道会

が主に」(山日6.25)、「飯米対策に愈々実際運動／全町村を通じて飯米必要額調査／皇道会県支部が蹶起して」(山日6.29)、「飯米対策尚各所に起る／借下げ運動／峡西地方中心に皇道会積極的」(山日7.3)、「古米払下に猛運動／町村長会に先立って／皇道会農林省に陳情」(山日7.16)、「貸下げ運動に皇道会頑張る／近く平野氏入鋏」(山日7.24)、「貸下げ実行を平野氏が懇請／知事と会見」(山日8.3) などの記事が皇道会の飯米貸下げ運動を伝える。記事を一つ挙げると、山日7.3が報道する皇道会の運動は次のとおりである。

飯米対策尚各所に起る／借下げ運動／峡西地方中心に皇道会積極的

皇道会系農民の飯米借下げ運動はその後着々進行し、同会及び日農県連の指導下に各町村共具体的方法につき協議中だが中巨摩郡鏡中条、三恵、今諏訪、豊、西野、北巨摩郡穴山、若神子、日野春、東山梨郡平等、上万力、春日居の十一ヶ村では、既に方針を決定し来る五日各村長を代表者として出県せしめ、県を通じて農村当局に対し政府米借下げを陳情することとなっていたが、次で第二陣、三陣と矢継早の陳情団が押しかける形勢である。皇道会本部では去月来、政府に対し等々力総裁等がこれにつき陳情し居り、中央と地方と相呼応してその実現を期さうといふのである。

皇道会と日農県連が飯米貸下げ運動を指導し、町村を巻き込んで、「陳情団の押しかけ」「中央と地方の呼応」で県と政府に圧力をかけて政策の実現を求めるものである。

[1935年]

1935年の農村社会運動では、無産陣営の模索が続いている。山日11.1の記事は次のように報道する。

無産陣再建／「山梨農政協会」設立準備会成る

ファショの波に圧されて、秋風落莫の感があった無産陣営の新たなる再出発の気運が起り漸く具体化した運動にならんとしてゐる……即ちかって陣営の闘士であった小野、松沢君らは皇道会に走り、左翼全農会議派又公然の姿を没して僅に大鷹新県議等の社会大衆党が存在を示してゐるに過ぎぬのは、何としても淋し過ぎる、と云ふので全農、社大、日農等の闘士連が

中心に、去る三十日夜……会合、再出発の協議をとげた、集まる者、かつての呉越同舟と云った形で、社大党から秋山要氏、旧社民系から田中正則、……全農会議派から萩原孝治……氏等が相寄り従来のセクト主義、公式主義を清算して、窮乏農村救済運動を中心に、貧農、中農、小市民等現資本主義の重圧下に苦しむ者すべての解放を目指し、文化運動に至る迄の広汎な進歩的題目を取り上げて永久性を持った挙県の運動を展開することを決議、名も「山梨農政協会」と命名、田中、秋山、南三氏を行動綱領起草委員とし、十一月七日午後一時から第二回準備を開くこと、なって……その動向は注目されてゐる。

「貧農、中農、小市民等……の解放」「挙県的運動」という言葉は恐慌期の農業・農村をめぐる経済・社会状況の総括から生まれたものと考えられる。「山梨農政協会」という名称は、農民運動・無産政党が農業利益・農村利益実現のために政策過程への介入を重視せざるを得なくなったことに基づくものと考えてよいであろう。

6．総 括

(1) 農会

　町村農会の不振・解散の声がある中で、恐慌前の農会の活動は多収穫品種の栽培・自給肥料の改善・品評会・副業奨励など農業・農村振興を指導・奨励することに向けられる。1930年代に不況が深刻化すると農会組織は自力更生を強調するが、農村の窮状と町村農会・郡農会・県農会の救済策要求を受けて県と政府に農業・農村に対する臨時的・恒常的政策（農産物価格・負債整理・農家の負担軽減など）を求め、帝国農会も府県農会の要求を受けて、政府に農業・農村政策を求める。農会組織は町村での講演会・「記名調印」・「農業者の一大デモ」・「農会大会」・「農会長会議」等で圧力を加えつつ、農村の要求をまとめて政府に伝える役割をもつようになってくる。
　官僚的な農会組織は、恐慌期を通じて農業・農村の利益のため、政策要求を政府に求める圧力団体の性格をもたざるをえなくなるのである。

(2) 農業・養蚕関係団体

[養蚕関係団体（特殊な産業組合）]

　恐慌前の養蚕業関係団体は県の養蚕主任者と協力しつつ、蚕糸業の改善・養蚕経営の基礎的条件の整備（蚕品種の整理統一・飼育技術改善・繭検定所の完備など）を県に要求する。30年代に養蚕業の不振が深刻化すると、蚕糸業救済を求める「大会」「養蚕連合会」の決議が発せられ、蚕糸業者・既成政党・県会・県当局一体となって蚕糸業救済・安定策（糸価安定補償対策・休養桑園補償など）を求める。それとともに養蚕関係団体は県議会の「傍聴」「監視」で県会議員と県に圧力をかける動きを示す。また、政府に対する陳情には「政府を責める」「政府に反省を促す」姿勢があり、圧力団体としての姿がみえる。

[産業組合]

　「地主的組織」として産業組合排斥の動きを示した農民組合が、1929年には産業組合設立に乗り出し、また農民組合と連携する産業組合設立運動が始まる。産業組合組織の整備が進む中で産業組合青年連盟が発足し、青年層を中心とする活動が活発化し、産業組合は本格的に政治に乗り出す。35年の県会議員選挙、36年の衆議院議員選挙では「政党政派の如何に拘らず」に推薦・支持候補を決め、当選後は議員の議会活動を監視し産業組合の圧力団体としての性格を明確にする。

(3) 町村会

　恐慌前の町村は、基本的には国から指示を受ける行政機関としての役割を果たすにとどまり（例えば財政緊縮政策の実行を徹底させる役割がそれを示す）、30年代に入って不況が深刻化する中でも国と県の方針の下で自力更生での農村建設に関心が注がれる。しかし、農村の窮状に直面して町村も政府に政策的対応を求めざるをえなくなり、県町村長会は全国町村長会と呼応して農業・農村に対する全般的な政策樹立（負担軽減・農産物価格の安定・負債整理・失業救済事業など）の要求をする。特に農村の負担問題、町村財政問題は深刻であり、33年以降地方財政交付金制度が政治日程に上るという予測もあって県町村長会

は全国町村長会とともに県と政府に農村負担軽減、交付金制度成立を求め圧力を高める。

1930年代最大の課題である不況対策は、町村長会・農業団体での協議を受けて政党・県議会・県が政府に陳情する。

(4) 農民組合・無産政党（農村社会運動）

1930年代の農民組合は納税延期・借金延期などを取り上げ、また県内各地に広がる電燈料値下げ運動で、無産政党・農民組合はその一端を担う。30年には農民組合は農村委員会の組織を提唱する。中小地主・自作農と連携し、農会・養蚕組合にも呼びかける農業利益・農村利益要求の新たな運動である。32年には農業団体・農村組織、自治農民協議会など、不況対策を求める運動が拡大する中で、系統的農民組合と連携する無産政党も農業利益・農村利益を図る運動に取り組む。運動は署名活動・演説会・座談会などを行った上で国会議員を介して政策要求を行う形であり、農業団体や町村の政策要求の方法と異なるところはない。なお、1930年代にはいくつかの町村で農民組合・無産政党から既成政党へ流れる例がある。農業利益・農村利益実現のための組織としての政党に加入し政策実現を図ろうというのである。

このようにみてくると、1930年代は農業利益・農村利益をどのようにして国の政策として実現させるかを模索する時期であることがわかる。活動不振の農会は農村の窮状下では官僚的な指導奨励だけではなく、圧力をともなった利益団体の面をもたざるをえなくなる。特殊業種の「産業組合」としての養蚕関係団体は県会議員・国会議員に影響を与える形で圧力団体としての役割を強め、組織の整備が進む産業組合は政治進出を本格化させ圧力団体としての立場を明確化させる。町村会は単なる行政機関としての役割にとどまらず町村の窮乏を背景に政府に圧力を加え農村利益を要求する組織としての役割をもつ。農民組合・無産政党は独自の行動または農業関係団体に入って農業利益・農村利益の一端を担うようになる。

このような農村の動向は農業団体・政党が町村議会・町村長・県議会・衆議院議員をその影響下に置くか、または農村の指導層が団体の代表者または町村

長・県会議員として、農業利益・農村利益実現を図る役割を担うことを示している。農業・農村の要求は農業団体・町村・県・政党でまとめられ、国の政策調整過程に反映されることになる。農業利益・農村利益要求は、恐慌期には臨時的な農村救済事業で、恒常的には農業と商工業の間の所得再配分＝農業保護政策の拡充と、農村と都市との間の所得再配分＝農村の負担軽減＝地方交付税で実現されることになる。

●注
1) 1920年代を通じた地主小作関係の変化の結果、1930年代には「農村に於て争議を持続して係争沙汰を繰返してゐることは地主も小作人も経済上多大の不利益であるとの意識が次第に広がって行くのは見逃すことの出来ない現れだと云わねばならぬ。農村の不振を打開するには、何うしても地主、小作と自作農とが打って一丸となって行くの努力が必要である」(山日1930.1.3「言論・農村よ、先ず提携せよ／新春と経済不況」)とする認識が共有されるようになっていたと考えてよい。

補論　戦時体制下の農業利益・農村利益

　農業利益・農村利益は戦時体制下ではどのように要求され調整されたであろうか。山梨県のいくつかの動きからみよう。戦争の拡大とともに深刻化する農業資材不足に対して農業団体は要求をまとめて政策当局に陳情する。例えば、1939年2月には肥料割当について「産業組合、県農会、県養蚕業組合連合会各代表者が上京、肥料割当の促進並に本県割当額の増加を農林、商工を初め関係者に陳情することになった」、また同年4月には果実出荷のための農業用釘の不足について県農務課の担当者と県農会技師が上京し、農林省に配給割当を陳情することになっている[1]。1941年には食糧増産のため桑園の整理・転作が求められ、農林省は山梨県に桑園の三分の一（七千五百町歩）の整理を割当てる企画を伝えるが、関係業者代表の緩和運動があり、二割二分五厘（五千百四十九町歩）へ割当が減少されている[2]。戦時体制確立のための「翼賛体制推進運動方針」(1940年山梨県)は、農業団体の組織方針で「農業団体統合の本質的意

義は……農業全体の前進を効果し職分翼賛の機能を充分発揮し得る新らしき団体を作り出すことにある。即ち現存農業団体に於ては多くの場合農業経営を直接担当せざる者の支配力が大きいのであるが、再編成せられたる農業団体は名実共に農業者全体の組織とならねばならない」、「国策担当の機関たると同時に農業経営の協同化を促進し真に農業全体の発展の為の組織たるべきこと」と、農業経営者の利益を図りつつ国策を担う組織となることを掲げる。戦時体制推進の中でも農業利益を要求する団体の役割は明確に主張されているのである[3]。

　全国的にみると、帝国農会は1930年代の通常総会で毎年農業・農村に関する建議事項を決定している。内容は、米価政策・農家負担軽減・農家負債整理・満州移民・肥料政策・税制改革、肥料統制等農業・農村に関わる事項で、多岐にわたる。また1930・32・33・35年には全国農会町会を開催してほぼ同内容の要望実現のため政府・政党に向けて運動する[4]。戦時体制下では「帝国農会は、農業者の生活安定なくして食糧増産は絶対不可能であることを強調、農政運動を進めねばならなかった」とする意識から1937～42年の総会で戦時に対応する建議を行う。重点事項は負担の均衡、農業保険制度、農産物価格の適正化、農用資材確保、農業団体統合などである。「帝国農会の国政上の地位は低まったが、それでも或限度で輿論を反映せしめ得る有力な場であった。帝国農会は……政府当局の施策樹立に事前参加したのであった」[5]という言葉が示すように農業団体として政府に要求すると同時に政策調整の役割を担っている。

　町村長会は1940年の税制改革問題について意見書を政府に提出し、「家屋税の国移管、雑種税の社会政策的整理、戸数割の全廃、公民税の新設、恒久的地方財政調整制度の確立その他を要求したが、これ等の要求は政府の税草案に盛られた」[6]。

　戦時体制下の農業団体・町村長会などは国策に順応しつつ農業・農村の利益要求団体であると同時に政策樹立に当たっての調整団体の役割を担っていたといえよう。

1）『山梨県議会史　第5巻』(1978年) 180頁。
2）同前書182頁。
3）同前書80～82頁。
4）『帝国農会史稿　記述編』（1972年）481～84頁。なお、1932年8月の全国農会

大会では政府と議会に強い圧力をかけるべきだとする兵庫県農会長の意見がある（同書479〜81頁）。
5）同前書826〜30頁。
6）『昭和財政史　第14巻』（1954年）233〜34頁。

第8章

農地改革過程の特質
——村落内調整の意識——

はじめに

　農地改革は、戦前期日本農業の二つの特徴である地主的土地所有と零細農民経営のうち、前者を解体する一大改革であった。
　この改革については、1960年代までに相当の研究が進められた。改革をめぐる最大の問題は、広範に行われた地主による小作農からの土地取上げである。これに対して農民組合による土地闘争＝「反封建闘争」が広範に行われたとするのが、80年代に至るまでの通説であった[1]。これに対して栗原百寿は『現代日本農業論』(1951年) で、「地主の土地取り上げといっても、零細な地主が大きな小作農からわずかの面積の土地を取り上げて、零細経営を少しばかり拡張したというのが一般的であって、多かれ少なかれ小作農民層にとっても我慢のできる程度のものが大部分であるといわなければならない」[2]と、改革過程を円滑なものとしてとらえる見解を示している。
　ところが、1990年代に入って、戦後改革期の農業問題の見直しが行われ、その歴史的評価も大きく変わりつつある。西田美昭編著『戦後改革期の農業問題』は「農地改革実施過程における小作地引上げの内容は……地主対小作というより農民間の耕作権調整問題であった」[3]、「農家にとっての地主的土地所有の重圧は農地改革以前に取り払われている」[4]と、農地改革期の土地問題＝反

地主闘争のもつ意味を低く評価する見解を示している。同書は栗原説を引継ぎ、小作地引上げ問題の内実を詳細に明らかにしたものである。本稿は、以上の研究史を念頭に置きつつ、農地改革過程における小作地取上げ問題を「耕作権調整」という実体面ではなく、改革過程の「村落内調整」について、農地調整の意識・論理と方法を検討することを課題とする[5) 6)]。

1．農地改革推進体制——軍政部・県・農業会

(1) 軍政部

　農地改革は、農村の民主化を目的とする占領政策の柱のひとつであり、占領軍は末端の改革の進展に対しても重大な関心を寄せていた。農地改革が進行中の1947年6月18日の「山梨日々新聞」（以下山日47.6.18と略記する）は、「農地改革を阻むもの／ノーマン大尉囲んで検討」という見出しで、軍政部による農地改革推進を伝えている。

> 「農地は働く者の手へ」と農地の改革は着々進みつゝあるが、その反面、依然土地取上げはあとを絶たず農地のヤミ取引、ヤミ小作料なども横行して農地改革の進行を著しく阻んでいる。そこで何が一体この改革を阻んでいるのか、どうすればこれを打ち破ることができるか……この問題をめぐって十七日午前十時から軍政部で県農地部増田部長以下関係官、日農臼井、深沢、全農長坂、農青連手塚、井出、農業会山村生産部長らの県下農民団体代表者が参集、ノーマン大尉を囲んで真剣な論議を重ね農地改革を通しての農村民主化の具体的方策につき懇談した。

　その後も山梨軍政部は、農地改革の趣旨を徹底させるべく、山日紙上に農地改革についての談話や解説を載せている。そして軍政部はときに強権的でもあった。例えば東山梨郡三富村の土地取上げ問題について、返還命令を出すという強い姿勢を示した。

　このように軍政部は農地改革を指導・督励し、実施過程を監視し、ときに強硬な態度で農地改革を促進する役割を果した。

(2) 県農地部

　農地改革の遂行を目的として設置された農地部は、農地改革についての啓蒙と宣伝に努めた。県農地部長の報告書は「昭和二十一年十一月四日南巨摩郡富沢村を皮切に日農主催の啓蒙運動に県が合流して全郡下を講演し、ついで十一月末より十二月二十一日の選挙（農地委員会選挙―引用者注）のための啓蒙運動は山梨県農業会が主催となり全県下に亘って県より講師を派遣して講習、尚昭和二十三年一月より三月にかけて県主催の下に各郡各村で大々的に講習会、村民大会を開催して主力を啓蒙に努めた」[7]と、日農・農業会と協力して農地改革の趣旨徹底に努めたことを記している。

　農地部は、市町村農地委員会選挙の啓蒙宣伝に努めたが、選挙は「一般的には低調で、立候補者は案外少なく初めての選挙で人選に苦しんでいるというのが現状であり、各地区とも大体無投票でゆく模様だ」（山日46.12.18）とされた。

　軍政部・農地部の啓蒙宣伝の努力にもかかわらず、農地改革を免れるための「ヤミ問題」が、特に山村地域で発生した。このような問題に対して農地部は「南都留郡の……成績不良町村の農地委員会に対しては思い切って解散命令を発し一斉解散させるべく準備を進めている」（山日47.8.12）と解散をちらつかせつつ、直接指導に乗り出す体勢を示した。

(3) 農業会

　県農業会は、46年10月下旬に農地改革に関わる作業を開始する。「各部落農業団体長、青壮年幹部、農地推進員、農業会職員」の参加をもって、「県農業会では今回施行された農地調整法の円滑な運用をはかるため、土地取上げ、農地委員会の運営等を中心に農地改革懇談会を各地で開催する」こととなった（山日46.10.26）。

　46年11月11日に決定された営農指導方針では、「農地改革の実践推進＝農民自体による自主的共同組織によって農地改革を完遂して農村の封建性を打破、民主的新農村を建設する。農地改革推進組織の確立と実戦。1　県、郡市町村、部落に農地改革推進委員会を設置する。2　農地改革推進委員会の実践方針としては、農地委員に適格者を推薦する。耕作権の確立強化、小作料金納化・適

正化の徹底、農地買収・売渡計画の適正化、農地交換分合計画の実践、未墾地開発の促進強化等」を掲げ、「目的具現に邁進する事となった」（山日46.11.12）。県農業会が提唱した「農地改革推進委員会」は、11月下旬には農民組合・農村青年連盟とともに委員会を構成し、農地改革を推し進めることになる。なお役職は委員長に県農業会の有泉直松、副委員長に農民組合から臼井治郎、田中正則を配し、委員31名の構成は、県農業会9名、支部農業会7名、日農平野派5名、同臼井派4名、市町村農業会常務役職員会2名、農村青年連盟4名である。

推進委員会の「組織方法は各町村の自主的な意向によることとしたので委員数及びその内容は何れも一定せず、十名から十二、三名程度で自作、小作の階層が断然圧倒的で、北巨摩、中巨摩等では特に青年層の進出が著しい。中には部落会長、常会長等の村の古い顔役がそのまま委員になっているところもあり農民組合幹部は大体委員に加わっている」（山日46.12.14）といわれるように、活動的なグループを核として、町村内の各階層を組織する形が多いのではないかと思われる。

このように農地改革は、軍政部と県農地部の監視・指導・督励の下で、農業会の推進体制に支えられて進められることになるが、改革過程を検討する前に、改革前の農村がどのような状況であったかをみよう。

2．改革前土地取り上げの実態

戦争終結後問題となった、地主の土地取上げの実態はどのようなものであろうか。改革が始まる前（市町村農地委員会選挙が行われた46年12月20日以前）の土地取上げ問題を扱った記事をみよう。

①取上げる血の小作地／県内返還要求漸増

　農村に根強く巣食う封建性打破の為には先づ農地の解放によって、地主と小作人との宿命的な絆を断ち切って耕作権を確立すると共に土地を働く農民の手に返すことが肝要である。然し乍ら現実の姿は之と逆行して農地を農民に解放するどころか逆に土地返還要求が日を追って増加しつゝある。

　本県における小作争議の殆ど全部がこの土地取上げから起こったものである。その実情を見ると二十年度の調停申立件数は六十九件であったが、

本年に入ってからは果然激増、一月から五月末の間に……合計百十件となり、其後も増加の趨勢にある。然し調停にかかり表面化するものはその一部分にしか過ぎず、その調停件数の増加率に正比例して表面化するに至らない土地取上げ問題も相当あるものとみられる。……調停に現れた傾向から見ると、対象となる土地の面積は殆ど一反、二反の小農地で、……地主一人に対し小作人も一人といったものが大部分で、我国の集約的小農経営の特徴がにじみでてゐる。土地取上げの原因は闇値による横流しといった悪質のものよりは、小作料の金納化、ひつ迫する食糧事情、或は家族の引揚復員等による増加等から配給のみでやりくりのつかない小地主が、食糧獲得の為、自分で耕そうとして土地（取り上げを求めたものである）（山日46.6.10）。

②農地移動禁を潜る地主攻勢／動いた八割は闇

　昨年十一月二十三日から本年七月末までに行はれた農地移動の八割以上が農地委員会の承認（農地法九条三項）を得てゐない不当な移動といへるのであり、更に価格の点について正規の価格の数倍の闇価格で取引きされたものである……平均反別は一反一畝、小作人一人当り九畝二十歩。この数字でもわかる様に土地取上げの対象となってゐる土地が如何に零細であり、且つ地主攻勢といはれるものの本体は大地主ではなく零細地主であるといふことと同時に、日本農業の特性たる過小性がここにまざまざと看取出来よう（山日46.9.4）。

③禁止を外に取上／土地に未練の横暴地主

　小作人某氏談＝自分も取上げられた一人だ。地主のうちにはやむにやまれぬ理由のあることも承知しているが、小作人が法律を知らないのを利用して甘い汁をすう根性はいけない。農調法でゆけば昨年十一月二十三日以降は小作人の権利で、小作地を取上げられることはないが、法律はあく迄最悪の場合の防衛方法で、出来ることならこの際半分わけという様な双方うまくゆく方法が考えられていいのではないか。永い間の関係もあり、同じ村に住む人間としていがみ合うのは面白くない。敗戦日本の農村経済再建には双方が平均にうまくゆくことが必要で、農調法が小作人を保護するからといって、これに甘へてはならないと思う。我々の腹は其処にあるの

だが、然し地主側でわかってくれぬのならば、最後は調停裁判より外あるまい（山日46.11.23）。

　この三つの記事からは、第一に「取上げる血の小作地」「地主攻勢」「横暴地主」という仰々しい見出しにもかかわらず、記事の内容は「配給のみでやりくりのつかない小地主が、食糧獲得の為」、「地主攻勢の……本体は大地主ではなく零細地主であるということ」、「地主のうちにはやむにやまれぬ理由のあることも承知している」といったものであり、むしろ生活困難な状況にある「地主」の姿がみえてくる。この記事からは、第二に「同じ村に住む人間としていがみ合うのは面白くない」という村落意識が、農調法を超えるものとして指摘されていることが注目される。

　類似の記事は、「食糧の逼迫と併行して地主の小作地引上げ問題を繞る紛争は最近急激に増加してをり」（山日46.6.28）、「非耕作地主は代用食の素材さへも無く、食料事情は極度に行詰まって居り」（山日46.10.10）等、たびたび掲載されている。

　土地取上げに対して、県では一切の農地移動を禁止する通牒を発し（山日46.8.3）、「農地の移動については昨年（45年──引用者註）十一月二十三日に遡って再検討を加へ、たとえ従来の町村農地委員会が承認したものといへども不当なものは許可せず、特に地方長官の許可や農地委員会の承認を受けないものに対しては農調法十一条の四（二年以下の懲役又は一万円以下の罰金）を適用、断固たる処置をとる方針」であった（山日46.11.23）。そして県警察部では農地関係事犯の取締対策として「小作人は地主との腐れ縁にとらはれ……不当な措置に泣寝入りすることが多いので斯かることのない様警察では告訴、告発、投書等を希望する」、「小作地の取上げ問題等は個々に特有の性格を持つ犯罪であり、影響するところが大きいので……悪質重大犯を狙ひ撃ち式に検挙するを重点」とする方針を決定した（山日46.11.14）。

　このように中小地主の土地取上げが頻発し、県が対応に追われる中で農地改革は開始される。

3. 農地改革過程——村落内調整の特質[8]

［改革初期の意識］

　農地改革が開始されようという時期、47年1月23日の山日は「農地改革への私の抱負／各層代表委員は語る」と題する特集記事を組んでいる。その地主委員の談話からみよう。

> 青柳欣一氏（龍王村）今回の改革の精神からいえば、地主という階級は農村から姿を消して、耕地はすべて耕作農民の手に渡されるべきだ。残された一町歩もこの際農地改革を更に完全ものとするため思ひきってなげだすべきだ。中には自分で自作するからといって小作人から土地を取上げているものもあるが、今まで全然自分で耕作の苦労をしていない不在地主や疎開先から引揚げた地主達に耕作できるはずがない。地主は……有難い土地を手放すことは確かに苦痛には違いない。切っても切れない執着があるのも無理はない、然し働くものへと移った。従って旧地主はアッサリと思い切りよく耕作農民へ一切を明けわたすのがよい。地主も小作も自作も一つになって新しい村を作る。私の農地革命による理想の村とはこんな姿だ。

　この地主委員の談話は興味深い。第一に農地改革を積極的に推進するという公式的見解を表明し（これは、改革に対する抵抗の困難さを認識した地主のあきらめを表明したものと解することができる）、第二に地主の土地への執着の強さを指摘する。第三に、地主は耕作主体としてはかなり限定された能力をもち合わせるに過ぎないことを述べている。この3点は、農地改革過程での土地取上げの特質に関わる点である。

　次に小作委員の談話をみよう。

> 雨宮猛三郎（甲運村農地委員会会長）自村の農地委員として……出来れば村内の地主層を歴訪して、和平裡に小作関係をなくそうと思っている。村の農地委員会の委員長には地主層の推薦によってなったような次第で、このことは村の今後の土地解放が各層間の話合いで大丈夫うまく促進できるという示唆をなすものと信じている。農地改革も歴史の必然でもう古い力

では阻止しえないのだから早く時代精神に目ざめた地主が利口ということになる。……最後に引揚げ地主の場合、法的にも救済規定があるが、我が村ではいかなる理由にしろ耕作権を放棄した者より先に耕作者の権利と生活を保証するのが此の法の精神だとの建前に則り、また一方引揚げ地主にもよいようにと、独特の方法として村の恩賜林八十町歩のうち五十町歩の開拓を計画、完成の暁は小作人に貸してある反別だけ優先的に彼らにとらせることにした。

小作農の談話で注目すべき点は、第一に改革の徹底を強調する公式的見解を表明し、第二に改革は村の各層の話合いで平和裡に行われるべきこと、第三に外地からの引揚げ地主などの利害（というよりも生活問題である）を考慮せざるをえないこと、以上三点を指摘していることである。小作農の談話も改革過程での土地取上げの特質に関わる点である。

[農地委員会による調整]
改革はどのように進んだのであろうか。地主が改革に全面的に協力する場合もある。「話のわかる地主さん／なごやかな玉幡村の農地買上」という見出しで紹介されている次の記事がそれである。

中巨摩郡玉幡村の農地改革による買上げ対象小作地は不在地主分三十町歩、在村地主分六十町歩で、農地委員会では三月末第一次分として不在地主分三十町歩の買上げを始めたが、不在地主五十人が一人の異議申立てもなく完了した。その際同村第一の在村地主であり農地委員会地主委員である長谷川氏は一人でも多く自作農を創設してもらいたいと全耕地二十八町歩の解放を申出た。この話を聞き、村内で反目し勝であった地主、小作の対立気分も和らぎ、七月の第二次買収も在村地主二十人六十町歩が、予定通りに完了するものと見られるに至った（山日47.4.22）。

この例の場合はスムースな改革が強調されるが、「反目」や「対立気分」があったことを見逃すべきではない。
しかし、このような終始円滑な小作地解放はむしろ例外的なものであろう。

第 8 章　農地改革過程の特質　217

一般的には、村落内で地主小作間の土地をめぐる調整が行われる場合が多かったのではないかと思われる。「認めすぎるぞ小作地取上げ／町村農委に警告」(山日47.5.1)、「やめよヤミ会議／県・農地委員会へ注意促す」(山日47.7.18) 等の見出しで掲載される記事は、農地委員会を舞台として村落内調整が広範に行われていたことをうかがわせる。

　実際の村落での調整はどのように行われたであろうか、農地委員会の会議録が比較的詳しく記されている東八代郡八代村の事例をみよう。

　この村では妥協・調整によらない農地委員会決定が一例だけある。それは「中村昭の耕作地一畝十五歩を地主中村重一氏の返還主張の事由並中村昭氏代理人矢崎金一氏の小作権に対する主張の事由を陳情せり。各委員重一氏に対し譲歩方勧誘せるもあくまで取上度き意志にして決定せず、審議の結果採決と定まり、無記名投票にて十六票全部中村昭氏小作正当と決定。尚不法蒔付けたる作物については小作人の所得に全員異議なく決定せり」(1947年 5 月23日委員会) と記されている。ここでは地主の主張に根拠が無いことについて委員の間に異論が無いにもかかわらず村落内での調整、地主小作間での調整を求め、円満解決を図っている。この事例から推測されるように、この村の農地委員会は土地返還をめぐる地主小作間の対立を、一方の主張のみを認めるのではなく、妥協によって解決を図ろうとしている。

　このような姿勢をもつ委員会の調整は、農地委員会による調整、部落・区の農地委員による調整、当事者間の調整（農地委員会が仲介する）の三つの形をとって行われている。以下東八代郡八代村農地委員会の議事録でみよう[9]。

　①農地委員会による調整（1947年 7 月24日委員会）

　「議長……申請者野沢賢一代理人野沢忠次にかゝる返還審議申請を提出、議場に計りたるに、申請人代理野沢忠次は開拓引揚者としてすでに別途開拓に従事更生の途にあり、最近の中に開拓地に家だの新築の見とほしもつき返還申請の該耕地はその間蔬菜園としたき趣にして、尚ほ現耕作者は五反歩程度の零細農家にして、これを返還せしめんか、八人の家族の生活を破綻せしむるなり、依って慎重審議せる結果、野沢忠次の開拓地の家屋に移転なし、尚ほ翌年一年間を該耕地を折半なし、両者に半づゝを耕作なさしむ。その後にあっては地主代理野沢忠次は速に既耕作者飯島寿雄に返還

耕作せしむ。尚ほ耕作物により翌年廻りの作物は其の作物の収穫の後に於いて引渡しをなすものとす。右議決す」(生活状況により耕作地を一時折半)。

②農地委員会による調整（1947年12月6日委員会）
「申請人金井光雄氏の土地返還の申請書を塩田書記朗読し相手方奥川政永氏の説明あり審議をせるに、奥川氏は関係なく、現耕作者渡辺長重氏に替地を地主より提供し、渡辺氏の現耕作地田を地主に返還せることが全委員の意見にて、委員会は渡辺長重氏耕作地六畝二歩及奥川政永氏の三畝歩は申請人に返還、其れに対して申請人金井光雄氏応分の耕地を渡辺長重氏に提供する事とし、申請を認定す」(土地返還の条件を調整—替地提供)。

③部落・区の農地委員による調整（1947年8月15日委員会）
「前回より保留となりたる前島雄輝氏申請に対する再審議に当り、塩田書記前回よりの経過を報告、相手方梶原栄作氏提出の……証明書を朗読、両者並証人商家風間若春氏意見を述べたるに対し、耕作反別、稼働人員等を考慮し前島氏不利を説明せるに、両者話合にて事件を解決する事となり、別室に入りたるに付、北委員伊藤、川村、宮沢氏立会にて話合う事にし、議長議会を休ケイす。再会、議長は北委員立会にて同等替地を出し円満解決せるに付、氏の申請は記録に止む」(地主不利が明らかであるにもかかわらず、替地提供で調整)。

④部落・区の農地委員による調整（1947年12月6日委員会）
「議長……申請人樋口美毎氏の土地返還申請を議題に供し、申請人の説明を求め、相手方大塚氏の説明あり、矢崎武氏葬儀のため欠席、委員渡辺義雄氏に一任せる為渡辺氏説明、審議の結果南区委員を調停委員として関係者と談合せられたい旨を述べ委員会の意向を尊重して円満解決を希望し次回に延期す」(続報なし、区委員による調整を求める)。

⑤当事者間の調整（1947年8月15日委員会）
「続いて、田辺理平氏申請に係る審議となり、議長申請書朗読、塩田書記、相手方田辺稲作氏の書類朗読（小作契約書、証明書、貸与理由書）。此の事件は耕作権問題にして両者の意見では決定されず、一週間以内両者話合の事となり、未決定の場合は次回地主立会にて再審議の事に決定す」

（続報なし、当事者間の話合いでの解決を求める）。

⑥当事者間の調整（1948年4月2日委員会）

「岡区委員より申請人地主山本初男、相手方中村量政の件につき細部に亘り説明あり、審議せるに、本件は両者間に於ける契約書通りに履行し、応分の替地を相手方に供与するを正当と認めるも、然し本会議に於て採決せず、一応岡区委員より此の旨通知なし、次回に両者を招致の上決定することに決す」（続報48年6月15日委員会）、「申請人山本初男に対する審議は、相手方中村量政は小作人にして山本氏は地主で耕作反別は地主一町四反、小作人一町三反、稼働人員は両者とも同様な人数である。各委員より意見の発表があったが、結局相手方より申請人に、田＝中範田二五五六地番外七筆、一反三畝の折半として渡し、替地として畑を同等反別貰ひ受ける事に両者も承認せるに付、此事件は円満解決す」（替地提供で妥協）。

以上六つの事例から次のようなことが解る。

一、委員会は自ら決定せず、ほとんどの場合当事者間の調整に努めていること。当事者の一方（＝地主）が不利であると判断される場合でも、円満な解決を図っている。事例③が典型的である。
二、当事者の生活条件、耕作条件を考慮し、「公平な」妥協による解決を求めていること（事例①、事例⑥）。
三、調停の形は委員会の判断と、当事者の意向によると判断されること。

八代村の農地改革関係資料から、この村では農地調整法を厳格に適用するというのではなく、むしろ村落内の「公平」を図り、妥協による解決を求めていることがわかる。この場合の妥協は、地主の方に利益を与える形でなされる。

4．土地取上げをめぐる意識

農地改革が徹底的に行われ、改革過程で土地取上げが広範に行われたにもかかわらず大きな衝突・対立がともなわなかったのはなぜであろうか。戦前から

の農民運動の歴史、戦時中の農地政策・食糧政策の展開、占領政策として行われたという事情など様々な要因があげられる。ここではそのような条件に加えて改革をめぐる農村・農民の意識を検討しよう。

(1) 市場経済意識

　八代村の農地委員会の調整で、妥協（内実は小作人の譲歩である）がなされるのは、市場価格から乖離した低価格で小作地を自作地に変えることに対して、小作農が譲歩すべきであるという認識が地主のみならず、農地委員会にもあり、そして小作農にもそれを受け入れてよいとする意識が存在したからであると考えられる。その意識が「公平さ」「村の平和」「譲り合い」という言葉の背後にあって、改革過程を規定したと考えてよいであろう。「農地法を無視して小作地を取上げたり、依然物納を続けさせている地主が非常に多い」（南巨摩郡、山日47.2.7）、「内密に物納その他話合いをつけヤミ取引するものもある」（南巨摩郡、山日47.3.3）という事例もそのような農村の意識に基づくものであろう。

　このような意識は改革の遅れが問題になった山間部で顕著に示される。いくつか報道された中で地主の利益を最大限に貫徹しようとした事例が南都留郡忍野村[10]であった。それは次のように報道されている。

　①村議も入交って公然農地のヤミ売／紊乱極まる忍野村
　　南都留郡忍野村……に於ける土地取上げは昭和二十二年二月まで四十件に達し、現在もなお行われているほか、農地のヤミ売りが公然と行われ、村議までがこれに立会っているといった有様で、同村の農地の価格は田は反当六百円から六百九十円、畑は三百円から三百五十円だが、ヤミ価格は一等地田九千円（法定価格の十五倍）、畑四千五百円（同十五倍）、二等地で田八千円、畑四千円で、小作人はヤミで買わないと取上げられるとおどかされ、金策に青息吐息となっている。そこへ村議がこの間に入って田一反については米三俵、畑なら大豆三俵ではどうだという話も出ている。内野地区では解放面積の三分の二が既にヤミ取引で売買され、残りの三分の一は地主と小作の直接交渉で話が進められている。……これにたいして村の農地委員会はこれらの不法行為を全く黙認といった形で傍観して……いる」（傍点——引用者、山日47.10.2）。

②紛乱の農地・忍野村の真相／地主は虚偽申告、小作人は無知／あ然たる調査班

　南都留郡忍野村の農地問題に関し、七日実地調査班として県農地課から井上事務官、左井技官、県農委から古屋委員長代理ほか四名が村役場に出張、渡辺忍野農委々員長以下全委員と……面接して詳細に調査した。

　この日、共産党吉田支部渡辺、社会党同部長カヤ沼両氏の顔も見え、同村農民組合員三十余名が出席して午後一時から同村農委事務局の書類と陳情書を対照して調査を開始……殊に農村の縁故関係の複雑さと封建性のために真相をばく露しかねる小作人の弱さを露呈したものもあったが、調査班の努力で漸次事情は判明した。（中略）

　買収計画やりなおしに関し左井技官は次のように語る。

　地主の申告が自分の都合のよいものになっているものが幾つかあった。数筆で五反八畝の土地を数年来自作しているように申告して小作人から取上げている大森氏、また地主渡辺勝氏から水田一段歩を借りている渡辺武氏の申告書は……本人の書いたものではなく、筆跡も印章も違ったものが提出されているということだ。また村の農地委員が田辺良小作人から引上げた水田一段歩は正当な理由があるものとは思うが、正式な手続きがとられていない。こういう実際を見ると、もう一度小作人と地主から真実の申告をとりまとめ農地委員会で正当な取扱いをして行くより外ない、いわば買収計画の再樹立だ。……再申告によって更に一筆調査をやり直すわけだが、県でももう一度詳細に調査したい。村全体にわたって地主、小作間でヤミ取引しなければ農地は自分のものにならないというような考えの濃厚なことは見のがせないことで、私達としてはこれに重大な関心を持たずにはいられない。要するに事は小作人の無知によるものと思うので何とかして啓蒙して明るい農村にしたいものと思う（傍点――引用者、山日47.10.10.）。

　ここで注意しなければならないことは、土地取り上げや農地のヤミ売買が、地主の一方的な強要によってなされたものではなく、小作農の方に「ヤミで買わないと取上げられる」とか「ヤミ取引しなければ農地は自分のものにならな

い」という考えが濃厚に存在したと指摘されていることである。これは単に小作人の無知・地主小作間の封建的関係・農村の旧慣によるものと受取るべきではないことを示している。それは市場経済から著しく乖離した価格で農地を取得することについての不安（そして多少の後ろめたさ）を示していると考えるべきであろう。

忍野村では「農村の封建的な関係のため」ではなく、「市場経済意識のため」に、農地改革は徹底しなかったと考えるべきであろう。

(2) 共同体的生活（経済）意識

地主の利益が主張され、ある程度認められる場合がかなりあり、その多くは「市場経済意識」に基づく村落内調整だと考えられる。他方、先にみたように現実に食糧確保に困難な小地主の問題があり、その事情は様々である。例えば外地からの引揚者については「裸一貫、無一文で引揚げてきた引揚者や復員軍人も、帰ってみれば唯一のたよりにしていた自分の土地も不在地主という名の下に買上げの対象となり、また小作人の多くは耕作権を主張してなかなか返還せず、各地でゴタゴタが起って異議や訴願の原因ともなっている」（山日47.5.12）状況が伝えられている。小作人の方で地主の生活状況をみかねることもあった。例えば「困窮の地主へ返す情／麗し小作人の土地返還」と題して次のように報道されている。

　　南都留郡福地村松山渡辺一さんは一町歩余りを全部小作して食糧増産に努めているが、渡辺正さんが兵に出たまま生死不明となっている上に、実弟五郎さんが戦災の為帰郷、わずかに五畝歩を農耕して一家を支えようとしているので、同村に三町六段歩の土地を持つ地主とも見えぬこの気の毒な生活振りを見て、渡辺勇さんは借りている一反五畝の水田を今年から作って食生活を切りぬけて下さいと、農地委員会を通じて返還した。一坪の土地もなかなか手放そうとしない中に珍しい地主小作人の情愛と噂されている（山日47.5.24）。

このような事情について47年9月から県農地部農地課に勤めて農地改革の実務を担っていた五味篤義氏[11]は次のように語っている（91年11月29日聞取り）。

「地主でも若いときにはたくさん作ったけれど、歳をとって自分で作れんから、貸しちゃって、それが買収にひっかかって、生活に困るんですよ。そうすると小作人の方も分かっていますからね。おれ達だけ生きりゃあいいというものではない。地主さんも生きなきゃならん。だから話合いで、地主さんにも返して、おれ達も生きれるようにしようじゃないかという話が小作人の方から出てきたところが多いんです。そうすると、小作地を7反残して（地主の自作地になる）、そしてあと買収してしまう。結局厳密にいえば法律違反ですがね。そいうものを全部買収しちゃってもいいようになっているんですが、それじゃあやっぱり昔からの関係で、地主の困るのを見て、知らん顔という訳にはいきませんでしょう。お互い人間うまくやろうじゃないか、というような話合いをやったところもございます（噂としてはずいぶんあった）。かなりそういうことで助かった地主さんもあるですよ」「小作人がそのつもりであれば、別に県の方では文句は言いません、それで話合いがおとなしく出来るならば」。

また個人的な経験を次のように語っている。

　私のうちは現在の韮崎市で、当時は龍岡村というというところです。そこで親父が年とって、病気になって全部貸しちゃったんです。全部貸せば全部買収になるのが建前なんです。それじゃあ地主がかわいそうだと、小作人の一部の人が重立って話合いをしてくれたんですよ。で、私も出席しろというから出席しました。五味さんも生活がえらいんだから、皆で少し土地を返してやろうじゃないか、五味も生きていけるようにやろうじゃないかと言うと、皆、そうだ、それはいいことだ、ということで、今度は個々に入って、じゃおまえたくさん作っているから、小作人だったし、関係も深いから（私のところの子分だった人ですよ）。ところがその人は「別に子分でも何の関係もないんだ、俺は出さん」というので、他の小作の方が怒っちゃって、「おまえがそんなこと言うんじゃ話にならん、それじゃおしまいだ」、ということになっちゃったことがあるんですよ。私なんかは土地は返ってこないです。皆、「とんでもない野郎だ」とは思っていても、口には出して攻撃はしません、欲が深すぎるということは感じま

すけどね、個人的な攻撃はしません。

　この発言は改革過程での村落内調整の特質をよく示している。第一に、法的には地主の土地取上げは相当困難であった。この点は五味氏の「遡及買取は小作人の申し出があれば、厳格に適用された」という別の言葉でも表現されている。第二に、生活困難な地主に対しては村落共同体としての対応がなされ、それは「地主の攻勢」という性格のものとは異なる。第三に、そうした脱法的なこと（厳密にいえば法律違反）は特殊例外的なものではなく、かなり一般的に行われたのではないかと推測される。第四に、そうした村落内規制は強制力をもたず、小作人が拒否することができたこと。第五に、拒否した場合には、「とんでもない人」だとか「恩知らず」であるとか「強欲」であるとかいう、村落内での評価を甘受しなければならないこと、したがって通常の場合、村落内での話合いの結果をある程度受け入れざるをえなかったであろうということ（村落内での調整はいわばモラル・エコノミーの性格をもつ面があった）。五味氏居住の龍岡村の隣村野牛村では、小作人から地主に少しずつ返してもらう形で円満な土地返還を実現したし（五味氏からの聞取り）、五味夫人の実家（甲府市相川）でも小作地を半分ずつ返還してもらった。また、龍岡の五味氏宅でも、その後親しい小作人から、自宅に地続きの7畝を返してもらい（その小作人は別の人から譲り受ける――これも村落内調整の一つとも考えられる）、当初さつまいもを、後に米を作ることになる（95年12月12日五味文恵氏からの聞取り）。

　以上の農地改革過程の検討で次のような農村の意識が指摘できる。

①農地委員会が介在して地主・小作間の「妥協」・「調整」がなされる場合には低価格での買収・売渡に当って、地主に対する多少の譲歩は止むをえないとする共通認識（市場経済意識）があり、それが改革を円滑に進める条件となっている。

②改革過程で「地主の横暴」「封建的な関係」「小作農の無知」といわれるような地主の利益を確保する形が強く出る場合には、市場価格から逸脱した

価格での土地取得についての小作農の不安、被買収地主に対する申し訳ないという意識があって、それが改革過程に影響を与えたと考えられる。
③村落内での地主の生活に配慮する調整がなされる場合には、村落内構成員の生活を保証するのは共同体の役割だとする、共同体的生活意識（モラル・エコノミーともいうべき意識）が存在したと考えられる。

　農地改革過程は、①②の市場経済（農地の市場価格）についての共通意識と、③の戦後の混乱期の生活保証というモラル・エコノミー的な意識との、異質な二つの意識の中で、多少の逸脱（地主・小作間の種々のやりとりや農地委員会での調整）をともないつつ、展開されたといってよいであろう。
　しかし、村落内調整には限界がある。改革過程で問題が多かった南都留郡の七町村について「農調法の精神が徹底せず、……強い封建性から依然地主の勢力によって強く農地改革の進行を阻んでいるものと見られている。そこで県ではこれらの不良村に対し断固たる処置をとる模様で、早急に指導班を派遣しその実情を調査すると共に、改革遂行を強力に指導すること、なった」(山日47.7.5) といわれ、県の介入を招くことになる。「村の平和」にとって望ましい調整とは、県の介入を招かないレベルの「公平さ」「譲り合い」による調整であった。

むすび――全国の動向について

　農地改革過程で土地の取上げ、土地のやみ売りが広範に行われたことについては、ほとんど全都道府県について指摘されている。ここでは特徴のあるいくつかの県を検討しよう。
　長野県では、「第一次改革当時行われた土地売逃げについては、――その後も減少する傾向はみられなかった。売逃げの大部分は表面化していないため、その規模は容易に推測しがたい――日本勧業銀行土地売買価格調査によれば、『農地調整法および自作農創設特別措置法に規定する統制価格とは関係なく、売手、買手ともこの辺なら相応とみとめられる呼値、気配等の自由価格の中庸』」[12] が存在した。

埼玉県では「多くの農地委員会を支配して居た思想は、所謂『封建的な義理人情論』であり『耕作者の地位の安定』といふ原則に『耕作する地主の若しくは耕作せんとする地主の地位の安定』といふ原則が持ちこまれ、せいぜい『地主と小作人との折半』が公平な原理として委員会の農地引上げに対する裁断の基準となってゐるといふ状態であった」[13]。

農地改革過程での小作地引上げを詳細に記録しているのが『徳島県農地改革史』である。「農地委員会は一般的に言って妥協的、協調的でよく言えば中立的であった」、「大勢は割合に円満で協調的であった」、「問題が紛糾すれば必ず妥協工作が行われ円満に関係者の間で妥協されゝばそれが一番好いものである」、「問題を解決するためには妥協を主要な要素と考えざるを得なくなる」[14]等の文章が村落内調整の広がりを示している。このような調整の基礎には次のような「常識」が村落内に形成されていた。

> 小作側が法律的立場に立つ主張であるのに反して、地主側は多く常識的な温情論であった。元来農村には、地主と小作人は親子の関係にあると言う醇風美俗がある。この上夢想だにしなかった大改革が晴天の霹靂きの如く地主の上に下されたのであるから、誰しも多少の同情は禁じ得ない。
> 皆んなが一応気の毒だと言う感じを持っている。こういう感情的な地盤は保守勢力に取って最も都合の好い温床である。だから地主側の主張が常識的な温情論であっても、否、その主張が常識的な温情論であるが故に大きな影響力を持つのである[15]。

つまり、小作人の「譲歩」による妥協を小作農に受け入れさせる意識の存在である。

このように行われた土地取上げは、村レベルの農地委員会については次のような形で行われた。

同県池田町では、「農地改革の前途を見通した地主は小作人に対し統制価格以上を要求し、——自作農創設面積——の過半数は統制価格違反反当価格徳島県平均八八二円に対し、多いものは五千円、少ないものでも二千円程度を要求した。秘密裡に行われ、価格違反の確認を握ることが極めて困難であった」[16]といわれ、阿波脇町では、「土地売り逃げは統制外価格によって総面積の五割

が取り引きされたとされ、特に政治的関係者、教員、官公吏知識階層に多く見られたと言われている」[17]、「当時義理人情にからまれた温厚な小作人より不法取り上げされた土地の小作権の回復措置が取沙汰されなかった件数は改革事業の蔭に可成り多く眠っていたものと思われるものであり、かくして当町に於いては、この事が改革の平穏さ——に大きな役割を果たして買収売渡が順調に進捗したものと思われるのである」[18]と記されている。二つの町村では「地主の要求」「義理人情」という表現で「統制価格」を上回る農地価格についての意識が形成されていたことを示している[19]。

●注
1) 1960年代までの研究については、農民運動史研究会編『日本農民運動史』(1961年)、青木恵一郎『日本農民運動史(全6巻)』(1959〜62年、日本評論社)が手がかりとなる。
2) 『栗原百寿著作集Ⅳ』(1978年)98頁。なお戸塚喜久「『各府県農地改革史』解説」(1990年)は、各府県農地改革史の記述を整理して、改革は順調に進捗し、紛争問題は法の周辺部に限られることを記している。栗原の指摘は全国的に確認されたといえよう。
3) 4) 西田美昭編著『戦後改革期の農業問題』(1994年、日本経済評論社)249、520頁。
5) 農地改革の研究状況については『農地改革論Ⅱ(昭和後期農業問題論集2)』(1986年)の暉峻衆三「解題 農地改革をめぐる論議」、庄司俊作『日本農地改革史研究』(1999年、御茶の水書房)を参照されたい。庄司著書は改革時の小作地引き上げと農民運動との関係を詳細に論証している。
6) 本稿は、群馬県について検討した拙稿「農地改革」(『日本村落史講座5』1990年)を踏まえ、村落内調整の意識を明らかにするという視点から分析したものである。
7) 『農地改革資料集成第7巻』(1977年)666頁。
8) 農地改革の基礎法である自作農創設特別措置法は、第三条で政府が買収する農地について細かく規定しており、改革逃れの違法・脱法行為は困難であることが理解される。しかし同法第六条で農地買収の手続きを市町村農地委員会に一任し、「自作農となるべき者の農地を買い受ける機会を公正にすること」「田畑の割合を適正にすること」と規定し、第十八条では売渡の手続きを市町村農地委員会に一任している。県農地委員会への訴願を呼び起こさない程度の調整を行う条件は存在したと考えられる。
9) 「八代村農地委員会議事録」は『山梨県史・資料編18』135〜142頁に収録されている。
10) 忍野村の地主小作関係、農地改革(土地取上げ・土地のやみ売り・やみ小作料など)については古島敏雄編『山村の構造』(1950年、御茶の水書房)を参照されたい。同書では、「このむらにおけるあまりにも地主的な農地改革を生

んだものは……地主の小作に対する圧倒的な力の優位という、地主小作間の対抗的な力関係だと」指摘している（279頁）。また「かかる状態を生じた一番直接の原因は、農地改革法令の公布直後に、農民組合に対抗して作られた地主会の力と、これに気脈を通じた旧農民組合側の裏切分子の暗躍であった。その著しい例は、小作農の利益を代表して小作農のために農地改革を闘いとるはずの小作委員のうち二人——しかもそのうち一人は旧農民組合の組合長であった——と、農地改革の実務を握っている主任書記（自作委員が兼任していた）とが、完全に地主側にだきこまれ、その手先となったことである」と記している（287頁）。

11) 五味篤義氏は、1913年北巨摩郡龍岡村生れ。京都帝国大学法学部卒業。三菱重工、住友本社などを経て46年7月山梨県警察部勤務後、47年9月山梨県農地部農地課勤務、農地改革に携わる。なお「農地被買収者給付金認定通知書」によると、五味家の被買収小作地は、3町8畝である。なお、五味氏の証言は『山梨県県史・資料編18』143～44頁に収録されている。

12) 信濃毎日新聞社文化部編『長野県に於ける農地改革』(1949年) 252～254頁。

13) 農地委員会埼玉県協議会編『埼玉県農地改革の実態』(1949年) 325頁。

14) 15) 徳島県農地部農地課編『徳島県農地改革史』(1951年) 187～188頁、206～207頁。

16) 池田町史編纂委員会編『池田町史（中巻）』(1983年) 448頁。

17) 18) 国見慶英『阿波脇町の農地改革と農委会史』(1987年、個人出版) 16頁、33頁。

19) 個別事例を挙げれば、都市に近い機業地帯にある愛知県中島郡朝日村では「解放売渡価格がかなり広範に、公定価格を上廻ったことである。もちろん農地委員会において闇価格を公認したのではなく、地主と小作人の個別的取引を黙認したにすぎない。——その額は一般的には〔公定価格＋各土地の一年間の小作料の半分を現物で支払う〕といわれていた」(高橋伊一郎・白川清『農地改革と地主制』1955年、御茶の水書房、186～187頁)。

第9章

小作争議発生・終息の経済的条件
——米生産費調査の検討——

はじめに——米生産費調査（小作農）の特徴

　小作争議発生の経済的メカニズムは主として労働市場との関係で検討されてきた。通説といえるものは暉峻衆三の「小作農の労賃意識の形成」によって小作争議が発生したとする説である（暉峻『日本農業問題の展開　上』1970年）。暉峻説の問題点は、(1) 小作争議の発生は「労賃意識の形成」からではなく「労賃意識を前提として」検討すべきではないかという点と、(2) 小作争議の発生と同時に小作争議の終息を説明する論理が必要ではないかという点の２点である。以下本稿では、帝国農会・農林省米穀局の米生産費調査（小作者）の検討で小作争議の発生・終息のメカニズムの説明を試みる[1]。

　まず、表9-1で米生産費の構成をみよう。生産費調査は何度か調査方法が変わるが、ここでの考察に大きな影響はないと考えてよい。表示した1922年帝国農会調査は本格的な生産費調査の出発点であり、1937年帝国農会調査は調査項目がかなり詳細になる最初の年である。1933年農林省調査は農林省調査として調査項目が整備された最初の年である。

　収入をみると、粗収益のおよそ9割が玄米収益で、約1割が副収入である。小作農の収入は基本的には小作米納入後手元に残る米の量と米価で左右されることになる。手元に残る米の量を所与とすれば、小作農の収入は米価によって

表9-1 米生産費の構成（主要項目）

	帝国農会 1922年	帝国農会 1937年	農林省 1933年
調査戸数	57	322	785
労賃	36.92	22.55	20.46
小作料	33.57	32.26	20.64
農業諸経費	29.11	21.96	19.72
反当生産費	99.60	76.77	60.82
反当副収入	7.20	7.09	4.70
反当生産費（副収入差引）	92.40	69.68	56.12
石当生産費	35.17	28.71	23.84
反当玄米収量（石）	2.627	2.427	2.551
反当粗収益	80.26	82.25	58.25
うち玄米収益	73.06	75.16	53.55
副収入	7.20	7.09	4.70
耕作面積（反）	11.222	15.024	14.162
稲作面積（反）	—	11.724	14.162
うち小作地	—	—	13.265
小作料（石）庭先相場	1.206	1.132	1.165
小作権価格	—	20.54	—

出所：『農業経済累年統計4 米生産費調査』（1974年）pp.4-5、99による。

決定され、米価が上がれば小作農の収入は増え、下落すれば減ることになる。

　次に生産費構成をみると、費用項目は大きく分けると労賃・小作料・農業諸経費（これには種籾・肥料・諸材料・畜力・農具・建物などの費用が含まれる）である。このうち雑多な農業諸経費は小作農にとっては所与の費用であり、労賃部分は基本的には小作農の家族労働に対する費用である。労賃部分は伸縮自在な費用ともみなしうるが、現実の農村社会では一応の目安があり、それは農業日雇賃金だと考えるのが通説になっている（ただし農業日雇賃金そのものではない。小作農であることのプラス面を考慮すると、農業日雇賃金を多少下回る水準が労賃部分の目安になると考えてよい）。このような生産費構成の下で反当収量と小作料を一定とすると、小作農の米生産費は労賃部分の増減で変化することになる。いいかえると、日雇賃金が上昇すれば生産費中の労賃部分

は増加し、それとともに生産費も増加する。逆に日雇賃金が下落すれば生産費中の労賃部分と生産費は減少することになる（ここでは議論をわかりやすくするため農業諸経費の変化を考慮しない）。日雇賃金が高いと生産費中の労賃部分では目安となる日雇賃金水準の収入をかなり下回る収入しか得られず、逆に日雇賃金が低いと労賃部分で日雇賃金水準かそれ以上の収入が得られることになる。

　小作農の収入と生産費を以上のように考えると、小作農の農業経営は収入面では米価に左右され、生産費の面では日雇賃金の水準に左右される性格をもっていることが理解される。いいかえると小作農家の経営では、米価が高いほど有利で農業日雇賃金高いほど不利だということになる。

1．米生産費の特徴

　米生産費の特徴を「米生産費調査」の小作経営で検討するが、検討の前提として表9-2に男子日雇賃金・米価・農業経常財（農業経常財には種子・肥料・農薬・飼料・諸材料などが含まれる。生産費調査の農業諸経費に近い費用である）の価格の推移を示した。表9-2の（a）は農業日雇賃金の実質指数、（b）は米価の実質指数である。小作経営指数（c）は小作農経営の収入面を示す米価指数から費用面を示す日雇賃金指数を引いた差であり、小作農業経営の大凡の目安を示すものである。米価指数から日雇賃金指数を引いた小作農経営指数が大きいほど小作農に有利、マイナスになると不利になることを示す。1910～19年の経営指数はほぼプラスで推移する。小作経営は安定的であると推定される。1920年以降33年まで小作経営指数はマイナスが続き、特に1922～30年のマイナスが大きい。商工業の発展・都市化の進展にともなう賃金上昇と植民地米移入の増加による米価低迷によるものである。このような小作条件の悪化で1922年以降小作条件の変更を迫られていたことになる。この場合米価の引上げが方法としてはありうる。実際に帝国農会などの米価引上げ運動が行われたが[2]、小作経営にとって十分な米価水準の実現は困難であった。日雇賃金・農業諸費用の引下げによる小作条件の改善はそれが市場で決定されるため、同じく困難である。小作条件を改善する方法として小作料の引下げ＝小作争議が

表9-2 農業日雇賃金（男子）・米価・農業経常財価格の推移

	日雇賃金（銭）	米価（石当円）	日雇賃金指数 (a) 1934-36=100	米価指数 (b) 1934-36=100	農業経常財価格指数 1934-36=100	小作経営指数 (c) (b)-(a)
1910	41	12.68	45.6	46.1	82.15	0.5
11	44	17.30	48.9	62.9	87.55	14.0
12	44	20.77	48.9	75.6	98.51	26.7
13	48	20.73	53.3	75.4	97.07	22.1
14	49	13.09	54.4	47.6	90.19	-6.8
15	46	12.41	51.1	45.2	75.41	-5.9
16	48	14.14	53.3	51.4	84.77	-1.9
17	54	20.23	60.0	73.6	117.43	13.6
18	74	33.34	82.2	121.3	160.10	39.1
19	120	47.54	133.3	173.0	202.50	39.7
20	139	37.15	154.4	135.2	220.14	-19.2
21	152	36.58	168.9	133.1	136.63	-35.8
22	155	26.71	172.2	97.2	143.59	-75.0
23	163	31.95	181.1	116.3	142.27	-64.8
24	166	38.73	184.4	140.9	151.46	-43.5
25	165	35.74	183.3	130.0	165.63	-53.3
26	161	33.03	178.9	120.2	139.66	-58.7
27	150	28.41	166.7	103.4	120.37	-63.3
28	147	27.08	163.3	98.5	127.33	-64.8
29	144	26.61	160.0	96.8	123.17	-63.2
30	112	16.72	124.4	60.8	93.20	-63.6
31	90	16.54	100.0	60.2	70.92	-39.8
32	82	20.45	91.1	74.4	82.92	-16.7
33	84	20.24	93.3	73.6	88.00	-19.7
34	84	26.71	93.3	97.2	91.58	3.9
35	91	28.04	101.1	102.0	103.46	0.9
36	95	27.70	105.6	100.8	104.89	-4.8
37	104	31.24	115.6	113.7	122.30	-1.9
38	124	32.99	137.8	120.0	134.46	-17.8
39	171	41.68	190.0	151.7	162.24	-38.3
40	—	41.95	—	152.6	176.57	—

出所：男子日雇賃金は『長期経済統計8 物価』p.245、米価は同書pp.168-170、米価指数（1934～36＝100）は同書pp.166-167、農業経常財指数は『長期経済統計9 農産物』pp.188-91（リンク指数V）による。

避けられないものとなる。1920年代の小作争議の勃発と拡大は経済的条件からみて必然性があったのである（植民地米の移入増加による米価低迷が小作争議の原因となっている点で小作争議は「帝国」の問題といえる）。

2．米生産費調査の検討

　日雇賃金・米価の動きは小作農の米生産費にどのように影響するであろうか。表9-3で1922～24年の小作農の生産費調査をみよう。22・23は表9-2の小作経営指数が著しく悪化する年である（実質米価は下がり、実質日雇賃金は上がる。したがって両者のマイナスの差が大きくなる）。そのため小作農の収支は悪化し、小作者純収益を労賃で割った労賃充足率は47.6％、52.5％とかなり低い数値を示すことになる。ただし実際には小作争議で小作料が引き下げられて労賃充足率はそれほど低くはなってないと考えられる（帝国農会の調査は実納小作料を示していない）。1924年は米価の上昇と日雇賃金の上昇停止で小作経営指数のマイナス幅が小さくなったため（その上に、前年に比べて反当収量が増加したにもかかわらず小作料は若干低下するという小作争議の明らかな影響もあり）、小作経営は大幅に改善され、労賃充足率は100.0％となる。この3年を平均すると労賃充足率は66.7％となっているが、現実には小作争議で小作料が減額され、賃金充足率は若干高くなると考えられる。1925～29年は表9-4に示した。1925～29年の小作経営指数（表9-2参照）は改善されてないが労賃充足

表9-3　小作農の米生産費調査（帝国農会）1922～24年

	反当収量 石	反当粗収益 (a)：円	労賃 (b)：円	農業諸経費 (c)：円	小作米 石	小作料 (d)：円	小作者純収益 (e) (a)−(c)−(d)：円	労賃充足率 (e)/(b)×100
1922	2.627	80.26	36.92	29.11	1.206	33.57	17.58	47.6
23	2.378	83.94	34.72	26.11	1.200	39.59	18.24	52.5
24	2.463	102.44	35.38	21.90	1.195	45.16	35.38	100.0
1922-24 平均	2.489	88.88	35.67	25.71	1.200	39.44	23.73	66.7

　出所：『農業経済累年統計4　米生産費調査』（1974年）p.4による。農業諸経費には種子・肥料・諸材料・畜力・農具・建物の費用が含まれる。

表9-4　小作農の米生産費調査（帝国農会）1925～29年

	反当収量 石	反当粗収益 (a)：円	労賃 (b)：円	農業諸経費 (c)：円	小作米 石	小作料 (d)：円	小作者純収益 (e) (a)−(c)−(d)：円	労賃充足率 (e)/(b)×100
1925	2.559	104.39	31.25	24.51	1.137	42.65	37.23	119.1
26	2.452	91.26	27.54	24.23	1.134	37.40	29.63	107.6
27	2.592	81.44	28.40	20.04	1.044	31.07	30.33	106.8
28	2.553	77.78	27.14	22.53	1.120	30.92	24.33	89.6
29	2.628	80.28	30.83	21.94	1.174	32.98	25.36	82.3
1925-29 平均	2.557	87.03	29.03	22.65	1.122	35.00	29.38	101.1

出所：『農業経済累年統計4　米生産費調査』（1974年）p.4による。農業諸経費には種子・肥料・諸材料・畜力・農具・建物の費用が含まれる。

率は高い年で119.1％、低い年で82.3％、平均で101.1％となる。この間反当収量が増加する中で（1922～24年平均2.489石から1925～29年平均2.557石に0.068石の増加）小作料が1922～24年平均の1.200石から1925～29年平均の1.122石へ0.078石減少したことが賃金充足率にプラスに影響している。反当収量増加の中での小作料減少は小作争議の影響が大きいと考えられる。この両者を合わせると0.146石となる。0.146石を1925～29年平均の米価で計算すると年当り4.41円となる（表9-4の小作者純収益に占める比率でみると15.0％となりかなり大きな意味があることがわかる。4.41円を差し引いたと仮定して計算すると小作者純収益の労賃充足率は86.0％となり、15％低下する）。ただし1925～29年の調査には留保が必要である。というのはこの期間には労賃部分の評価方法に変更があり（『農業経済累年統計4』3～4頁の解説）、労賃部分が低く評価されている。表9-5にみるように、1922～24年の調査では『長期経済統計』の数値とほぼ等しい（平均で98.8％）のに対し1925～29年には80-90％の間にある（ちなみに米価をみると表9-6のように生産費調査と『長期経済統計』の数値はほぼ一致する。なお1925～29年帝国農会調査以外の生産費調査の労賃・米価は帝国農会調査・農林省調査ともにほぼ『長期経済統計』の数値と一致する）。表9-7に『長期経済統計』の日雇賃金で修正した労賃充足率を示した。労賃充足率は10～15％ほど低下する。労賃評価の一貫性から考えると修正値での検討が適格ではないかと思われる。1925～29年は小作争議が一段落し、小作料もほぼ確定す

表9-5　小作農の1日当り労賃（1922～29年帝国農会米生産費調査）

	帝国農会調査			長期経済統計	生産費労賃の評価比率
	労賃 (a)：円	反当労働日数 (b)：日	一日当労賃 (a)/(b)：銭	男子日雇賃金 (d)：銭	(c)/(d)：%
1922	36.92	23.1	160	155	103.2
23	34.72	22.3	156	163	95.7
24	35.38	22.0	161	166	97.0
1922～24平均	35.67	22.5	159	161	98.8
1925	31.25	22.5	139	165	84.2
26	27.54	20.8	132	161	82.0
27	28.40	21.0	135	150	90.0
28	27.14	22.1	123	147	83.7
29	30.83	26.5	116	144	80.6

出所：『農業経済累年統計4　米生産費調査』（1974年）p.4、男子日雇賃金は表9-2による。

表9-6　帝国農会調査と『長期経済統計』の米価比較

	帝国農会調査			長期経済統計
	反当玄米収量 (a)：石	反当玄米粗収益 (b)：円	1石当価格 (b)/(a)：円	1石当米価 円
1922	2.627	73.06	27.81	26.71
23	2.378	75.90	31.92	31.95
24	2.463	93.83	38.10	38.73
1922～24平均	2.489	80.93	32.61	32.46
1925	2.559	96.40	37.67	35.74
26	2.452	85.08	34.70	33.03
27	2.592	74.13	28.60	28.41
28	2.553	70.28	27.53	27.08
29	2.628	73.09	27.81	26.61

出所：『農業経済累年統計4　米生産費調査』（1974年）p.4、長期経済統計の米価は表9-2による。

る時期である。この時期の農村社会で合意される労賃充足率はやや高めにみて90％程度であったと考えられる。1922～25年の小作争議が最も激しかった時期に、小作農にとって不利な市場条件（日雇水準上昇・米価低迷）下で改訂され

表9-7 『長期経済統計』日雇賃金による小作農の労賃充足率推計（帝国農会調査）1925〜29年

	日雇賃金(a)：銭	労働日数(b)：日	推計労賃(c)(a)×(b)：円	小作者純収益(e)(a)-(c)-(d)：円	労賃充足率(e)/(b)×100
1925	165	22.5	37.13	37.23	100.3
26	161	20.8	33.49	29.63	88.5
27	150	21.0	31.50	30.33	96.3
28	147	22.1	32.49	24.33	74.9
29	144	26.5	38.16	25.36	66.5
1925-29平均	153	22.6	34.55	29.38	85.3

出所：日雇賃金は表9-2、小作者純収益は表9-4による。

表9-8 小作農の米生産費調査（農林省）小作農労賃1933〜40年

	反当収量石	反当粗収益(a)：円	労賃(b)：円	農業諸経費(c)：円	小作米石(d)	小作料(e)：円	小作者純収益(e)(a)-(c)-(e)：円	労賃充足率(e)/(b)×100
1933	2.551	58.25	20.46	19.72	1.165	20.64	17.89	87.4
34	2.127	63.64	19.82	19.76	1.064	24.25	19.63	99.0
35	2.274	69.77	20.01	19.94	1.111	25.70	24.13	120.6
36	2.487	75.34	19.23	20.64	1.145	26.36	28.34	147.4
37	2.488	84.44	21.00	22.09	1.133	28.56	33.79	160.9
38	2.532	92.34	23.22	24.61	1.142	31.19	36.54	157.4
39	2.759	123.14	29.11	28.64	1.124	37.03	57.48	197.5
40	2.429	113.48	33.57	36.21	1.133	36.39	40.88	121.8

出所：『農業経済累年統計4 米生産費調査』（1974年）p.99による。
注）農業諸経費には種籾・肥料・畜力・農舎・農具・諸材料・租税公課・土地資本利子などの費用が含まれる。

た小作料水準（小作農にとって最悪の条件下でも納得できる小作料水準）がその後継続されることになる（表9-2で示される小作経営指数のマイナスがかなり大きくなっている1926〜30年には、小作争議の結果米価下落をカバーする小作料減額が実現されているため、賃金充足率は上昇し、小作料減額争議拡大の条件はほぼ消失していたことになる）。

1931年以降米生産費調査は農林省調査となる。調査項目が整備されている1933〜40年を検討しよう（表9-8、1931・32年は調査項目に欠落があり検討困

表9-9　小作農の米生産費調査（帝国農会1937～40年）

単位：円、（ ）は%

	反当収量 石	反当粗収益 (a)	労賃 (b)	農業諸経費 (c)	小作米 石	小作料 (d)	小作者純収益 (e) (a)−(c)−(d)	労賃充足率 (e)/(b)×100
1937	2.427	82.25	22.55	21.96	1.132	32.26	28.03	127.6
38	2.479	89.35	25.28	23.96	1.183	34.65	30.74	128.3
39	2.636	117.64	34.99	29.40	1.149	42.57	45.67	130.5
40	2.380	111.11	39.87	36.80	1.154	41.07	33.24	83.4

出所：『農業経済累年統計4　米生産費調査』(1974年) p.5による。

難）。米価の上昇と日雇賃金の上昇率縮小を受けた小作経営指数の改善で労賃充足率は大きく上昇し、35年以降120％を超え、39年には197.5％という大きな数値を示すに至る（なお、1934年は全国的な凶作の年であり、実納小作料は低くなり、労賃充足率は高くなると思われる）。1930年代に小作料値上げの動きが各地にあり、また土地返還争議が増加するのは、恐慌による労働機会の縮小だけではなく、農業経営上も中小地主の自作地拡張要求が強くなる条件が形成されていたのである。

1937年に再開される帝国農会の小作者生産費調査を1937～40年についてみると（表9-9）、労賃充足率は39年まで120％を超えており農林省調査と同じ傾向を示している。農林省調査が高いのは、実納小作料で計算されているため、小作料が低めになることと、反当労働日数が農会調査約20日であるのに対し農林省調査19日弱であることによると考えられる（労賃充足率計算の分子が大きく、分母が小さくなる。なお、反当労働日数の差は経営効率の差である）。両者の数値の差は見かけほど大きくはないと考えてよい。

3．農民組合の小作損益計算書について

小作争議の過程で小作組合が小作料減額要求の根拠を示すため「小作損益計算書」が作成される。小作組合が作成する計算書については慎重な検討が必要である。例えば暉峻衆三『日本農業問題の展開　上』の計算書（同書265頁、表9-10参照）は収入の部の米価を石当り30円に見積もるが、1921年の長期経済統計の米価は36.58円であり、収入が低く見積もられている。支出の部では労

表9-10 暉峻「小作損益計算書」の検討

		暉峻「小作損益計算書」(1921年)			長期経済統計による推計(1)		長期経済統計による推計(2)	
	収支項目	金額	数量	備考	金額	備考	金額	備考
収入の部	米	72.00	2.74石	1石=30円	100.229	1石=36.58円	73.185	1石=26.71円
	屑米	0.75	5升	1升=15銭	0.75	1升=15銭	0.75	1升=15銭
	藁	0.75	75束	堆肥原料差引	0.75	堆肥原料差引	0.75	堆肥原料差引
	収入計	73.50	—	—	101.729	—	74.685	—
支出の部	土地借料	40.50	1.35石	1石=30円	49.383	1石=36.58円	36.059	1石=26.71円
	苗代実費	2.935	—	実費計算	2.935	実費計算	2.935	実費計算
	肥料	14.93	—	大豆粕他	14.93	大豆粕他	14.93	大豆粕他
	農具損料	3.00	—		3.00		3.00	
	労賃	45.045	1回130銭34.65人		34.96	1日152銭23人	35.65	1日155銭23人
	支出計	106.41	—		105.208		92.574	
小作者純収入				12.135円		31.481円		17.761円
賃金充足率				26.94%		90.05%		49.82%

出所:小作者純収入=収入計-労賃以外の経費、賃金充足率=小作者純収入/労賃×100。暉峻『日本農業問題の展開 上』p.265の表による。

注) 長期経済統計による推計(1)は1921年の日雇賃金・米価(実数)、長期経済統計による推計(2)は1922年の日雇賃金・米価(実数)による推計。

賃45.045円となっているが、これはこの年の農業日雇賃金(152銭)で割ると29.6日となる。この労働日数はこの年の米生産費調査の反当たり労働日数22～23日からみて過大である。この計算書では収入は過少に、支出は過大に評価されている。そのため賃金充足率は26.94％という著しく低い数値を示している。暉峻計算書を長期経済統計(表9-2)の1921年の米価・日雇賃金で推計すると賃金充足率は90.05％とかなり高くなる(推計1)。ただし、翌1922年の長期経済統計の数値で計算すると賃金充足率は49.82％となり(推計2)、農民組合の小作料引下げ要求は根拠あるものとなる。

なお、「小作損益計算書」は初期小作争議で小作料減額を根拠づけるために各地で作られている。日本農民組合機関紙『土地と自由』に掲載されている計算書をみると、米生産費調査に比べて農民組合の生産費(労働日数・賃金・農業諸経費)は大きく示されているため、小作料支出を合わせて収支計算をすると計算書は大きな赤字を示すことになる。すでにみたように、そうした不自然な数値操作なしでも1920年代前半には小作料引下げを求める争議は根拠をもつ

ものであった[3]。なお、1924年以降『土地と自由』に計算書が現れないのは小作争議の過程で小作料の引下げがあり、小作料引下げを求める根拠として弱くなったためであろう。

●注
1） 帝国農会調査と農林省調査には調査項目など多少の違いがある。調査方法・調査項目などの解説については『農業経済累年統計4　米生産費調査』（1974年）1～5頁、および『農業経済累年統計6　農産物生産費調査史』（1975年）55～86頁を参照されたい。全体として帝国農会調査の生産費が高くなっているが、両調査の大きな違いの一つは小作料評価の方法である。帝国農会の調査では「小作料は実納小作料により、現物の場合は調査終了時の庭先相場をもって評価するが、地主から奨励金穀などある場合は、それを小作料から控除し、また納付に要する労賃、その他の費用を加算する。ただし、調査終了時において未納の場合は契約小作料によるものとする」とある。調査終了時点で小作争議が継続している場合、小作料減免額が算入されず、小作料が高く示されることになる。小作争議が多い時期の調査小作料については考慮が必要となる。農林省調査では「実納小作料を収穫終了当時の農家の庭先価格により評価した実納小作料評価額に、小作料納入費用を加えたものより奨励金または奨励米評価額を差引いた額に小作粗収入の米作及び裏作粗収入に対する割合を乗じて得た米作負担額を小作料とした」とあり、帝国農会調査の「ただし書き」がない。この小作料規定を受けて農林省調査は「類似通常小作料」とともに「実納小作料」を明示している。なお、米生産費調査は自作者・自小作者・小作者別に行われている。小作者の調査は、帝国農会1922～29年、1937～45年、農林省1931～42年がある（1930年は両者とも調査を欠く）。
2） 玉真之介「系統農会による米投売防止運動の歴史的性格―岡山県の分析を中心に―」（岡山大学産業経営研究会『研究報告』23、1988年）、帝国農会史稿編纂委員会編『帝国農会史稿　記述編』（1977年）292～315頁参照。
3） 『土地と自由』に掲載されている「小作損益計算書」で労働日数・賃金・農業諸経費が比較可能な形で記載されているのは第9号（1922年9月25日）、第17号（1923年5月25日）、第18号（1923年6月25日）にある17の計算書である。多少の差はあるが、いずれも労働日数・賃金・農業諸経費が米生産費調査の数値・長期経済統計の数値より大きく、経費が過大に計上されている。慎重な検討が必要な所以である。

補論1　小作経営の改善はどの程度だったか

　小作料・小作農取分の趨勢を『長期経済統計』でみたのが表9-11である。小作争議が開始されて間もない1916〜20年平均を基準としてみると、小作料（実納）は反当収量によって多少増減があるが（1931〜35年は反収が前の時期に比べて減少しているため小作料は少なく、小作料率は高くなっている。また1936〜40年は収量がかなり多いため実納小作料は増加している）、停滞ないし減少傾向、小作者取分は増加傾向、小作料率は低下傾向を示している。1916〜20年を基準として小作者取分を計算すると、1926〜30年0.134石（15.8％）増、1931〜35年0.082石（9.6％）増、1936〜40年0.285石（33.5％）増となる。1936〜40年の小作者取分の増加は米生産力上昇の成果がほとんど小作農の収益に帰着するようになっていることを示している。小作農経営が改善され、その賃金充足率が100％を超えることになる事情が理解されよう。全国統計でみてこのような小作経営の改善がみられたのであるから、地方によってはさらなる小作農の経営改善・生活の向上が推測できる。

表9-11　米反収・小作料・小作料率・小作者取分（5ヶ年平均）

	反収：石	小作料：石	小作料率：％	小作者取分：石
1911-15	1.826	0.998	54.7	0.827
16-20	1.895	1.045	55.1	0.850
21-25	1.896	1.028	54.2	0.868
26-30	1.948	0.964	49.5	0.984
31-35	1.882	0.950	50.5	0.932
36-40	2.107	0.972	46.1	1.135

出所：反収（水稲）は『日本農業基礎統計』p.194-95、小作料は『長期経済統計9　農林業』pp.220-21による。

補論2　地域別・府県別小作料の推移

　日本勧業銀行の調査で地域別・府県別の小作料の推移をみたのが表9-12である。小作料減額の推移を1921～22年（a）と1931～35年（c）の比較でみる。両時期を比較するのは、小作争議の影響による小作料減額が小さい時期（1921～22年）と争議がほぼ終息し、小作料調整が基本的に終った時期（1931～35年）ということと、両時期の反当たり収穫量がほぼ等しく収穫量の差による小作料減額への影響が排除されるという事情による。全国平均の減額率は11.5%である。地域別をみると、近畿6県が17.6%の減額率であるのに対して表示の東北・北陸・四国・九州の4地域は全国平均以下である。東北6県だけが5.6%で格段に低い減額率となっている。府県別をみると、東京・神奈川・愛

表9-12　地域別小作料の推移

（単位：石・%）

年次		年平均小作料（石）				減額小作料	減額率（%）
		21-22 (a)	26-30 (b)	31-35 (c)	36-40 (d)	(e)=(a)-(c)	(e)/(a)×100
地域別	東北6県	1.025	0.976	0.968	0.982	0.057	5.6
	北陸4県	1.100	1.010	0.990	1.030	0.101	9.2
	四国4県	1.300	1.170	1.172	1.178	0.128	9.8
	九州7県	1.215	1.108	1.102	1.122	0.113	9.3
	近畿6県	1.355	1.120	1.116	1.138	0.239	17.6
府県別	東京府	1.075	0.954	0.890	0.970	0.185	17.2
	神奈川県	1.155	1.018	0.950	1.002	0.205	17.7
	愛知県	1.085	0.930	0.908	0.952	0.177	16.3
	大阪府	1.375	1.120	1.134	1.104	0.241	17.5
	新潟県	1.035	0.974	0.960	0.982	0.075	7.2
	岐阜県	1.070	1.066	1.044	1.006	0.026	2.4
	岡山県	1.360	1.204	1.180	1.210	0.180	13.2
	香川県	1.250	1.138	1.120	1.126	0.130	10.4
総平均		1.155	1.038	1.022	1.050	0.133	11.5

出所：日本勧業銀行『田畑売買価格及小作料調』（1942年）p.16による。
注）東北6県は青森・岩手・宮城・秋田・山形・福島、北陸4県は新潟・富山・石川・福井、四国4県は徳島・香川・愛媛・高知、九州7県は福岡・佐賀・長崎・熊本・大分・宮崎・鹿児島（各平均）。

知・大阪の4府県が17%前後でかなり高く、新潟・岐阜が低い（岐阜が低いのは特別な事情がある可能性がある）、岡山・香川はその間にある。地域別・府県別の小作料減額率の推移でみると、小作料の変化は小作争議の直接的影響よりも都市化の進み方（都市化が進んだ地域からの距離）に規定される面が大きいと思われる。主要争議地である新潟・岐阜・岡山・香川の減額率よりも争議がさほど激しくない東京・神奈川・愛知・大阪の減額率がかなり高いことがそれを示している。とはいえ、小作料減額には種々の要因が考えられるので（例えば労働市場・労働力需給の状態、地主小作関係＝小作争議のあり方、争議前の小作料レベル、各地の小作慣行、各年の反収など）、都市化だけで説明できるわけではない。しかし都市化にともなう労働市場の変化は有力な説明要因であるといってよい。

第10章

日本資本主義と農地所有
――地主の寄生形態およびその展開――

はじめに―課題

　本章は、日本資本主義と農地所有との構造的連関を考察し、その歴史的展開過程を、資本主義の発展期から第二次大戦後の高度成長期に至るまで検討することを課題とする。

　従来日本資本主義と「地主的土地所有」（地主・小作関係といいかえてもよい）とは異質な生産関係とされる傾向が強く、後にみるとおり、その相互関連の論理的解明は充分になされているとはいえない。

　そこで本稿では、第一に先行研究を検討し、その問題点を明らかにしつつ、日本資本主義と土地所有との関連（地主の寄生形態といってもよい）について、どう理解すべきかを提示する。そして第二に、その理解を前提として、資本主義の発展とともに、地主の寄生形態がどのように展開するかを検討しよう。

　なお、あらかじめ断っておけば、本稿は従来の研究成果に依拠しつつ新たな論理構成を試みたものであり、個別実証を目的とするものではない。というのは、資本主義と土地所有との関連という、いわば原理的な規定と、寄生形態の大枠としての展開とを検討するという本稿の課題を追究するためには、従来の研究上の蓄積に依拠することで、一応こと足りると考えるからである。

　もちろん、本章で提示する大枠の論証は、個別実証によって裏づけられるべ

き論点を多く含んでいる。そうした論点は、いずれ機会を改めて詰めることにしたい。

(研究史の検討 １) 中村政則の「地主制史研究」について

従来の地主制史研究の中で、資本主義と土地所有との関連を、その原理的規定（地主の寄生性とは何かという点についての考察）までさかのぼって検討した唯一といってよい研究が、中村政則の地主制史研究である。そこで予め中村政則の研究を検討しておこう[1]。

(1) 中村説の概要

中村はまず「日本資本主義と地主制との関連を、『地租および地代の資本への転化論』を方法的主軸とする地主制史研究の視点から究明していく」[2]（傍点は原文）と、地主制史研究の方法を提示する。そして「寄生とは一体、何にたいする寄生なのか。地主制史研究の戦後段階ではこの問題はまともにとりあげて検討されていない。せいぜい、地主が、生産的機能から遊離するとか、小作料に寄生するとかいった程度の『寄生地主』理解にとどまっていたのが実情である」[3]（傍点は原文）と研究状況に対する不満を表明した上で「寄生地主範疇は帝国主義の歴史的所産であるという観点を明確にしなければならない」[4]（傍点は原文）と考察の方向を示す。続いて寄生性をどのように理解すべきかを検討し「寄生地主は、(1) 小作人＝小作料、(2) 産業資本＝利潤、(3) 植民地超過利潤＝弱小民族の労働の搾取に寄生するという意味で、すなわち三個の視点＝三重の規定からその寄生性を理解すべきだ……。いうまでもなく、三重規定の論理的連関は、たんなる併列関係にあるのではなく、(1) の規定を基礎として (2) の規定が生じ、さらに (1)(2) の規定の上に (3) の規定が生じるという重層的な内的連関構造をもっている」[5]（傍点は原文）と地主の寄生性を規定し、「このいわば三重の規定をうけつつ、地主層は厳密な意味における寄生地主範疇としてみずからの姿態を完成させていくのである」[6]と範疇規定を与える。

(2) 中村説の研究史上の位置

このように中村説は、従来の「地主制」(＝土地所有関係)についての理解(地主が「小作料と小作農民に対して寄生する」とみる素朴な理解)を批判し、地主の寄生性を資本主義との関連で理解しようとする方向性を提示(＝帝国主義に対する寄生)したものである。中村地主制史研究は、いわば、地主制史研究におけるパラダイムの転換を示すものといえよう。

(3) 中村説に対する従来の批判

中村説に対する諸々の視点からの批判については、発表されている種々の書評に譲ることにする[7]。ここでは、論を進める上で関わる点だけを記そう。まず、有元正雄は『構成と段階』について、次のように批判する。

「本書は日本資本主義と地主制との構造的関連における『構成と段階』を明らかにした業績ではあっても、日本地主制そのものの『構成と段階』については必ずしも充分に明らかにしていない……。本書が日本地主制研究の理論的停滞を打破しようとした意欲は高く評価するが、そのことが逆に『日本地主制の構成と段階』の範囲を越えて、『日本資本制地主制相関論』、ないし『日本資本主義発達基盤論』となっていることは否定できない。……本書がその主力をそそぎ、中心的に明らかにしている明治三〇年代地主制確立説は……資本主義と……地主制が構造的に結合した時点……であっても、地主制そのものの確立とは異なるものではないか」[8]。

また伏見信孝は、『近代日本地主制史研究』について「氏の地主制確立の議論は……資本主義と地主制の関連を解明するものではあっても、地主制自体の確立を説明するものだとは直ちにはいえないであろう。……寄生地主範疇についても……氏の場合は範疇の拡張解釈ではないか」[9] (傍点は原文)と有元と類似の批評を加えている。

(4) 中村説の問題点

中村説に対する従来の批判は、中村説に含まれている問題点をえぐり出す方向を示してはいるが、未だ論理的に詰められているとはいえない。というのは、

「資本主義と地主制との構造的関連」や「寄生地主範疇の拡張」という指摘は、中村説の特徴＝長所（地主制と資本主義との結合）をいったに過ぎず、それだけでは批判たりえないからである（なお中村説は、その延長線上に、日本資本主義の特殊性を地主制・農業との関連で解明しようとするものである）。そして最近の研究動向が示す地主の寄生性の態様は、小作料・有価証券投資・植民地地主化という地主の寄生性の諸側面が明らかにされる形で進んでおり（特に有価証券投資の増大）、一見中村説を裏づけるようにみえる[10]。

　中村説の問題点は、むしろその寄生概念を逆の方向（「三重規定」の個々の寄生性）から検討することによって鮮明にさせることができる。即ち、中村説でいう第二規定＝有価証券投資による収入（「地主」によっては、それが全収入の半ば以上にのぼる）は、階級としての地主の寄生性をいみするであろうか、という点である。

　この点をその後の研究成果（大石嘉一郎編著『近代日本における地主経営の展開』1985年）に基づいていえば、次のようになる。第一次大戦後、三類型に分化する地主経営（第一類型＝土地所有依存の形を変えなかった地主類型、第二類＝有価証券投資家としての性格を強めていく地主類型、第三類型＝産業資本家・企業経営者としての性格が第一義的側面をもつ産業資本家地主、「地方財閥」地主とでも称すべき地主類型）のうち、第一類型の地主はともかくとして、第二類型の地主（特に経営の根幹が有価証券投資に転換する先進地域の地主）や、第三類型の地主は、階級として純化された地主といえるものであろうか。そして中村説にひきつけてみると「一部に地方財閥化した地主を含みつつ多かれ少なかれレントナー地主化の道を辿ったものが多数を占めたと思われる」[11]とされる地主のレントナー部分は、地主の寄生性に含めて理解しうるものであろうか。

　いいうることは、せいぜい、かって小作料収入を基礎としていた地主（階級としての地主）が、資産転換を行って（もしくは資産を増大させて）、異質の寄生性を兼ねるようになった、ということではないだろうか。レントナー化した部分は「地主の寄生性」自体ではなくて、寄生の結果であろう。

　以上のようなわけで、中村説の「寄生の三重規定」「寄生概念の拡張」（＝資本主義と地主制との関連のさせ方）は説明困難な問題点を抱えていると考えら

れる。

　それでは中村説は、どうして説明困難な問題点を抱えることになったのであろうか。その根源は、寄生性を農業外部に（土地所有・農業とは異質なものに）拡張した点にあるのではなかろうか。いいかえれば、異質なものを「地主の寄生性」に含めた結果、説明困難な部分を生じたのではなかろうか。

　このような中村説の問題点は、当然その方法論にまでさかのぼりうるものである。即ち、中村説の方法的主軸である「地租および地代の資本への転化論」は、中村説が本質的には資本市場論的アプローチであることを示すものであるが、「資本転化」は、地主の寄生の結果であって、寄生性の本質に関わるものではないということである。中村説の問題点は、究極的にはその資本市場論的アプローチにあると考えてよいであろう。

　以下、中村説に対置される理解を記そう。

1. 地主の寄生性——原理的考察

　地主の寄生性は、資本主義と農業との関連について、労働市場の面から接近することによって解明されるべきであろう。いいかえれば、寄生性は労働市場論的アプローチで、農業・土地所有（小作料）の内的メカニズムを検討することによって、資本主義と関連させて規定されるべきではないだろうか。

　以下、小作料の水準を論理的に検討する中で、小作料＝地代の本質を明らかにしよう。

(1) 小作料の水準

　結論を先に提示すれば、小作料＝地代の水準は、小作農の農業生産物（または貨幣計算をして、農業生産額）のうち、費用価格「C」+「V」（Cは不変資本、Vは可変資本＝労賃。いずれも資本制生産様式から類推されたものである）を超過する部分である。小作人が税金・諸負担をもつばあい（そのばあい、それが小作料から差引かれる）や、歴史的条件、村落共同体内での条件等による「C」+「V」を超える部分（小作料水準）のバリエーションはあるが、原則はこのように考えてよいであろう。

まず、「C」部分が小作農の手に確保されることは、述べるまでもないであろう。「C」が確保されないと再生産が不可能となるからである（「C」の確保は再生産の前提であり、「　」をはずしてよいであろう）。

次に「V」について検討しよう。従来、資本制生産様式（資本・賃労働関係）から直接類推された「V」が想定されてきた。農業日雇賃金に注目する暉峻衆三の議論は、その典型である[12]。

しかし、本稿ではこの「V」を「小作農の労働力の再生産に必要な部分」と規定する（そのいみ、および暉峻の議論との差異については、後に明らかにする）。このように規定すると、明治期以降、小作農の生活は成立し、継続されているのであるから、特殊なばあい（例えば、自然災害が続発して離農を強制されるばあい等）を除けば、「V」は確保されていると考えざるをえない。

ところで、小作農の「V」部分は、低い水準にあるとはいえ、必ずしも農村において常に最底辺に位置するというわけではない。というのは、農業常用労働者＝年雇が階層として存在するばあい、小作農の「V」水準は、農村賃金体系の中で、むしろ優位な状態にあると考えてよいからである。

そこで以下年雇労働力の展開について検討することを通して、「V」水準の位置を明らかにしよう。

(2) 農業雇用労働（年雇）の展開

小作農の「V」水準について論理的に検討する準備として、農業における伝統的低賃金労働力（年雇）について[13]、その展開を、それが階層として存在する時期と、解消に向かう時期とに区別して検討しておこう。

先進地帯（京都・大阪）からみよう。

荒木幹雄の研究によれば、1900年前後の京都府には年雇を用いる地主豪農経営が存在し、その経営では、「反当経営収入五一円九〇銭から労賃を含まない経営費を差し引いた残額は、反当り三四円五四銭となる。そこで一反四畝を基盤とする経営を遂行し、労賃を支払わないと、この年雇の給与に相当する収入を得ることができる計算となる。もし二反の耕地を基盤とする経営を遂行すると年雇の給与四八円一五銭を支払っても二〇円九三銭の収入をあげることができ、この経営で水田二反を貸しつけて一三円六銭の貸付地純収益をあげるより

も収入が大きくなる計算となる。低賃金労働力が利用できれば、農業経営支出を増加させても、農業経営純収益を増大させることができたのである。それで当経営では低賃金労働力を使用し、経営を拡大したのであった。……低賃金労働力を使用できたことが富農経営を維持した条件であったといえる」[14]と指摘する。同じ時期の大阪府について、荒木は地主富農・自作富農の経営事例とともに、5人の年雇労働力を使用する1.7町経営の自小作富農経営の存在を指摘する。そして自作地経営純収益をみると、「若年中心で低賃金で」[15]「小作貧農一人の生計を維持する水準の給与が与えられていた」[16] 年雇を使用するばあい「年雇労働力を一人雇用して二反歩経営すれば、その二反を貸付けた場合の純収益と同額の収益をあげることができ、二反以上経営できれば貸付地純収益よりも手取り収益を大きくできる勘定となる」[17]という結果を示している。そして大阪府でも「富農経営はこのような低賃金で使用できる労働力の存在を前提としていた」[18]と指摘する。

東北地方については田崎宣義の研究があり、1920(大正9)年の庄内水稲単作地帯では「年雇を雇い農耕馬を保有することによって『大規模』経営の維持がはじめて可能となることは明らかである」[19]「一般に四町歩を越える規模の経営は、ほとんどが『定雇』を雇用し、三町歩台の経営での『定雇』使用も決して稀なものではなかった」[20]と指摘している。ここでも低賃金で若年の年雇(「若勢」)を前提として富農経営が成立していたことを示している。

ところが、このような富農経営の前提となる「年雇は……明治末＝明治三〇～四〇年(一九〇〇年前後)を起点として減少し始め、さらに大正中期および昭和初期にかけて急激な減少をみた」[21] 特に減少は第一次大戦中に著しく進み「農業労働力需給の一般的傾向は、まず戦時好況下では商工業に農村労働力が吸収され、したがって特に年雇の、年齢的には男女とも青年および少年労働力の、それぞれ減少が目立った」[22]。

それを地域的にみると、1900年前後以降の年雇労働力の全国的な減少傾向の中で「京都府においては一九一〇年代以降その傾向が著しかった」[23]。

庄内水稲単作地帯については、前掲田崎論文をみよう。田崎は、1920年代以降の年雇減少と農業経営の変動を、次のように記している。「若勢(年雇の男子)が低賃金のために『青年盛り』が都市に流れてゆく様相が明らかであ

る」[24]。その結果「農業経営のいわば労働力面における限界的状況は、一方で農業賃労働者の不足とそれによる労賃の上昇賃労働者自身の意識的向上等によって雇用労働力への旧来通りの依存が困難となることで促進され、他方では家族労働力自体がもともと限界点で燃焼されていた等々に基因するが、いずれにしても労働力的な硬直状態に農家経営が置かれていたことが、この段階で労働者不足→労賃上昇と経営規模縮少とが相携えて現象する要因のひとつとなったことは明らかである。……七町歩以上耕作層の一貫した減少傾向とは別に、『大規模』経営層のなかでも……三〜五町歩、五〜七町歩層の減少と、雇用労働力への依存が小さく経営としては自立的な二〜三町歩層の増大という現象」[25]を呈することになる。即ち、東北地方では、全国的な傾向からやや遅れて1920年代以降、年雇の解消→富農経営の解体過程が進展する[26]。

(3) 「V」水準の位置

富農経営・年雇雇用の推移と労働市場の展開は、小作農の「V」水準との関係で、どのように理解すべきであろうか。以下検討しよう。

まず年雇が階層として存在する時期（近畿では第一次大戦前にかなり解体が進むが、東北ではそれ以降も残存する）についてみよう。前項でみたとおり、小作地で年雇を使用して経営純収益が確保されうるのであるから、当該小作農業経営者にとってのC＋「V」は、実はC＋V＋P（Vは年雇賃金、Pは利潤）だということになる[27]。そして家族労働力だけで農業経営を行えば、「V」＝V＋Pが農業収益となる[28]。

この主張に対しては、次のような研究上の理解が対置されうる。

第一に、小作農の劣悪な生活は、V＋Pを実現しているような状況ではないという指摘である。小作料の高さを示す際に引用される「日本における比類なき高さの半隷農的小作料と印度以下的な低い半隷奴的労働賃金との相互規定……。賃金の補充によって高き小作料が可能にせられ又逆に補充の意味で賃金が低められる様な関係の成立、即ち、半隷農的小作料支払後の僅少な残余部分と低い賃金との合計でミゼラブルな一家を支へる様な関係の成立」[29]という指摘がそれである。しかし、このような小作料と賃金の存在形態は、過小農の多就業形態を示すものとして理解しないと、零細小作農の生活は、農業だけで支えられ

第10章　日本資本主義と農地所有　251

るべきだという、政治的主張に堕してしまう。
　第二は、伝統的賃労働（年雇）は資本制農業経営のそれとは異質であるという批判である。例えば「東北地方に残存する三町以上経営の性格……は……身分的隷属性の強い労働力の性格からして、これを資本制農業経営と規定することには無理がある」[30]という指摘がそれである。しかし、農業労働者の低賃金と劣悪な労働条件は、日本にだけある現象ではない。資本主義的農業経営が、典型的に発展したイギリスでは次の如くであった（いずれも19世紀前半についての指摘）。

　「農村労働者は賃金の最低限にまでおし下げられるのであって、片足をつねに被救恤的窮乏の淵にさし入れている」[31]「農業地方の大部分の日雇労働者……のいとなむ生活がどんな状態にあるかは、容易に考えることができる。彼らの食物はそまつで、とぼしく、彼らの着物はぼろぼろで、彼らの住宅はせまくて、みじめである。――家庭的な楽しみなどまるでない。ちっぽけで、あわれな小屋である。また若い連中のためには木賃宿があるが、ここでは男と女がほとんどまったく分けられず、野合をそそのかしている。月に二、三日も仕事にあぶれる日があると、こういった連中は、どうしても悲惨のどん底におちこまねばならない」[32]「労働者の生活は窮迫に窮迫を告げ、餓死に瀕して他人の畑に入り蕪菁や、鶏や兎等を盗む者が日々に増加したとさへ云はれて居る位である。以て当時の賃金が生活費に比して如何に低廉であったかを想像するに難くない。……労働時間は日曜日を除くの外半休日があるではなし、一週六日間雇主の意の儘に働かねばならなかった。時には一日労働時間が十一時間乃至十二時間にも亘ることがあった。……注意すべきは住宅問題であって、元来英国の農業労働者の大多数は農場附属の小屋に居住し、家賃は比較的低廉であったが、雇主の小屋に住ふが故に其の追放を恐れて、各種の不利益なる労働条件に服従せねばならなかった。加之、其の住宅たるや極めて不完全で且つ少数で、甚だしきに至っては一室又は二室よりなる住宅に八人乃至十人位の家族が住み、其の不衛生なることに至りては言語道断であった」[33] [34]）。

　農業における資本主義的経営は、低賃金と従属的な性格に強くいろどられた

伝統的な賃労働に依存して成立しているものであり、その劣悪な労働条件下で労働者がえる賃金は、歴史的に規定された必要労働部分だと考えるべきであろう[35]。

次に、年雇の階層としての解体が進展する時期は、どう理解すべきであろうか。日露戦後、特に先進地帯では、農村労働力の都市的労働市場との結合が進む中で、年雇労働力の流出と賃金労働者への転化が徐々に進行する。それとともに農業労働者の賃金が上昇する。表10-1「農業賃金の推移」は、賃金上昇の状況を年雇と日雇労賃について示したものである。1910年代以降の実質賃金の上昇傾向は明確であり、特に第一次大戦後（1919年以降）の実質賃金上昇が顕著である（1906〜10年平均に対して1.4—1.6倍となる）。

このような賃金上昇によって（それに加えて農産物価格低迷という農業経営をめぐる環境の悪化もあって）、年雇労働力に基本的に立脚していた旧型富農経営ないし地主手作経営は、経済的に解体を迫られた。

事態はそれにとどまらない。表10-1にみられる如く、年雇賃金とともに日雇賃金も急上昇をみたのであるから、小作経営は、従来の「V」部分では、上昇した日雇賃金を下まわる「V」しかえられないことになってしまう。小作争議の際に、小作農民が地主につきつけた「小作損益計算書」が示すところである[36]。

個別事例をあげよう。荒木幹雄は、1928年の京都府における小自作中農経営について分析した結果を示して、次のように指摘する。

> 「農業経営純収益七二二円八六銭を投下労働八六〇・七日で割ると、労働一日当たり八四銭となる。また同純収益を農業労働力四人で割ると、一人当たり一八〇円七二銭となる。一九二八年の京都市製糸女工の日給は一日九銭で、当家の労働一日当たり純収益はそれより下回っていた計算となる。また京都市内の下男月給二〇円、下女月給一五円であったから一人当たり純収益は下女の年間給与と大体同額という数字となっている」[37]。

以上のように、全国的には（特に先進地帯では）第一次大戦後、農村の労働力が都市に吸収され、その労賃（年雇・日雇ともに）を急上昇させた結果、小作経営の「V」部分は相対的に劣位に陥り、農業日雇賃金を下回り、さらに農

表10-1　農業賃金の推移

	年雇（1年当り、円）		日雇（1日当り、円）		農村消費者物価指数	年雇賃金指数（実質）		日雇賃金指数（実質）	
	男	女	男	女		男	女	男	女
1906-10年平均	71.4	44.4	0.424	0.343	100	100	100	100	100
1911	82	54	.504	.380	105.5	108.8	115.3	112.7	105.0
12	94	62	.564	.426	111.2	118.4	125.5	119.6	111.7
13	91	63	.589	.461	114.7	111.2	123.7	121.1	117.2
14	77	48	.507	.367	106.5	101.2	101.5	112.3	100.5
15	75	48	.486	.347	99.0	106.1	109.2	115.8	102.2
16	84	52	.522	.392	107.6	109.3	108.8	114.4	106.2
17	102	68	.646	.507	134.1	106.6	114.2	113.6	110.2
18	141	97	1.009	.745	183.3	107.7	119.2	129.8	118.5
19	222	156	1.634	1.128	247.4	125.7	142.0	155.8	132.9
20	221	151	1.637	1.159	259.7	119.2	131.0	148.7	130.1
21	224	162	1.57	1.17	234.0	134.1	155.9	158.2	145.8
22	223	172	1.51	1.18	228.7	136.6	169.4	155.7	150.4
23	227	172	1.47	1.16	227.0	140.0	170.7	152.7	149.0
24	230	171	1.42	1.13	228.7	140.8	168.4	146.4	144.0
25	232	174	1.44	1.15	229.8	141.4	170.5	147.8	145.9

出所：年雇・日雇賃金は、梅村又次他著『長期経済統計　9農林業』(1966年) p.220、農村消費者物価指数は、大川一司他著『長期経済統計　8物価』(1967年) p.135による。

注）実質賃金指数は、賃金を物価指数でデフレートしたものである。実質賃金指数＝(賃金)÷(1906～10年平均賃金)÷(物価指数)×100

村賃金の最底辺に近いところに位置することになったわけである[38]。

(4) 地主の寄生性＝資本主義体制への寄生

以上検討したとおり、小作農の「V」部分は、年雇が階層として存在する時期には、村落内階層序列のある部分に位置づけられた水準（一般的には年雇賃金以上）を必要とする。そして年雇解体後の「V」水準は、労働市場との関係（賃金水準・労働市場からの距離等）を基礎とし、小作経営収入の安定性・村落共同体構成員であることの諸利益や労働力流出に関わる諸条件等に規定されて（おそらくかなりの部分コスト計算された上で）農村賃金体系の最底辺か、その周辺に決定されるとみてよいであろう。

したがって「V」部分は、労働市場の条件によっては、日雇賃金はもとより、農業年雇以下でさえありうることも、すでにみたとおりである。そして第一次大戦後の時期には、小作農の「V」部分が、かなり低い位置にあるのは、むしろ常態であろう。従来、小作料水準や小作農の生活水準を考えるばあい、ある程度以上の賃金水準（例えば工業労働者賃金や農業日雇賃金）と比較して、それと同等の必要労働部分を確保してないことが指摘される。そして、そのことを根拠として、地主小作関係の「封建性」[39] や、農業の「不合理性」[40] が主張される。これは、いずれも第一次大戦後（特に1930年代の農業恐慌時）の状況を一般化したものであり、しかも、小作農の必要労働部分は、ある水準以上であるべきだという、政治的主張を含むものであると、考えてよいであろう。

ここで先に提示した小作料水準（「C＋V」を超える部分が小作料となる）に戻ろう。

これまで検討してきたことから、小作料＝地代は、基本的には当該時期の資本主義の展開度に対応して（より具体的には労働市場との関係で）、「C＋V」を超える部分に決定されることになる。したがって、資本主義が発展するとともに労働市場が一層展開し、農業賃金が上昇すれば、小作農の必要労働部分「V」が増大し、小作料の調整＝その引下げが必要とされることになる。その調整が、地主・小作両者の「協調体制」[41] でなされるとしても、農会・産業組合による「商品生産の組織化」[42] でなされるとしても、あるいは小作争議でなされるにしても、それは本質的な差違ではなく、形態の差違であろう。

それとは逆に、「V」部分が小作農の必要労働部分を超えるばあい、地主の力が強ければ、小作料の引上げをもたらすであろうが、1920年代以降、そうなることはあまりない。むしろ小作権に価格を生じることになる（それは、小作争議の成果であるばあいもある）[43]。そして、その小作地が転貸されれば、「又小作料」（中間小作料）という形の、いわばもう一つの「寄生性」を発生させることになる（小作権が慣習化されているばあいも同様の論理で理解されよう。このばあい、「又小作料」は、本来小作料＝地代として地主の手中に帰すべき部分が、小作権保有者に移譲されたということになる）[44]。

以上の検討から理解されるように、地主の寄生性とは、素朴に表面的にみた小作料や小作農に対する寄生ではなく、労働市場を介して資本主義のメカニズ

ムに規制されたものである。換言すれば、地主は階級として積極的に寄生性を決定するものではない。地主の寄生性は、労働市場を介する市場経済の反射として理解すべきである。そのいみで地主は資本主義（市場経済）に寄生するということになる。

（研究史の検討　2）暉峻衆三『日本農業問題の展開　上』について

　小作農業経営における費用価格論については、すでに暉峻衆三の研究があるので検討しておこう。まず、暉峻の農業問題理解を、「C＋V」論に関わる限りで要約すると、次のとおりである。

　　（一）明治20～30年代において「小作農民の得る農業労働報酬は、伝来的水準での彼らの最低限の肉体的再生産をかろうじて可能にする程度のものにならざるを得なかった。……この段階には、一般的には、小作農民経営のもとにおける『費用価格』の形成そのものが稀薄であったといいうる……それは『V』についてとくにいいうることであ」[45]る。

　　（二）日露戦後から第一次大戦までの時期には「農業雇用労働報酬の伝来的状態からの一歩離脱、すなわちその『賃金』化と水準上昇の傾向があらわれてきた……いまや農家労働力の都市的・資本主義的労働市場との結合がつよめられ、そのもとで農業雇用労働力とその労働報酬の状況にも右にみた変化があらわれてきたのにともなって、零細農民経営の農業自家労働についても、それを『自家労賃』……として観念する関係が漸次形成され、かつその水準もわずかながら上昇傾向を示しはじめた。……小作農民の……自家労働に対する『自家労賃』評価はすでにこの日露戦争後の時期に形成されはじめていたのである」[46]。

　　（三）第一次大戦以後において「資本主義の発展は……農民にとっての労働市場を一層拡大し、西日本を中心として小作農民の小商品生産者化をさらにうながした。そのなかで農民経営単位でみた『費用価格』（「C＋V」）の形成がさらに一段とすすみ、貨幣で表現されたその水準は名目的ばかりでなく実質的にも高められた。……小作農民の自覚、みずからの労働に対する価値意識と評価が高まるなかで……小作農民は、自分たちで『費用価

格』……を算定し、その確保を前提として、それにみあった小作料減免を地主につよく要求した」[47]。

このように要約される暉峻説には、次のような問題がある。

第一に、暉峻説は、「C+V」形成論であるのか、「C+V」意識形成論であるのか判然としないが（前者の形成に後者がともなうということであろう）。どちらにしても、すでに記してきたように、「C+V」は、明治初期にはすでに形成されており（伝来的で肉体的再生産を可能にする程度の労働報酬は、歴史的に規定された「V」である）、また「C+V」意識も明治初期にはすでに形成されていて、それに基づいて農作物の選定や、農業諸条件の選択・改良がなされたと考えるべきであろう（このばあい地主や村落共同体の規制が多少存在することは本質的な問題ではない）。農業問題の究明は、小作農の「C+V」形成および「C+V」意識形成を前提として検討されるべきだというのが、本稿の主張である。暉峻の「C+V」（意識）形成論では、年雇を用いる自小作・小作富農経営の存在や、小作権価格・中間小作料の問題、そして次項でみる資本主義の発展段階と農地所有との関係等について説明することが困難ではないかと思われる。

第二に小作農民が「費用価格」（小作農民の算定では「農業日雇賃金を最低限の評価基準とする『V』が圧倒的優位にた」[48]つ）の確保を求めて地主と対立したとする暉峻の小作争議理解（同書「あとがき」記されているように、暉峻の問題意識の核心はこの点にある）をどう考えたらよいであろうか。本格的小作争議段階（第一次大戦後＝小作争議が一般的・社会的なものとなる時期）を考えれば、第一次大戦中の労働市場拡大が農業賃金（年雇・日雇）上昇をもたらしたことによって、農村の階層序列（＝賃金列体系）の中で、小作農の「V」部分を相対的に低下せしめ、争議に結びついたと考えてよいであろう（「V」は農業日雇賃金である必要はない。それはひとつの目安程度のいみをもつに過ぎない）。つまり、「C+V」（意識）の形成ではなくて、新たな条件下で「C+V」水準の修正を求める運動が、第一次大戦後の小作争議だということになる[49]。

2. 資本主義の発展と地主の寄生性

　地主の寄生性とは、資本主義のメカニズムに規制されたものであり、資本主義体制への寄生であることを明らかにしたが、それでは、資本主義社会の発展とともに、その寄生形態はどのように展開するであろうか、検討しよう[50]。

(1) 資本主義の発展期[51]

　この時期に、地主は次の二つの方向で寄生性を拡大・強化する。

　第一は、小作地の拡大・整備であり、これは三つの方法で行われる。(1) 地主の土地兼併による小作地拡大（この点、従来の地主制史研究によって明らかにされた個別地主の土地集積過程が示すところである）。他方で地主は、開墾・干拓等による小作地の拡大を行った[52]。(2) 水利事業（財政資金が投入される）による水害防止と耕作条件の改善。その結果、農業生産が増大・安定し、小作料の増徴・安定をもたらす。(3) 耕地整理事業（補助金・低利資金に支えられる）。耕地整理は、直接的には米質の向上、収量の増加、労働時間の短縮、二毛作の可能化などをもたらし、間接的には小作料の増徴や、地価の値上りをもたらした。また畦畔の整理、遊水池・潟などの消滅、縄延びの解消などによって耕地の拡張を実現するものであった。即ち、耕地整理は地主の利益にマッチする土地改良投資であり、地主主導で推進された。

　寄生性を拡大・強化する方向の第二は、農業生産力の上昇により、小作料増大を図るものである。種苗改良、肥料増投、牛馬耕の導入等がその主要な方法である。そのために、政府にバック・アップされ、地主が主導権を握る農会組織によって農事改良運動（塩水撰・短冊苗代・正条植・牛馬耕・農具普及・肥培管理など）が展開された。

　以上のような小作地の拡大・整備、農業生産力の上昇は、大なり小なり地主の投資とエルギー投入を必要とするものである。これらはいずれも、小作料＝「C＋V」超過分を拡大し、一方では土地資産増大による小作料増大を、他方では小作料増大による土地資産増大（所有地価の増額）をもたらすという形で、地主の土地資産と小作料収取を増加させる。地主は、この時期には順調に寄生

性を拡大・強化させるのである[53)][54)]。

(2) 資本主義の変質期[55)]

1) 寄生形態を規定する条件

この時期には、地主の寄生性を規制する二つの条件が顕在化する。その一つは、都市的・資本主義的労働市場の拡大による、小作農の「V」部分上昇（小作争議により「V」部分上昇が促進される）であり、その結果小作料は減少する。もう一つは、農産物価格（特に米価）の低迷である。

この二つの条件に規制されて——それは現物小作料そのものの減少と米穀販売収入の減少をもたらす——小作料＝「C＋V」超過分は、増加することが困難となる。

小作料の増加が困難となれば、地主は積極的な投資を回避することになる。というのは、地主の資金投下は、外延的拡大（小作地の兼併、開墾、干拓）であれ、内包的なもの（耕地整理、水利改良、農業諸条件の改良・整備）であれ、それに見合う小作料収入を保証しなくなるからである。

2) 地主の対応（階級としての政策要求）

階級的な利益の維持（土地資産と小作料収取の維持）が困難となった地主は、次のような社会政策的農政を要求し、推進する。

(a) 米価政策——米穀関税と米価支持政策

この時期には、外国ならびに植民地農業の競争力が強くなり、特に安価な外米・植民地米輸移入の漸増は内地米価格を圧迫し、米価問題は、日本の地主にとって切実な問題となった。

このような地主の要求に対応する米価政策は、地主経済に対して、米穀販売収入の増加という形で直接的に寄与すると同時に、小作中上層の収入増加による、「C＋V」超過分の維持・増大をもたらすという形で、間接的にも寄与する[56)]。

(b) 米価政策以外の農政——産業組合拡充、各種の補助金・低利資金に支えられた農業政策

諸種の社会政策的農政は、小作農の経営・生活を生産・流通等の面から支え、

「C＋V」超過分を確保せしめる[57]）。

(b)の政策は、資本主義の変質期以前においても部分的には実現されるのであるが（この点は、後進資本主義国の特殊性であろう）、次の自作農創設政策は、この時期特有の政策である。

(c) **自作農創設政策**

この時期には、米価低落・小作料減免・租税負担増大等の条件に規制されて、地価は低落傾向をたどる。このような地価の低落傾向（＝土地資産減価）に対して、自作農創設政策は、低利資金融通によって地価を下支えする。また、自作農創設資金を利用した土地売却要求に応じれば、資産の形態を転換してその増大を可能ならしめる（地価に対する小作料利回りの低下傾向によって、自作農創設が地主階級の主要な政策要求となる）。

ところで、自作農創設による地価の維持・上昇は、土地資産を維持・増大させる形で地主の階級的利益を実現せしめるが、自作農創設事業を進めることは、究極のところ、所有小作地の縮小をもたらす（縮小は、資産の収益性に関心を集中させている所有規模の大きい地主＝地主階級において、特に進行する）[58]）。

つまり、自作農創設の面からみると、地主階級は、社会政策的農政に支えられた寄生性を実現することによって自らを階級として解体するという逆説的な寄生形態をとることになる[59) 60]）。

3）資本主義の変質期における寄生形態の特質

(a)(b)(c)の諸政策は、それ自体としては資本主義の変質期に特有の社会政策的農政（「小農保護」政策）である。したがって、この時期において、地主は、①「C＋V」超過分を受けとるという形での資本主義体制への寄生性（「V」は市場経済に規制された「V」である）と、②社会政策的農政に支えられた寄生性、という二重のいみで（といっても①は②に支えられたものであるが）、市場経済システムに対する寄生性を実現する。

そして、市場経済システムに対する寄生性が実現される過程で、地主階級の解体が進行することになる[61]）。

(3) 現代資本主義の政策[62]

1929年恐慌に続く日本資本主義の管理通貨制移行にともなう社会政策的農政の拡充（米穀統制法、産業組合拡充策、自作農創設政策の整備・拡大等）はそれが管理通貨制に支えられて（拡充された資金的裏づけをもって）展開されるようになるということであり、地主の寄生形態との関わりで本質的な変化はない。

なお、1930年代に展開される救農土木事業・農山漁村経済更生運動・農家負債整理事業は、恐慌からの回復を図る一時的な政策である。これは、農業経営の基盤を整備しつつ、農民生活を下支えすることによって、小作料収取を安定させる効果をもつ政策である。

(4) 戦時下の農地政策

総力戦下の物的・財政的裏づけのない農業政策は、食料増産のための間接的方策として、農地政策をドラステックにすすめることになった。いいかえれば、地主・小作関係を、小作人に有利な形で統制し、それによって直接生産者である小作人の生産意欲を高めようという政策目的をもって農地政策が展開されたのである。小作権保護をはかる「農地調整法」（1938年）、小作料の適正化を目的とする「小作料統制令」（1939年）、農地価格抑制をめざす「臨時農地価格統制令」（1941年）、食糧管理をとおして小作料の軽減をもたらした米穀国家管理制度等がそれである。

このような戦時下の小作関係統制策は、常態の現代資本主義における農地政策の延長線上にある部分と、食糧増産が至上目的となる戦時下の特殊性に基づいて地主の利益抑制が強化される部分と、両者の性質が重なっていると考えられる[63]。

農地政策の現実の展開をみると、1943年までは、地主の階級的利益は、小作料収取・自作農創設の両面について、基本的には貫徹されていたと考えられる。また、戦況が困難になり、食糧統制が強化される中で、地主の利益が大幅に抑制される1943年以降における抑制政策は、階級としての地主を抑制する点に政策の中心が置かれ、地主階級とはいえない「『在村地主』」については、土地と

りあげ＝地主自作化、自家保有米容認による現物小作料統制の実質的存続など、権力によるさまざまな譲歩が……おこなわれた」[64]。これは現代資本主義の農地政策の方向（地主を階級として解体しつつ、他方では中小地主階層の存在を認める）を示すものといえよう[65]。

(5) 農地改革[66]

　第二次大戦に敗れた後、体制的危機回避と、食糧不足の激化に対する食糧増産の必要が、新たな農地政策を必要とした。そして、肥料その他の生産資材がほとんど欠如した状況で、しかも食糧の供出・低米価・過大な税金を農民に押しつけつつ、農民の増産意欲を刺激するためには、農地政策もドラスティックなものとならざるをえなかった。そうしたものとして最初に提起されたのが第一次農地改革案である。

　農政官僚の手になるこの改革案は、国会での審議過程にみられる如く、地主の利益抑制が過大かつ急激に過ぎるものであって、成立の条件は乏しかったと考えるべきであろう。第一次改革・第二次改革の成立を後押ししたのは、占領軍の自作農主義に対する思い入れであった。そして、実現した農地改革は、小作地の大部分を、ほとんど無償に近い低価格で、短期間のうちに地主から没収し、これを自作地化するという、きわめてラディカルなものであった。

　しかし、常態の現代資本主義の下では、自作農創設は長期にわたり、地主の階級的利益を保証しつつ行われるはずのものであり、小作料収取・土地資産価値の両面における、このような階級的利益の全面的ともいえる否定は、正常な現代資本主義の政策として考えるべきではない[67]。農地改革は、現代資本主義の農地政策としては行き過ぎた不必要なものである。

　行き過ぎた農地政策は、常態の現代資本主義への復帰とともに、1960年以降、農地法体制＝自作農主義の実質的崩壊＝農地賃貸借関係展開への揺り戻しをもたらすことになるのである。そして、1970年の農地法改正は、「自作地主義の原則を借地主義の原則に決定的に転換したものであ」[68]った。

3. 総　括

以上検討してきたことは、次のように総括される。

(1) 小作料の寄生形態

小作料を原理的に規定すれば、小作料＝「C＋V」超過分、ということになる。「V」は労働市場に規制された歴史的なものであるから、「C＋V」超過分を受けとる地主は、当該資本主義体制に寄生するということになる（寄生性は労働市場を介して市場経済を反射したものである）。

(2) 寄生形態の歴史的展開

小作料水準を歴史的展開の中でみると、1910年代以前の、年雇労働者が階層として存在する時期においては、C＋「V」は、C＋V＋P（Vは年雇賃金、Pは利潤）である。そして第一次大戦後労働市場の展開により、農村の賃金が上昇し、年雇労働者が解消する時期において、「V」水準は農村賃金の最底辺、またはその周辺に位置することになる（以上の記述は全国的な動向であり、地域による時期的なズレを否定するものではない）。

資本主義の変質期において小作料は、労働市場の展開に規制されるばかりではなく、社会政策的農政に支えられて、その水準が確保されるという性質が加わり、地主の市場経済への寄生のいみが二重化する。

(3) 地主階級の解体（農地改革）

地主の階級的解体は、本来的には社会政策的農政（＝自作農創設政策）に支えられた寄生性を実現した結果として、長期にわたり、地主の階級的利益を保証しつつ行われるはずのものである。しかし、日本のばあい、敗戦に続く占領政策の下で、農地改革は、地主の階級的利益を否定したばかりではなく、本来解体の対象にはならないはずの中小地主まで解体し、その階層的利益をもほとんど全面的に否定する、ドラスティックな形で実施された。

そのような行き過ぎた農地改革は、現代資本主義が、常態に復帰するのにと

もなって、農地賃貸借の再生によって再修正されることになる。

　（付記）小作料の地代としての本質については拙稿「小作料の地代形態」（『一橋論叢』70-1、1973年）を参照されたい。

●注
1）中村地主制史研究の大枠は、永原慶二・中村政則・西田美昭・松元宏『日本地主制の構成と段階』（1972年、東京大学出版会）、中村政則『近代日本地主制史研究』（1979年、東京大学出版会）に示されていると考えてよい。
2）前掲『近代日本地主制史研究』1〜2頁。
3）同前書82頁。
4）同前書83頁。
5）同前書85頁。
6）同前書80-81頁。
7）前掲『構成と段階』に対する書評には、安孫子麟（『土地制度史学』59号、1973年4月）、守田志郎（『社会経済史学』38-4、1972年10月）、有元正雄（『歴史学研究』389号、1972年10月）、暉峻衆三（『史学雑誌』82-2、1973年2月）がある。また、前掲『近代日本地主制史研究』に対する書評には牛山敬二（『土地制度史学』86号、1980年1月）、有元正雄（『社会経済史学』46-1、1980年6月）、加瀬和俊（『歴史学研究』486号、1980年11月）、伏見信孝（『日本史研究』214号、1980年6月）、清水洋二（『史学雑誌』89-3、1980年3月）がある。参照されたい。
8）有元正雄書評（『歴史学研究』389号、1972年10月）50頁。
9）伏見信孝書評（『日本史研究』214号、1980年6月）80頁。
10）近年の地主制研究は、特に1920年代以降の地主経営の解明について進展が著しく、著書・論文は枚挙にいとまがないほどである。さし当り、前掲『構成と段階』、『近代日本地主制史研究』、大石嘉一郎編著『近代日本における地主経営の展開』（1985年、御茶の水書房）および同書に取り上げられている著書・論文等を参照されたい。
　これらの著書・論文は、1920年代以降における有価証券投資の進展と地主の植民地（朝鮮）への進出を明らかにする。ただし、中村説でいう植民地への寄生は、植民地地主化をいみするものではない。「植民地への資本輸出を媒介する国家資本への投資〔＝公債買得あるいは満鉄、東拓、韓国（のちに朝鮮）銀行株所有など〕を通して、植民地超過利潤＝弱少民族の労働の搾取に寄生するという意味」（『近代日本地主制史研究』80頁であり、植民地地主化は、植民地への寄生の特殊形態とみるべきであろう。
11）要約・引用は前掲『地主経営の展開』704〜06頁による。
12）暉峻『日本農業問題の展開　上』（1970年、東京大学出版会）。特に263〜77頁を参照されたい。
13）年雇の劣悪な労働条件については、暉峻『日本農業問題の展開　上』54〜55頁を参照。なお、年雇の農業経営上の長短について千田正作は「元来、年雇は、雇主にとっては比較的低労賃支出ですむ、農繁期労働力の確保上の不安

が少(ない——引用者補足)、また平素は家事労働にも従事させうる、などの利点があり、他方、農閑期に給養し、賃金も支給する、などの不利点があった」(千田『農業雇傭労働の研究』1971年、東京大学出版会、61頁)と指摘している。
14) 荒木幹雄『農業史』(1985年、明文書房)105～06頁。
15) 荒木幹雄「明治中期大阪府における農業経営の発達と寄生地主的土地所有」(『日本史研究』268号、1984年12月)30頁。
16) (17) 同前27頁。
18) 同前30頁。
19) 田崎宣義「昭和初期地主制下における庄内水稲単作地帯の農業構造とその変動」(『土地制度史学』73号、1976年10月)61頁。
20) 同前62頁。
21) 千田正作前掲書106頁。
22) 同前57頁。
23) 荒木『農業史』187頁。
24) 田崎前掲論文69頁。
25) 同前70～71頁。
26) 1900年代以降日本資本主義の発展にもかかわらず、全国的には年雇を使用する資本主義的農業経営が解体に向かうのは何故であろうか。この点に触れることは本稿の課題ではないが、農業の自然的特殊性との関係では次のように考えてよいであろう。資本主義の発展にともなって、農業においては、雇用労働者の増加といういみでの資本主義的発展は、むしろ道をとざされるのではないかと思われる。それは資本主義の発展期をも含めて一貫するといってよい。この点について渡辺寛が「一般に資本主義のもとにおける生産力の発展は、資本蓄積の増大につれて可変資本部分の相対的減少を伴うものであるが、しかしその絶対量は増大し、雇用労働者数も増大するのが常態である。だが、農業においては、他の生産手段のように資本によって自由に生産することのできない土地が主要な生産手段である関係上、生産の発展に伴う資本構成の高度化は、可変資本の相対的減少のみならず、その絶対的減少をもたらす傾向をもつのでである」(大内力編著『農業経済論』1977年、筑摩書房、95頁)と指摘しているのは適切である。なお、同書に記されている如く、自由主義段階のイギリスにおいても、雇用労働者の増加といういみでの農業の資本主義的発展はない(同書92～99頁参照)。この点について『資本論』は、「資本制的生産が農業を征服するや否や、あるいはその征服の程度に応じて、農業上の機能資本の蓄積につれて農村労働者人口にたいする需要が絶対的に減少するのであるが、この場合には、非農業的産業におけるとは異なり、その反発が、より大きい吸引によって補われることはないであろう」(『資本論』第1巻677頁)と記している。雇用労働者の増加といういみでの農業の資本主義的発展は、資本主義形成期までの課題ではないかと思われる。
27) 明治期以降第二次大戦敗戦時まで、農業経営間に質的差異をもたらすような生産力格差が形成されなかったとはいえ(荒木『農業史』110頁および187頁参照)、あらゆるばあいに、すべての小作経営に対して、一定の「V」水準が確保されるというわけではない。経営効率が通常の小作経営に対して「V」水

準が確保されるということであり、若干の格差は当然存在する。下層小作経営のばあい、「V」部分は、年雇賃金以下でさえありうる。
28) 「V」水準には地域格差があり、「V」が年雇賃金水準以下になることも考えられる。そのばあい、小作富農経営は成立しない。
29) 山田盛太郎『日本資本主義分析』(1934年、岩波書店) 62頁。なお、引用は新字体に改めた。
30) 中村政則「地主制」(大石嘉一郎編『日本産業革命の研究 下』1975年、東京大学出版会) 55頁。
31) K・マルクス『資本論』第1巻、677頁。
32) F・エンゲルス「イギリスにおける労働者階級の状態」(『マルクス・エンゲルス全集 第2巻』大月書店、1960年) 498〜99頁。なお、「農業プロレタリアート」の状態を記した494〜509頁を参照されたい。
33) 田辺勝正『土地制度研究』(1938年) 398〜99頁。引用は新字体に改めた。
34) なお、イギリスにおける1795〜1936年の農業労働賃金と都市労働賃金を比較して、小林茂は「都市労働賃金がつねに農業労働賃金の約一・五倍以上の大きさを保持していることがわかる」(小林『イギリスの農業と農政』1973年、成文堂、117頁) と指摘している。
35) 付け加えておけば、仏・独の農業労働者については、次のような指摘がある。「年雇さえも……賄い分のほかに極めて低い賃金を受け取るにすぎない。それは単なる小遣い銭にほかならず……このように低い賃金は、これらの常雇い労働者たちの大借地農業者に対する全面的な従属によって、説明がつく」(18世紀後半のフランス農業労働者の状態。湯村武人『十六—十九世紀の英仏農村における農業年雇の研究』1984年、九州大学出版会、5頁)。「雇用条件は……領主制農場経営のもとにおける賦役の直接変形したものであって……ふるい関係をかなり残していた」(19世紀後半東エルベのユンカー経営における労働者の状態。大内『農業経済論』170〜71頁)。
36) 「小作損益計算書」の事例は多いが、さし当り暉峻『日本農業問題の展開 上』264〜66頁を参照されたい。
37) 荒木『農業史』142〜43頁。
38) 付け加えておけば、小作農の「V」水準が農業日雇賃金より低いということは、必ずしも小作農業経営が日雇労働よりも不利であることをいみしない。というのは、小作農業経営による、収入の継続性・安定性、村落共同体内での地位と利益、豊作の際の収支改善等が考えられるからである。
39) 例えば「必要労働部分に迄も喰ひ込むほどの全剰余労働を吸収する地代範疇、利潤の成立を許さぬ地代範疇」(前掲『分析』191頁) という言葉は、それを示すものである。
40) 農業所得が家計費の73％をカヴァーしているに過ぎないことをもって「農産物価格はC＋Vでなくて、むしろC＋0.73Vという水準まで低下していると考えられる」(大内力『農業問題』1951年、127頁) とする農産物価格論も、論理は異なるが、その一つとみてよい。
41) 「協調体制」論については、庄司俊作「小作争議と地主制の後退」(『土地制度史学』83号、1979年)、同「近畿先進農業地域における地主制の後退過程」(『土地制度史学』89号、1980年)、同「戦前土地政策の歴史的性格」(『日本史研

究』226号、1981年)、同「1920年代農村支配体制に関する覚書」(同志社大学人文科学研究所『社会科学』34号、1984年)、坂根嘉弘「協調体制の歴史的意義」(『日本史研究』224号、1981年)、同「小作調停法体制の歴史的意義」(『日本史研究』233号、1982年)、同「小作調停法運用過程の分析」(『農業経済研究』55-4、1984年) を参照されたい。

42) 「商品生産の組織化」論については、大門正克「産業組合の拡充と農村構造の再編」(『土地制度史学』91号、1981年)、同「農民的小商品生産の組織化と農村支配構造」(『日本史研究』248号、1983年) を参照されたい。

43) 小作争議の結果として、小作権価格が上昇した事例として、栗原百寿「岡山県農民運動の史的分析」(『栗原百寿著作集 Ⅵ』1981年、所収)、同「香川農民運動史の構造的研究」(『著作集 Ⅶ』1982年、所収) を参照されたい。

44) 慣行小作権については、野村岩夫『慣行小作権に関する研究』(1937年)が、その成因、沿革、内容を解明している。

45) 暉峻『日本農業問題の展開 上』120～21頁。

46) 同前170～71頁。

47) 同前263～64頁。

48) 同前264頁。

49) 暉峻説の難点は、その原因を問題意識の核心にまでさかのぼりうる。即ち、暉峻は農業と農村の矛盾を地主・小作関係を基軸として解こうとした(同書「序説」3頁。暉峻の方法は、むしろ論点を地主小作関係に収れんさせたというべきであろう)ために、労働市場論的解明を徹底させることができなかったのではなかろうか。

50) 以下においては日本農業の展開過程を、土地所有に関わる限りで検討する。農業全般の展開については、井上晴丸『日本資本主義の発展と農業及び農政』(『井上晴丸著作集 第五巻』1972年)、大内力『農業史』(1960年、東洋経済新報社)、暉峻衆三『日本農業問題の展開 上・下』(1970年・84年、東京大学出版会)、同編『日本農業史』(1981年、有斐閣) 等を参照されたい。

51) 産業資本主義の発展段階を規定することは、本稿の課題ではない。ここでは「社会政策的農政が本格化する前の時期」という程度のいみである。具的には、1890年代から1910年代前半までの時期を念頭に置いて検討する。

52) 開墾による小作地拡大については、Richard J. Smethurst, Agricultural Development and Tenancy Disputes (1985年) 61～65頁を参照されたい。

53) 日露戦争後、産米検査に対応するために、地主主導の産米改良運動が展開され、それをめぐる小作争議が各地にみられるようになる。これは、産米検査のために小作人は、労力や資金・資材を投下しなければならない(選別・乾燥・包装などのため)のに、現物小作料制の下では、産米改良の成果が地主に帰属したために起ったものである。即ち、小作人の労働力投入に見合う「V」が与えられなかったことに対する抵抗である(農業生産の状況・農産物市場・農産物価格・労働市場の展開等、条件はいろいろ考えられるが、帰着するところは、小作農に与えられる「V」の問題であろう)。

54) この時期になされる地主の有価証券投資は、階級としての地主の寄生形態に関わるものではなく、地主の階級としての不純化傾向が強められたものである。後進資本主義国では、こうした方向の不純化傾向が早期に開始されると

55) 「資本主義の変質期」という用語を、ここでは、「社会政策的農政が開始される時期」といういみで使う。具体的には、1910年代以降をいみする。
56) 近年の研究で「地主的土地所有」の直接的な基盤は、自小作・小作中上層にあることが明らかにされているので、米価政策の効果を、基本的にはこのように理解して差支えないであろう（田崎宣義前掲「昭和初期地主制下における庄内単作地帯の農業構造とその変動」、荒木幹雄前掲「明治中期大阪府における農業経営の発達と寄生地主的土地所有」、同『農業史』を参照されたい）。
57) このほかに、直接的な農業政策ではないが、この時期にクローズ・アップされる地方財政政策（義務教育費国庫負担金制度、地方財政補給金制度等）を加えるべきであろう。地方税制改革は、地主（特に在村の中小地主）の地方税負担を軽減させるとともに、小作農の「V」部分からの削減を縮小させる（地方財政の展開については、藤田武夫『日本地方財政発展史』1949年、文生書院を参照されたい）。
58) 自作農創設政策の事業規模は、限られた財政支出のもとで、矮小なものとならざるをえなかった。しかしこの政策は、全面的に自作農を創設する規模である必要はない。地主の階級的要求としては、地価を下支えする程度で充分である。
59) このようにみてくると、自作農創設以外の社会政策的農政は、地主階級にとって、自らの階級的解体過程における、過渡的政策として位置づけられることになる。そして地主階級の解体過程は、その有価証券投資を進展せしめる。
60) 農地政策のもう一つの柱である小作関係規制は、自作農創設とセットされる限り、地主階級にとって大きな階級的利益抑制にならないのではないかと思われる。小作法制に対する地主の抵抗の強さは、小作争議についての過大評価（小作争議は本来「C＋V」を実現したところで止むものである）と、中小耕作地主層の厚い存在（階級としての地主に属しない階層で、自作地拡張の意図を潜在させており、その阻害条件に強い抵抗を示す）が原因となっていると考えてよいであろう。
61) 地主階級が、社会政策的農政の推進者として前面に立つという、一見奇妙な農政推進のあり方は、以上のような地主の寄生形態に基づくものである（「地主的農政」「地主的農会」「地主的産業組合」「地主的米価政策」等のことばは、このような論理の中で理解されうる）。なおこの点について、栗原るみ「1920・30年代の地主と農政」（『歴史学研究』481号、1980年6月）、清水洋二「大日本地主協会の研究」（『拓殖大学論集』146号、1984年）を参照されたい。
62) 1929年恐慌以降の経済過程への政策的介入の本格化を以て「現代資本主義」と理解する。この時期の農業政策の特質については拙稿「昭和初期における農業政策の展開に関するノート」（『一橋論叢』68-2、1972年）を参照されたい。
63) 小作関係規制のどこまでが常態の現代資本主義の政策であり、どこからが戦時下の特殊な政策であるかを判別することは容易ではない。おそらく資本主義各国の農地政策—これが区々で、現代資本主義の政策としてどう位置づけるべきか難かしいが—で、およその見当をつけうる程度であろう。それはともかく、常態の現代資本主義の下では、地主の階級的利益を明白な形で、大幅に、かつ急激に犠牲にする形はとられないと考えてよい（ヨーロッパ諸国

の1960年代——およそ常態の現代資本主義が実現していると考えてよいであろう——における農地政策については、全国農地保有合理化協会『西欧諸国における農地事情』1973年、を参照されたい。同書は、フランス・西ドイツ・オランダ・スウェーデンにおける小作関係規制・農地移動統制の概要を記している)。

64) 暉峻衆三『日本農業問題の展開　下』332頁。

65) 戦時食糧増産政策の下で犠牲にされた地主階級の小作料収取は、現代資本主義が常態に復帰すれば、その相当部分は回復されるはずである(農地改革が間にあるために、それがみえにくくなっている)。ここでは1950年代後半以降の高度成長期における農地法改正への動きを念頭におけば、戦時下農地政策の特殊性を理解することができるであろう。

66) 農地改革については、注50)の文献のほか、東京大学社会科学研究所編『戦後改革　Ⅰ課題と視角』(1974年)、同『戦後改革　6農地改革』(1975年)、農地改革記録委員会『農地改革顛末概要』(1951年)、農地改革資料編纂委員会編『農地改革資料集成』全16巻(1974〜82年)等を参照されたい。

67) 資本主義の変質期以降(あるいはより狭く現代資本主義の時期)における農地政策の展開については、前掲『西欧諸国における農地事情』のほか、チェルキンスキー著・川上正道訳『現代欧州に於ける土地制度の研究』(1943年、報道出版社)、農林省農地局『英国の小農地制度』(1950年)、御園喜博『デンマーク』(1970年、特に51〜67頁)、原田純孝「フランスにおける農地賃貸借制度改革」(前掲『戦後改革　6』所収)等を参照されたい。

68) 今村奈良臣『現代農地政策論』(1983年、東京大学出版会)29頁。なお、戦後農地政策の展開については、同書第一章「戦後農地政策の展開過程」が簡潔に整理している。

第11章

農地政策の連続性と断絶性
―― 農地改革について ――

はじめに――課題

　農地改革については、戦後改革論の一環として議論され、1970年代に論点はほぼ出つくした感がある[1]。
　1970年代の農地改革論は、次の二つの議論に代表される。
　その一つは、大内力が主張する「連続説」(第二次大戦前と戦後の農地政策の連続性を主張する)である。大内は「農地改革……の結果実現されたような土地所有の構造は、じつは国家独占資本主義自体が必然的に発展させ……つつあったものであり、農地改革はこの歴史的過程を一挙に前進させる役割を果したのであった。……それは……国家独占資本主義のもつ内存的傾向の急性的な促進だったのであり、そこにその歴史的本質があったのである」[2]と主張する。
　農地改革論のもう一つは、大石嘉一郎が主張する「断絶説」(戦前と戦後の農地所有・社会構成の断絶性を主張する)である。大石は「農地改革は、封建的ないし半封建的土地所有の変革の世界史的過程において、『上からのブルジョア革命』の系列に属し、そのもっとも最新的な段階での完成として独特な地位をしめている」[3]「農地改革の性格は……。『上からのブルジョア改革』を、特殊な条件のもとで実現したものであった』」[4]と主張する。
　本章は、以上のような1970年代における農地改革論を、(1)資本主義の変質

期以降における農地政策の展開[5]、(2) 1950年代後半以降の農地賃貸借の展開（耕作権不安定・現物小作料形態での賃貸借の拡大。現象的には農地改革以前の小作関係に復帰する）、(3) 資本主義の変質期以降における各国農地政策の特質との対比、という三つの視点から見直すことによって、農地改革論を再構成することを課題とする[6]。

1. 大内「農地改革論」の概要と問題点

(1) 大内説の概要

大内説は、先に掲げた論文「戦後改革と国家独占資本主義」に示されている。その大要は次のとおりである。

1) 大型小農化傾向との関連

この点についての大内の説明は、理解しにくい部分があるが、次のように要約されよう。

「資本主義の帝国主義段階への移行は、地主制の解体と自作農的土地所有の拡大を必然的にともなうものであり、国家独占資本主義は——自小作前進における小作地の拡大も農民的所有の拡大のなかにふくめて考えれば——その傾向をいっそうはげしく前進させるものである」[7]「国家独占資本主義のもとでも中農標準化傾向は変型しつつ貫かれてゆくのであるが、それは土地所有にはどういう影響をおよぼすのであろうか。ある段階までは、いぜん自作地化傾向がすすんでゆくであろう……けれども国家独占資本主義がいっそう成熟し、農家数の減少と一部の農民の規模拡大がますます速められるばあいには、……自作地による規模拡大が相対的に困難になるために、むしろ自小作前進型が強くなってくる。……農地の所有＝利用関係からいえば、ふたたび小作地が増加しはじめることになるのは事実である」[8]。

以上の引用を一言で示せば、国家独占資本主義の「ある段階までの自作化傾向、次の段階における大型小農化傾向の加速による小作関係の拡大」というこ

とになる[9]。

2) 社会政策的農政との関連
(a) 政策イデオロギーの変化からの説明

国家独占資本主義の時期に入る以前においては、社会政策的農業政策の一部を形づくるものとして実現に移された農地政策は、小作調停法を除けば、小規模な自作農創設事業がほとんど唯一のものであった。「けれども、すでにこのとき、農業政策を支える政策的イデオロギーに重大な変化が生じはじめており、のちに農地改革のさいきわめて明瞭な姿をとってあらわれるものがすでに萌芽的にではあれ姿をあらわしはじめていた……。それは、さしあたり二つの内容をもっていたといえよう。その一つは、農地は耕作農民に所有させることのほうがのぞましいのであり、できれば地主的所有は排除すべきである、ということであり、もう一つは……小作農の権利を強化して所有権にあるていどの制約をくわえることのほうが、むしろ必要でもあり、『正義』にもかなう、ということである。前者が自作農創設のイデオロギーであり、後者が小作立法のそれである」[10]。

(b) 戦時体制期の政策からの説明

自作農創設事業の拡大、小作料統制・農地価格統制・食糧統制の進展により「農地改革のはじまるまえに、地主的土地所有は事実上いちじるしく弱体化していた……。このような政策上の前史によって、農地改革への地ならしが事実上そうとうにすすんでおり、それにたいする政治的抵抗がかなりのていど骨抜きにされてきていたことは重要であろう。……従来追求してきた農地政策の路線をあるていど延長すれば、そこ（農林官僚による改革案――引用者注）に到達するのはむしろ自然のなりゆきだったのである。……農地改革の政策的イデオロギーはすでに長年にわたって展開されてきていたのであり、農地改革はそれを背後にふまえつつ、同じ路線の延長線上に位置づけられているということである」[11]。

(c) 農地改革の「特別に重要な意義」からの説明

この面では、次の二点の説明がある。

① 一般的にいえば「社会政策としては、できるだけ多くの農民に土地を分与

し、あらかじめかれらを社会主義から切りはなし、自己（＝資本主義——引用者注）の味方にひきこんでおくことが重要課題になるのはとうぜんのことである」[12]。そして、特殊戦後日本についていえば、農地改革は「農民層を一挙に体制の安定勢力たらしめる効果を発揮して、敗戦後の危機に直面した日本資本主義をみごとに救済する役割を果した」[13]。

②農業政策の隘路の除去。農作物価格の調整・農業に対する財政投融資（土地改良資金等）の拡大・生産数量の割当等、この時期に特徴的な政策の効果が、地主の利益に帰着することを避けるためには、農地政策が必要である。

3) 結　論

以上の論証は、次のように締めくくられる。

「改革の結果実現されたような土地所有の構造は、じつは国家独占資本主義自体が必然的に発展させつつあり、またそのことを反映して政策がそれをおしすすめつつあったものであり、農地改革はこの歴史的過程を一挙に前進させる役割を果したのであった。もちろん国家独占資本主義がかならず改革という方法によってこのことを実現するわけではないから、改革という形態そのものは、まさに敗戦に由来する特殊な事態であったといえよう。ただ、それはいずれにせよ、国家独占資本主義のもつ内存的傾向の急性的な促進だったのであり、そこにその歴史的本質があったのである。……国家独占資本主義の一層の展開は、自小作前進を必然的に導くから、農地改革によって成立した自作農体制は、やがて崩壊をとげるであろう。すでに農地法が農業の進歩のための桎梏となっているがこと指摘され、その撤廃ないし修正が……問題にされつつあるのは、そのあらわれである。しかし、いうまでもなくそれは、かっての地主制が復活するということではない。ただ農地改革がその歴史的使命を終ったということにすぎないのである」[14]。

(2) 大内説の問題点

以上のように要約される大内「農地改革論」は、以下の点に問題がある。

1) 大型小農化傾向との関連

　帝国主義段階あるいは国家独占資本主義の下で、「ある段階までは自作化傾向」、次の段階には、大型小農化傾向による「小作関係の拡大」が進むとする主張は、深く考えるまでもなく、全く逆の現象が同じ資本主義の発展段階の中で進むということであり、農地改革につながる自作化傾向は、国家独占資本主義の必然性としては解きえないということではないだろうか（大内も指摘するとおり、大型小農化傾向は、すでに1930年代に始まっている）[15]。

　さらに、1950年代後半に入ると明らかになるように、農地改革・農地法は、大型小農化にとって障害とさえなるのであるから、その点では、農地改革は、現代資本主義の必然性を阻止する役割を果したとさえいいうるのである。

2) 社会政策的農政からの説明

(a) 政策イデオロギーの変化

　農地改革につながる政策イデオロギーと、政策の必然性とは区別すべきではないか。即ち、農政官僚は多分に農本主義的イデオロギーをもっており、農政官僚によって形成される政策イデオロギーと、その実現可能性・実現形態とは、結びつく必然性はないと考えるべきであろう。

(b) 戦時農地政策の評価

　戦時農地政策は、総力戦体制下の食糧増産政策としてなされたものであり、特殊・一時的な色彩が強いと考えるべきであろう。したがって、常態の現代資本主義の延長線上に位置づけて考えるのは不適当である[16]。

　また、戦時農地政策の展開が地主的土地所有を弱体化させ、農地政策の地ならしとなったとする見方は、戦時農地政策に対する過大評価であろう。第一次農地改革案をめぐる国会の審議状況は、地主（特に在村の中小地主）の政治的抵抗力の強さを示しているといえよう。

(c) 敗戦後の危機

　危機は、地主階級（所有小作地10町歩前後以上の地主であろう）の解体で対処できるものではないかと思われる。政府および農政官僚の判断も、せいぜい第一次農地政策案（在村地主5町歩の保有地を容認・小作料金納化・耕作権強化）で対処しうると考えたのであろう。なお、当時の農民運動の第一の課題は、

供出・税金問題であり、地主・小作関係は、小作料金納化・耕作権強化で一応落着しえたと考えてよいのではなかろうか[17]。

(d) 農地政策の「特別な重要性」について

農民への土地分与による体制内化・農業政策の隘路の除去は、全面的な自作農化を必要とせず、ある程度の階層差を残しておいても、大きな障害とはならないのでなかろうか（耕作権確保・小作料規制・農地規制の組合せで——さほど強い規制でなくとも——小作人の反体制化防止や農業政策の効果確保は、達成されると考えられる）。

3) 農地改革の歴史的使命

大内の説明では、農地改革の歴史的使命は、1950年代前半まで（いいかえれば、国家独占資本主義が常態に復するまで）の10年間前後だということになる（農地改革によって成立した自作農体制は、50年代後半以降崩壊に向かう）。とすると、たかだか10年位の歴史的使命しかもちえない政策を、国家独占資本主義の「内存的傾向の促進」「国家独占資本主義が必然的に発展させつつあった」と、国家独占資本主義一般に関わらせて説明してよいものであろうか[18]。

2. 資本主義変質期以降の農地政策——英・独・仏について

日本の農地政策と農地改革の特質を明らかにするために、資本主義の変質期以降における英・独・仏の農地政策を概観し、その特徴を明らかにしよう。

(1) イギリス

最初の小農地設定法たる1892年の小農地法（Small Holding Act）は、「必要を認められた場合、州議会と、特別市議会とが、小農地を創設する権限を持つことを認め……たものである。その目的は、主として、小農経済を育成することにある。即ち、農村の労働者に、小農地の所有者、または、占有者となる機会を与えるものである。資本は、低利で、国家から供与される。しかし、占有者は、購入価格の五分の一を調達し、一定期間に、その資本額を返済せねばならぬ。借地は、ごくまれに、許可されるだけである。しかし、この法律の目標と

するところは、農民の所有権を拡大することと［換言すれば、小さい自作農化の創設］にある。この法律は、主として、地方当局により、イニシアティブが取られることになっている点と、強制取得権がなかった点から、失敗に帰した」[19)][20)]。

1908年の小農地および分貸地法（Small Holdings and Allotments Act）は、州議会と特別市議会とに、小農地の需要に応ずる義務を課した。1892年の小農地法に比して改革された主な点は、第一に自作農制度と小作農制度とを併用したことであり、申請者は何れの制度をも選びえることとなった。第二は、土地の買収および賃借に強制力を認めたことである。即ち、自由契約による土地の獲得が不可能なばあい、当局者は、土地収用法によって強制的に土地を買収し、または賃借することが可能となった[21)]。

1908年法以後、土地政策に若干の改訂・拡張はあるが、政策の基本的な部分に変化はないと考えてよい[22)]。

このような政策の結果、特に第一次大戦前後に、小農地および分貸地の設定は急速に進むことになった。かくて「自作経営の割合はイングランドでは1913年に全農業地面積の10.6％であったのが、1921年には20％に、1927年には36％に上昇した。……この傾向は特に1917年および1927年の間が顕著であった。この期間は農産物価格、従ってまた地価が高かったのである。多くの土地所有者はこの機会を摑んで土地を売却した。かくて多数の農民が自己の耕作していた土地の所有者になる事が出来た」[23)]。そして「1888年の時点で85％を占めた借地経営は1960年には50％、69年には39％と減少してきており、こんにちも自作農タイプの経営が増加している」[24)]という状況となる[25)]。

(2) ドイツ

第二次大戦以前の農地政策は次のように要約される。

1880年代以降「東エルベの労働力不足に対処する一つの方策として……『内地植民』という、農民経営設定政策がおこなわれるようになった。……政府は1886年から第一次大戦中まで、数次にわたる立法と国家の資金援助とによって、農業恐慌や労働力不足によって打撃をうけたユンカー経営の土地を農民経営地として分譲、賃貸させ……る措置を系統的におこなった」[26)]。「1890・1891年法

では、植民は大農場主＝大土地所有者の『自由なイニシアチブ』に依拠しており、大農場が分割・割譲されようとしたとき……低利信用によって植民を促進する範囲に留り……政策それ自体としては消極的であった。しかし、……大土地所有者自身の側でかなり強い農場分割の志向が存在したことが留意されるべきである。……賦払農地創設の政策は、一方において、ユンケル経営解体・縮小のさいに信用提供によって、ユンケル財産・資本の農業からの離脱を円滑にし、あるいは一部分譲後、残されたユンケル経営の財政状態を改善する志向を示すとともに、他方ではかくして得られた土地ファンドを、農業恐慌に対して独自な対応性をもって相対的な安定を保ちえた小農経営の創設にあて、……貧農・半プロ層に土地を提供すること、あるいはその展望を与えることによって農村における階級対立の激化を沈静しようとする志向を示しているといえる。……第一次大戦前の内地植民政策〔第一次大戦後も同様〕においては、大土地所有・大経営の全面的分割は問題になりえていないことが留意される。……国家政策としての内地植民は、漸進性と限度を与えられていたのである」[27]。

第二次大戦後の西ドイツはどうであろうか[28]。「1955年の農業法以降、農地整備、転住、隣接地増反（入植法）、規模拡大といった基準原則の枠内で、小規模な規模拡大（3-4ha程度）が土地購入資金の融資、利子補給という形で主として形成されてきた」[29]「農地購入助成（補助金・利子補給、免税）が極めて高い支出であった点は、事例をみれば明らかである。購入地価の五〇％以上に相当する助成が与えられていた。これはまた地価を高める作用を果したことはいうまでもない」[30]。

要言すれば、第二次大戦後においては、間接的で小規模ながら自作農創設政策が継続されているといえよう。

農地関係規制の面では、1920年の小作保護法以降、不充分ながら不当小作料の取締と小作権の安定を図った[31]。第二次大戦後になると「52年の農地小作法は当時の西欧諸国にあっては珍しい小作保護色の薄いものであり、農地の賃貸借については一応届出制をうたいながらも、事実上は契約当事者主義の立場に立っていた」[32]（小作法による規制は現実には空文化しているといわれている）。

そして、1960年代後半には、農業構造改善（経営規模拡大）政策のため、農地賃貸借促進政策がとられる。その政策効果もあろうが「小作地は西ドイツの

全農用地の20％弱であったが（1949年）、1966年には22.2％、1974年には32％と増大した」[33]。

(3) フランス

フランスにおける自作農創設政策の出発は、「土地取得資金に対する政策金融を梃子に1910年から開始された『農村小経営の取得、変換、再編』事業、つまり耕作者の土地所有への接近＝『自作化』を助成する事業であった」[34]。

第二次大戦後の1945年から46年にかけて、「小作関係規則」が制定された。同「規則」は「賃借人＝小作人に対して、自己の借地が売りに出される場合の先買権と特別融資を認める一方、自らあるいは成年卑属が経営する場合の賃貸人の土地取戻権を認めた……。つまり同『規則』の歴史的意義は、戦前来すでに追求されてきた耕作者の土地所有への接近＝『自作化』の援助を基調と」[35]するところにある。

小作関係規制の面では、戦間期以降（特に第二次大戦後）の賃借権強化・安定化（耕作権確認と小作料統制）という形で政策が展開された[36]。

なお、1960年代以降、農業構造の再編（＝農業経営の規模拡大）が農政の最重要課題となり、小作料の引上げや地主への税制上の優遇措置を認める制度が創設された。

以上のように、英・独・仏における農地政策の展開に多少の形態上の差異はあるが、次の点で同質の展開を示しているといえよう。

（1）19世紀末～20世紀初頭以降、自作農創設政策が展開されること（多少の法的強制をともなうばあいもあるが、地主階級の利益を確保するために開始され、推進される）。（2）小作関係の規制（耕作権の安定と小作料規制）は第一次大戦後に開始され、第二次大戦後に強化されること。（3）1960年代以降（現代資本主義が常態に復するにともない）農業構造改善政策のために、農地賃貸借促進政策がとられること[37]。

このような共通点を有するヨーロッパ諸国における農地政策の展開は、日本の農地改革に対して何を示唆するであろうか。以下検討しよう。

3. 農地政策の連続性と断絶性

(1) 資本主義の変質期以降の農地政策[38]

　農地政策の中心となるものは自作農創設政策である。農産物価格の低迷と「C+V」部分増加による地代＝小作料の縮小傾向に規制されて、地主階級の解体が進行する[39]。自作農創設政策は、地価を下支えして、地主の階級的利益を満たしつつ（いいかえれば、地主階級の寄生性を保証しつつ）、その階級的解体を促進するものであり、通常のばあい、強制的に急激に行われる必要はない。その点で、地主の階級的利益を、全面的といってよいほど犠牲にして実施された農地改革は、資本主義の政策として特異な（断絶的性格の強い）ものと考えられる。

(2) 大型小農化傾向との関連

　農地改革のような全面的で急激な土地改革（自作農創設と小作関係規制）は、農地の流動化＝農地賃貸借の展開を妨げ、大型小農化にとって桎梏となるものであり、むしろ常態の現代資本主義の農地政策に逆らうものだといってよい。したがって、大型小農化傾向との関連では、農地改革は、断絶的な政策だと考えるべきであろう。

(3) 戦時統制・戦後農地政策について

　戦時体制期に、地主の階級的利益を犠牲にした農地政策（耕作権強化・小作料規制）が実施されたのは、総力戦を遂行する上で、農業生産の直接的担い手である小作農民の同意（物的・財政的裏づけのない生産増大策に対する同意と、総力戦体制そのものに対する同意）を獲得することが必要とされたからであろう（そして、戦時体制下における農地政策の既成事実は、総力戦が敗戦で決着をつけられた後も短期間で元に戻すことは困難であろう）。さらに、敗戦後も食糧危機の下で、食糧増産を遂行するために、地主の利益を抑制する政策が必要とされた。したがって、利益抑制の程度はともかくとして、「非常措置」と

して農地政策は避けられなかったと考えられる。

　以上のようなみで（というよりも、その限りでは）、戦後農地政策は、戦時農地政策の延長線上にある（連続的な）ものとして、みることができる（といっても、現実になされた農地政策のような徹底性が必然的であるとはいえない）。

(4) 社会政策的農政としての農地政策

　社会政策的農政としての農地政策は、①一般的には、農民の社会主義勢力からの引き離し（小作争議対策・小土地保有者の形成）、②特殊歴史的には、敗戦後危機への対処、という階級宥和策としての側面と、③社会政策的農政の隘路となる地主の排除、の三点から説明される。①②の社会政策的農政の機能については、階級としての地主を排除すれば事足りるとみてよいであろう。というのは、農民の労働成果配分に多少の階層間格差があっても、それが、階級的対立意識を作り出すようなものでなければ、社会政策の機能は果されると考えてよいからである。③の農政の隘路の除去については、全面的な排除になるマイナス面（農地流動化の障害となる）を考慮すれば、ある程度の農地賃貸借はむしろ必要だと考えられる。

(5) 結　論

　農地改革は、地主階級の解体という点では、変質期以降の資本主義（その中の現代資本主義の時期をも含めて）の政策として連続性を示すものである。そして、農地改革の基本的性格は、地主階級の解体にあると考えてよいから、農地改革は、基本的には変質期以降の資本主義の政策として連続的なものといえよう。

　しかし、農地改革は、第一次改革案でさえも、現代資本主義の政策としては断絶的側面が強い（戦時統制の延長線上に考えても、国会での議論にみられる如く、断絶的な面がかなりある）。第二次改革案に至っては、現代資本主義の政策としてはもちろん、戦時統制に連続する政策としても、明らかに行き過ぎた改革だといえよう（地主階級の利益を全面的に否定し、かつ地主階級といえない中小地主階層の利益をも犠牲にしてなされた自作農創設、および小作関係

の過度の規制)。

　そうした行き過ぎた政策を可能にしたのは、反ファシズムの国際的雰囲気や、アメリカ占領軍の自作農主義に対する思い入れだったと考えてよいであろう[40]。

4. 総　括

　農地改革は、現代資本主義における農地政策の連続性においてではなく、農地政策の連続性（地主階級の解体）と、断絶性（階級的・階層的利益を犠牲にした過度の改革）の両面において理解されるべきである。そうすることによって、現代資本主義における農地政策のつながりを、戦時統制をはさんで、常態の国家独占資本主義の時期（1950年代後半以降）まで整合的に理解しうる。

　農地改革は、変質期以降の資本主義（またはより狭く現代資本主義）の農地政策としては行き過ぎた改革であり、行き過ぎた改革は、現代資本主義が常態に復帰したとき、ゆり戻しを必然化される。1950年代後半以降における農地政策の試行錯誤過程（それは1970年の農地法改正＝農地賃貸借の推進に行きつく）はそれを示している。

●注
1）1970年代の農地改革論については、東京大学社会科学研究所編『戦後改革　1 課題と視角』(1974年)、『同　6 農地改革』(1975年）を参照されたい。なお、本稿では農地改革をめぐる事実関係には触れない。それについては上記二著書のほか、農地改革記録委員会『農地改革顛末概要』(1951年)、農地改革資料編纂委員会編『農地改革資料集成』全16巻（1974～82年）等を参照されたい。
2）大内力「戦後改革と国家独占資本主義」(前掲『戦後改革　1 課題と視角』所収）53～54頁。なお大内の「国家独占資本主義」は本稿の「現代資本主義」と大きな差異はない。
3）大石嘉一郎「農地改革の歴史的意義」(前掲『戦後改革　6 農地改革』所収）47頁。
4）同前43頁。
5）前章参照。
6）本稿は、主として連続説について検討することを通して農地改革論の再構成を図るものである。断絶説については、柴垣和夫が次の二点で外在的批判を行っている。(i) 農地改革をもって「上からのブルジョア革命」として理解することに対する疑問。即ち「社会体制として成立した日本資本主義のもとで、なおかつ『ブルジョア革命』が必要だという議論は……とうてい理解しがた

い」とする批判（大石嘉一郎「農地改革の再検討」に対する柴垣和夫の「コメント」、佐伯尚美・小宮隆太郎編『日本の土地問題』1972年、岩波書店、24～25頁）。(ⅱ)農地改革の特殊歴史的な意義が明確化されてないことに対する批判。即ち「『資本主義の発展』にとって地主的土地所有が『桎梏と化した』と指摘されているが、その『桎梏』の内容が必ずしも明確でない。……はたして『資本主義の発展』といった一般的な問題であったのかどうか、疑問である。……それは、国家独占資本主義の歴史的規定性をうけたもの、といってよい。……農地改革もまた国家独占資本主義の政策として把握してこそ、その特殊に歴史的な意義が明確化されうるのではあるまいか」(同前25頁)とする批判。

なお、大石は近年「上からのブルジョア革命」論を訂正するかと受けとれることを書いており、その延長線上には、農地改革に対する見直しがあるかとも思われる（大石「国家と諸階級」、『日本帝国主義史　1』1985年、東京大学出版会、451～52頁）。

付け加えれば、「断絶説」においても、後述する1950年代後半以降の農地賃貸借の展開について、説明が必要ではないかと思われる。

7)　前掲『戦後改革　1 課題と視角』45頁。
8)　同前44～45頁。
9)　このように要約して大過ないであろう。なお、引用文中の「自小作前進における小作地の拡大をも農民的所有の拡大のなかにふくめて考えれば」という部分は奇妙で不可解である。大内が、こういう奇妙な表現をせざるをえない理由は、おいおい明らかになるであろう。
10)　前掲『課題と視角』47～48頁。
11)　同前49～50頁。
12)　同前51頁。
13)　同前51頁。なお戦後日本の特殊な条件とは「一方における食糧危機と、他方における引揚者や応召・応徴解除者や失業者やの農村への大量の流入ないし還流は、とうぜんに土地にたいする需要を拡大し……農民の下からの運動を急速に発展させていった」(楫西光速他『日本資本主義の没落　Ⅴ』1965年、東京大学出版会、1466頁)といわれる、土地問題の深刻化に対応する必要である。
14)　同前53～54頁。
15)　同前45頁。
16)　常態の現代資本主義の農業政策は、増産政策ではなく、生産調整政策がベースになる。
17)　この時期の農民運動の方向については、拙著『現代資本主義形成期の農村社会運動』を参照されたい。
18)　大内が共著者の一人として加わっている前掲『日本資本主義の没落　Ⅴ』では、農地改革がもつ国家独占資本主義安定化の役割を指摘しつつ「それは国家独占資本主義に一般的なものとはただちにはいえない。それはあくまでも、危機の深化に対応した非常措置である。またそれは、占領政策という特殊な力によってはじめて徹底しえたものであった」(同書1469頁)と書いている。この記述は、「国家独占資本主義に一般的なもの」と「非常措置」との関わり方、および「特殊な力」の説明を必要とする。

19) 農林省農地局『英国の小農地制度』1949年、農林省畜産局）97〜98頁。なお、以下では旧字体は新字体に改める。
20) この法律については、浜田正行「19世紀末イギリスにおける小農民創設政策——1892年・小保有地法の分析——」(『西洋史研究』29号、1973年）が詳細に検討している。浜田は、この法律の本質（階級的性格）について、「本稿の——分析結果から推定しうるのは本法がすぐれて地主的法律であったという点であろう。すなわち、地代の低落に悩む地主階級は農業大不況克服策の一環として、地主階級の階級的利害を代表する州議会を通じて国家の財政上の援助を利用しつつ、しかも小保有地創設政策に伴う財政上の一切の負担を終局的には小保有地の購入者に転嫁することによって、大土地所有の分割・売却をみずからのイニシアティブで遂行し、徐々に金融資産階級への転換を企図したといえないであろうか」（同論文76頁）と記している。
21) 前掲『英国の小農地制度』99〜101頁による。
22) 1908年以降の農地政策の展開については、前掲『英国の小農地制度』、小林茂『イギリスの農業と農政』(1973年)、田辺勝正『土地制度研究』(1938年)、栗原百寿『農業問題の基礎理論』(『栗原百寿著作集 Ⅷ』1974年) 特に第五章「イギリス農業における小農地設定政策の諸問題」等を参照されたい。
23) チェルキンスキー著・川上正道訳『現代欧州に於ける土地制度の研究』(1943年、報道出版社) 14頁。
24) 稲本洋之助他編著『ヨーロッパの土地法制』(1983年、東京大学出版会) 279頁。
25) 19世紀末以降、農業借地契約についても法的規制が強化され、特に第一次大戦以後借地農の耕作権が強化されること、及び地代についても規制されたことについては、前掲『英国の小農地制度』、小林前掲書309〜15頁を参照されたい。
26) 大内力編著『農業経済論』(1977年) 181頁。
27) 藤瀬浩司『近代ドイツ農業の形成』(1976年) 532〜35頁。ただし、1919年のドイツ国植民法では「凡ての大所有地や大農場を悉く収用し分割する手段に出でず単に或る程度迄之れを収用し得る旨を規定するに止めて成るべく豪農階級の既得権を損傷せざる様に」(沢村康『中欧諸国の土地制度及び土地政策』1930年、702頁) する程度の改革はなされた。
28) 第二次大戦直後の西ドイツ土地改革（改革は、地主の利益をほとんど犠牲にしない不徹底なものであった）については、内閣総理大臣官房臨時農地等被買収者調査室『諸外国における土地改革』(1964年) 85〜98頁を参照されたい。
29) 全国農地保有合理化協会『西欧諸国における農地事情』(1973年) 77頁。
30) 同前75頁。
31) 沢村康前掲書467〜538頁参照。
32) 松浦利明「西ドイツ農業における地価と小作料」(阪本楠彦編『土地価格の総合的研究』1984年、所収、農林統計協会) 441頁。
33) 前掲『ヨーロッパの土地法制』441頁。
34) 津守英夫「フランス農地政策の新展開」(阪本楠彦編『土地価格の総合的研究』1984年、所収) 421頁。
35) 同前422頁。なお、自小作率の変動については「フランスの全国的な自小作地率は、少なくとも19世紀末以降、ほとんど大きく動いてきていない。最近

でみても、全農用地のなかの自作地の割合は1963年51.3％、1975年52％である」（同前432頁）という指摘がある。
36) この経緯については原田純孝「フランスにおける農地賃借制度改革」（前掲『戦後改革 6 農地改革』所収）、前掲『西欧諸国における農地事情』を参照されたい。
37) デンマーク・イタリア・ノルウェー・オランダ・スウェーデン等でも同様の農地政策がとられる。その概観については、前掲『中欧諸国の土地制度及び土地改革』、前掲『西欧諸国における農地事情』、前掲『現代欧州に於ける土地制度の研究』、御園喜博『デンマーク』（1970年）等を参照されたい。
38) 日本の農地政策の特質については、前章を参照されたい。
39) 大内は「なぜ帝国主義段階への移行とともに、このように地主制の解体がはじまるのかは、それ自体興味のある問題であるが、ここでの本題（＝農地改革――引用者注）からそれるから立ちいらない」（前掲『戦後改革 1 課題と視角』40頁）と記しているが、この点こそが、農地改革の歴史的位置を明らかにするための核心的な点であろう。
40) 変質期以降の資本主義において地主階級が帰着するところは、イギリスにおいて典型型に示されている。小林茂の『イギリスの農業と農政』（1973年）は、「農業経営者に主要生産手段としての土地を提供している地主の組織」＝地方地主協会について、次のように記している。「地方地主協会（は）……1907年に自由党の政策の一つであった『土地税』の新設に反対して、リンカンシィアに地主たちが結束して組織を作った。これが地方地主協会の始まりである。その後この地方協会は、利害関係が類似している自作農をもその入会資格の中に加え、その勢力の拡大を図った。現在では、その会員は35,000名に達している。しかし、イギリスにおける地主階級の衰退とともに、この協会の力も次第に低下している。しかし、この地方地主協会の中央本部の主導権は、現在では、純粋な地主でなくて、農業経営にも従事している地主（自作地主）によって握られている。したがって、それは上院を通してかなりの政治的影響力を持っている。そこで、本来的地主の要求である地代の引き揚げといった問題よりも、排水・下水の改善とか土地利用に関する問題を解決することや、それに関する法令の草案作成などに、重点的に働きかけて、成果を収めている。……地方地主協会は、現在では、設立当初とはその内容が少し変わってきているが、それでもなお地主側の代弁者として、かなりの影響力を持っていることは否定できない」（同書252～53頁）。つまり、地主階級の漸次的解体と中小地主階層への主導性移行の二点の特徴である。

第12章

書評と反論

——研究状況に対するコメント——

　農業・農村問題に関する研究書について書いた学会書評のうち本書に関係する三つと、拙著『現代資本主義形成期の農村社会運動』の書評に対する反論・コメント一つを収録した。
- (1) 庄司俊作著『近代日本農村社会の展開』(『社会経済史学』57- 6 号、1992年)
- (2) 「『現代資本主義形成期の農村社会運動』——坂根嘉弘書評の批判に応えて——」(『社会経済史学』64- 5 号、1999年)
- (3) 林宥一『近代日本農民運動史論』(『土地制度史学』第174号、2002年)
- (4) 横関至『農民運動指導者の戦中・戦後』(『日本歴史』772号、2013年)

(1) 庄司俊作著『近代日本農村社会の展開』書評

　本書は、著者がここ十年余りの間に発表してきた論文を基礎にとりまとめられたものである。本書に収録するにあたっては大幅に加筆・補正・削除を行い、一部あるいは大部分が書きなおされている。まず本書の内容を紹介しよう。
　序章「課題と方法」で、本書の目的が日本資本主義の確立期から戦後改革期に至る時期の、小作争議をはじめとする農村の社会運動、地主小作関係と農村社会、さらに国家の農村支配の変化を明らかにすることにあることを表明する。そして戦前日本の「現代国家化」を農業・農村問題から解明するためには農村社会構造からの分析が不可欠であるとし、具体的には地主小作関係の近代的形

態と現代的形態、および地域集団としての「部落」の社会的機能の歴史的変化を明らかにする視点と方法を提示する。

第1章「日本資本主義の確立と地主小作関係」では、農事改良を中心に小作農の生活までとりこむ地主の温情的小作人支配（＝近代的地主小作関係）は、地主の支配の弱さから採用されたものであり、それは明治農政が推進された時期に展開されたが、1920年代に至り、地主の小作人支配と国家の農村支配は「温情」から「協調」へと転換したことを論証する。

第2章「1920年代の小作争議と協調体制への移行」では、兵庫県三原郡賀集村を事例に第一に小作争議の結果、小作料減免や奨励米支給が部落を基盤に、地域集団的に決定される協調体制に編成替えされる（＝地主小作関係の同権化・現代化）という点、第二に、1920年代の小作争議は農業日雇賃金に相当する自家労働報酬を確保するために小作料の引き下げを要求し、また争議の要求基準＝論理は、地域労働市場の日雇賃金水準に限界づけられていた点など、争議の発生と終息の論理を明らかにする。

第3章「協調体制下の地主的土地所有・地主小作関係」では、賀集村の一地主について地主小作関係の展開（小作料収取）を特徴づけ、昭和期に入って協調体制の成立により地主小作関係が安定することを説く。

第4章「協調組合の成立と機能」では、協調体制の第Ⅰ類型（本格的な争議を媒介にした協調体制）と第Ⅱ類型（争議の社会的波及力によって成立した協調組合による協調体制）を析出し、前者は争議先進地域で、後者は争議中間地域で展開し、両者を合わせて考えると協調体制を現実化させる条件は広範囲に存在したと結論づける。

第5章「昭和恐慌期の小作争議状況と地域類型」では、争議の発生動向などを時期別・争議類型別に考察し、(1) 地域類型は先進・中間・後進と段階的に総括できること、(2) 恐慌期には小作農民が小作料問題で行動することが困難化し（「閉塞状況」）、それが農民層の生産力主義への傾斜の根拠となったことを主張する。

第6章「昭和恐慌期の小作争議と協調体制」では、和歌山県御坊争議を取り上げ、「生活防衛の論理」に立つ恐慌期の争議においても、地主が安定的な小作人支配を実現するためには協調体制への移行が不可欠であったという結論を

導きだす。

　第7章「協調組合奨励政策の展開過程」では、国家レベルで協調組合を奨励するようになる背景には、府県レベルで実績がすでにあり、小作問題や協調組合に関する政策主体のリアルな認識が存在したこと、また協調組合を通して争議未発生地にも小作協約を創出するという意図は、一定の合理性があったことを強調する。

　第8章「小作調停制度の運用過程と戦前土地政策」では、小作調停制度の活用と機能の実態を、東北と近畿の比較を通して検討する。小作調停制度は、社会的生存権の論理から地主の要求を制約する方向で機能した（機能①）ばかりではなく、政策担当者あるいは実際の運用者＝地方小作官は小作法的秩序（協調体制）をつくりだしていくために働きかけていた（機能②）こと、そして機能①の必要度は、東北で高く近畿ではほとんどなかったこと、また機能②は、東北で実現の余地はほとんどなく、近畿では政策のねらいどおりに実現できたこと、の二点を結論的づける。しかし、1930年代には小作法の法的不備と中小地主の広範な存在という条件に規定されて小作調停制度は矛盾に逢着し、国家の農民統合は危機におちいる、と指摘する。

　第9章「自力更生運動の社会構造」と第10章「自力更正運動の農業構造」では、1920年代末から兵庫県で独自に始められた自力更正運動を検討する。その結果、(1) 自力更生運動が展開した労働市場の展開が弱い地域は、農業の多角化・集約化が遅れたことによる経営基盤の脆弱さと経済状態の劣悪さがあり、不況・恐慌局面においてその状態が一層悪化し、自力更生運動の理念である「勤労主義」を受容する条件となったこと、(2) 自力更生運動は「下から」の運動による、部落の社会的統合化の進展を表す重要なエポックであり、部落社会構造の「現代化」の指標と理解されること、を結論づける。

　終章「戦前の農村社会と農地改革——総括にかえて」では、戦前の農村社会構造の変化との関わりで改革が地域自律的に遂行されたか否かという点を問題にする。部落が階級矛盾を地域自律的に解決した争議先進地域では、改革は地域自律的に行われたのに対し、地主の社会的権力が強く残っていた争議後進地域の場合、改革の地域自律性には重大な限界があること、争議中間地域のばあいも地域自律性において限界があり、改革をめぐる階級対抗が激しいという特

徴があったことを記す。

 本書は、明治30年代から農地改革に至る長い射程距離と、労働市場・農業生産・村落組織等にわたる広い視野で近代日本農村社会の解明を試みた意欲的な労作であり、独創的な論証と刺激的な論点が随所にみられる好著である。例えば、小作争議と地域労働市場との関係、小作争議・協調組合と地域類型論、在村中小地主に対する「生存権」保障の指摘、農地改革と地域自律性との関連等、斬新な分析視角と、ファクト・ファインデングを興味深く読んだ。

 しかし、評者は本書から多くを学ぶと同時に、以下のような感想をもった。

 第一に、生産・流通・価格関係等、農業問題が多面的に検討されつつある現在、地主小作関係に収斂させる論理を展開していることに対してとまどいを禁じえない。小作農は独立した農業経営者としての形式をとっており、地主小作関係も小作農業経営をめぐる一局面であるという点から出発すべきではないか。そのように考えると、農事実行組合の中に協調施設を作る動きや政策（131頁注29の兵庫県の例、197頁の群馬県の事例、224頁の宮崎県小作官の発言等）の意味が理解しやすいのではないか。また、本書でしばしば指摘されているように、小作組合の眠り込み、小作料調整の際の協調組合の穏健さ（214頁）、協調組合の有名無実化（221頁）等をみると、地主小作関係が村落内で焦点になるのは、むしろ特定の条件下ではないか、と考えられる。

 第二に、昭和恐慌期にこの点はもっと明確になる。著者は、日本の農地所有の特徴を零細地主層の膨大な存在にあるととらえた上で（282頁）、零細地主は農民層と渾然一体となって存在し（438頁）、「生活問題」に直面し（238頁）、「生存権」保障の論理が考慮されなければならなかった（589頁）とする。となると、そうした膨大な零細地主層を地主「階級」とし、小作農との関係を「階級」関係ととらえて論理と実証を出発させることでよいものであろうか。著者は、恐慌期の小作争議状況を「閉塞状況」という言葉でとらえるが、むしろ、農村の閉塞状況の一環として小作争議状況をとらえるべきではないか、と思われる。

 第三に、協調体制という村落内の利害調整（自律的システム）だけが強調されるが、小作関係の調整も本来帝国主義段階に特有の社会政策的農政（農地・産業組合・農産物価格等に関する諸政策）の一環であり、その中に位置づけて

検討するべきではないか。また現代資本主義の利害調整のあり方は、移行期には多様な形態をとり、村落の自律性を利用しつつも、町村の有力者や小作官等の調停を否定するものではないと考えるべきではないか。

　そのほか細かい点で気になることもいくつかある。例えば、一つには、温情的支配を地主の守勢・弱さでとらえるのは疑問であり、むしろ通説どおり小作料増大のための生産増加施策の展開という積極的な意味づけから出発すべきではないかと思われる。二つには、小作委員会を論じる際の事例の数の少なさ（197頁）はその地域的広がりの点で気になることである。三つめには、自家労働評価の「有無」「意識化の欠如」を指摘し、また「恐慌期の小作農民の意識構造をV意識の鈍化、萎縮と規定」する（287頁）が、V意識の存否の問題ではなく、労働機会の実現性の程度による自家労働評価（特に限界面における）の上下変動ではないか。そう理解しないと兼業機会が少ない地域の経済的分析が不可能になるのではないかと思われる。

　いくつか批判点を書いたが、本書は農村社会研究・農業問題研究・小作争議研究としてすぐれたものであり、説得力があり興味深い点を多く含んでいる。賛否はともかくとして現在の研究上の一到達点を示す著書であることは疑いのないところである。戦前の農業・農村を研究するものにとって本書で提起された論点を避けて通ることは不可能であることを指摘して、誤読・無理解に基づく批判になったのではないかと恐れつつ筆をおきたい。

(2)「『現代資本主義形成期の農村社会運動』―坂根嘉弘氏の批判に応えて―」

　坂根嘉弘氏より拙著『現代資本主義形成期の農村社会運動』に対して書評を頂いた。同書が従来の研究上の常識に疑いを投げかけることから出発しており、厳しい批判が予測されたとはいえ、書評で同書の「立論の根拠」を疑われては反論を試みざるをえない。坂根氏は同書の主要論点を紹介したのち、二点について批判を加えている。氏の批判は、誤解に基づく部分があるので、反論を述べておきたい。

　まず同書批判の前提となる論点整理に問題がある。坂根氏は同書について基本的な点を押さえてないのではないかと疑問を提示せざるをえない。

　同書の基本的な論点は、坂根氏が指摘するような小作争議以外の運動を重視

するという点にあるのではない（それだと60年代の議論と異なるのは、重点の置き方の差だということになってしまう）。同書が提起している基本的な問題は、戦間期の運動が「小作農民運動であるのか、農業経営者の運動であるのか」という点であり、農民運動の試行錯誤の過程を検討すると「農業経営者の運動」と規定した上で、全体の展開を検討せざるをえないということである。恐慌期の転換の中で、農民委員会運動の提起（全農全会派）は一事例に過ぎず、他の主要な農民組合（全農総本部・日本農民組合総同盟）も「小作農民運動では全体像が捉えられない」という認識を共有していたのである。したがって、主要な農民組合すべてに認識の誤りがあったとするか、すべての農民組合の文書が、「絵空事」を記したものに過ぎないとでもいわなければ、批判は成立しないのではないか。

　そもそも、そうした批判＝認識の背後にある「中小地主と小作農との対立」（日本の土地所有関係で中小地主の存在が支配的であったということは常識に属する）を一般的に敵対的な関係であったとする議論は成立しうるのであろうか。その議論は突き詰めれば、自作地一町歩小作地五反歩の自小作農民と、自作地五反歩貸し付け地一町歩の自作地主との対立（通常の場合前者の収入が大きいことは明らかである。また土地所有関係が錯綜したこの時期の農村では、こうした想定は非現実的ではない）を、前者は小作農、後者は地主で、敵対的な対立関係にあるととらえることになるが、そのような議論は成立しうるであろうか（1920-30年代の全国的組織の農民組合の模索過程はこの矛盾をめぐるものであり、この点についての検討を抜きにして同書に対する批判は成立しえないはずである）。

　次に批判点の検討に移ろう。

　批判の第一点は、本書の研究史理解が1996年の時点で妥当であるかという問題である。1970年代以降農民運動についていくつかの著作があることは、著者も了解している。もちろん新しい論点が加わったことは確かであり、同書における研究史整理の不十分さについて議論するつもりはない。ただ小作争議の理解とその他運動の位置づけについては本質的に60年代と変わってないというのが筆者の率直な印象である。つまり昭和恐慌期に小作争議以外の問題に対応するために、税金・借金・農産物価格などに関する運動が加わったとする議論で

ある。取り上げられている西田編著『昭和恐慌下の農村社会運動』も、その議論を超えるものではないと受けとめるべきであろう（というのは従来の議論を突破する論証がされておらず、社会運動の事例を付け加えたに過ぎないと考えざるをえないからである）。小作争議の研究史整理についても同じことがいえる。小作争議の事例は積み重ねられたし、問題点は指摘されてきたことは確かである（中小地主との対抗がはらむ問題点は、すでに60年代に指摘されている）。ただし、同書で整理したような、小作争議における対抗を農業経営者内部の（階級間ではなく、階層間の）利害調整を含むものと理解した上で整理した議論は、存在しない。

　批判の二点目は小作争議以外の農村社会運動についての実証的裏づけの問題である。実証は厳密に行われなければならないことは確かであり、同書に不十分さがあることも否定はしない。ただし運動実態の問題が、立論の成否に関わる根本問題であるとして、同書全体が「絵空事」の論証であるとされるのは納得しがたい議論だといわざるをえない。

　指摘されている「機関紙・誌の記事が必ずしも真実を伝えていなかった」という点は、いくつかの事例からすべてを事実無根であると決めつけることができるのかということと、西田前掲書をはじめとする70年代以降の研究が小作争議以外の農村社会運動の実態を明らかにしつつあり、今後各地の実態が明らかにされるであろうと考えてよいのではなかろうか。

　「農民委員会の実践が出来たところは、全国に一つもない」という農民組合指導者のことばが出てくる背景については、同書で明らかにした。付け加えれば、農民運動に関わってきた各地の人々が、農地改革以前の運動を小作争議であったと認識していることは疑う余地がないといってもよい（この点は、本書で取り上げた群馬県強戸村の人々についても例外ではない）。したがって農民運動指導者の前記のことばについても、意外性は全くない（それは農民運動全盛期＝1920年代前半の小作争議が成功し過ぎたことに基づく思い込みであろう）。昭和恐慌後の時期には農民運動を展開する条件は狭められており、農民委員会運動型の展開もほとんど「芽」の域を出なかったものが多いと考えられるということが、上記のことばを導きだす原因となったのであろう。しかし他方、小作争議については、それが中小地主を相手として展開され、運動の実態

に疑問が提起されたこと、また展開の条件が乏しかったと考えられること（小作農民運動の眠り込み論はそれを示している）があって、農村社会運動としての内実は極めて乏しかったと考えるべきではないだろうか。したがって、運動の実態からみれば、小作争議も、それ以外の運動も共に内実が乏しい中で全体の展開をどうみるかということであろう。同書で明らかにしたように、農業・農村の置かれている状況から運動の転換は迫られていたと考えてよいのではないだろうか。

　農民組合の苦悩に満ちた試行錯誤の過程とその背景を押さえないと、運動実践者の記憶と印象に流されてしまうだけになってしまうのではないか。そうした思考は、議論のベースを60年代に引き戻すことではないか。戦後50年以上を経過した今日、農業・農村問題もそこで生きてきた人々の記憶や素朴な体験論を離れて、日本資本主義（同書の言葉でいえば現代資本主義ということになるが）の展開の中で検討すべき時期に至っているのではないだろうか。

(3) 林　宥一著『近代日本農民運動史論』書評

　本書の著者林宥一氏は、20歳代半ばに近代日本農民運動史の研究者として歩み始め、28年間にわたり研究成果を積み重ね、1999年8月に52歳で急逝された。本書は林氏の死後「氏の近代日本農民運動史研究が一書にまとめられていないことを残念に思い、氏の近くにあった友人が相談し論文集の作成を計画し」、関係する研究者・友人などに協力を求め、刊行に至った論文集である。

　本書には12の論文・批評論文が収録されている。はじめに本書の構成を示そう。

1．小作地返還闘争と地主制の後退——埼玉県入間郡南畑村小作争議を通して——
2．農民運動史研究の課題と方法——地主制、大正デモクラシー・日本ファシズムとの関連——
3．初期小作争議の展開と大正期農村政治状況の一考察
4．農民自治会論——1920年代農村状況の把握のために——
5．昭和恐慌下小作争議の歴史的性格——五加村小作争議の分析——
6．書評　西田美昭編著『昭和恐慌下の農村社会運動』

7．書評　安田常雄『日本ファシズムと民衆運動――長野県農村における歴史的実態を通して――』
8．日本農民組合成立史論Ⅰ――日農創立と石黒農政のあいだ：第3回ILO総会――
9．両大戦間期における農村「協調体制」論について
10．近代農民運動の歴史的性格――森武麿編『近代農民運動と支配体制』によせて――
11．農民運動史論
12．近代農民運動史研究の軌跡
解説　林宥一氏の日本農民運動史研究

　本書の編集者は、林氏の研究の軌跡を理解し、林氏が農民運動史研究に重点的に取り組んだ時期の日本近代史研究を理解する上での意味を考慮して、論文を年代順に収録する方法を選んでいる。したがって、本書の目次は、論文（1、3、4、5、8）と書評（6、7、10）・批評（2、9）・研究史についての論評（11、12）が混在する形になっている。ここではまず論文を紹介し、次いで書評などにふれることにしよう。
　25歳の林氏が最初に書いた論文である「1．小作地返還闘争と地主制の後退」は、県庁文書や地主資料を利用して、小作地返還闘争を分析する。著者はその歴史的意義を、①小作地返還闘争は商品経済の展開した地域で発生しており、その意味で地主的土地所有の後退の必然性を示している、②小作地返還闘争は正確には小作地共同返還闘争としての性格をもっている、という2点にまとめている。この論文は、土地返還争議について初めての本格的研究としての意義を有する。
　「3．初期小作争議の展開と大正期農村政治状況の一考察」は、埼玉県を対象地域として、初期小作争議の実態を、農村政治状況との関わりで検討し、その歴史的性格を明らかにする。1921年〜23年の農村政治状況を分析し、この時期の小作争議指導者には、日露戦後の地方改良運動の関係者が少なくないこと、地主と小作人を仲介する村長・農会長などの役割が大きいことを指摘する。そして、農民運動側は階級闘争組織として未成熟であり、本格的対立が1920年代

後半以降にもちこされるという結論をえる。初期小作争議が階級的・階層的に未分化な形で出発したことを論証した興味深い論文である。

「4. 農民自治会論」は、1920年代後半という時期に現れた農本主義的傾向（＝反都会主義）をもった農民自治会の運動を検討する。その運動は経済的には独占資本主義の確立、政治的にはいわゆる政党政治体制の成立という1920年代後半の複雑な農村政治状況を反映したものであり、ファシズムへ直結するものではなく、この段階での歴史的可能性の問題（過渡的・流動的性格）として評価されなければならないと結論づける。林氏の評価は、ファシズムへ直結するか否かという、政治的な面に重点を置いている。評者の理解では、1920年代後半には農民組合（日農）でも同様の「耕作者全体の問題」を運動の課題として取り上げる模索が始まっており、別の系列での運動の模索として位置づけるべきではないかと思われる（農本主義の問題は副次的なものであろう）。

「5. 昭和恐慌下小作争議の歴史的性格」は、昭和恐慌期の小作争議についての密度の濃い実証研究である。この論文は『所得調査簿』を用いて昭和恐慌期の農民層分解の特質と対抗の構図を示している。小作料減免要求の論理の重点は、農業経営の論理から生活防衛の論理に移っており、対抗する地主は恐慌の打撃を必死になってきりぬけようとする耕作小地主であった、と対立の性格を明らかにする。その上で「地主・小作の対立はある意味では農業経営者どうしの対抗という性格をも内包し、その対立はきわめて陰惨・深刻なものにエスカレートし、……ファシズムと戦争勢力の台頭にたいして、これに対抗しうる広汎な統一戦線の一翼としての全村的全農民層の運動を形成していく課題には応ええ」（155頁）なかった、という結論を導いている。この論文について、巻末の解説は「昭和恐慌下の小作争議研究の水準を一挙に引き上げた重要な成果」と評価する。同感である。恐慌期のみならず小作争議のはらむ問題を詳細にえぐりだした初めての論文で、小作争議研究の最高峰に位置すると評価してよい。上記引用文中の「ある意味では農業経営者どうしの対抗という性格をも内包し」ということばの意味が掘り下げられないままで、林氏の小作争議研究は終わってしまう。林氏の苦悩がうかがえるが、的確に問題点を摘出しているといえよう。

「8. 日本農民組合成立史論Ⅰ」は、農業問題会議と称された第3回国際労

働会議を媒介として、石黒農政という農業政策の新潮流と日本農民組合の創立がどのように連動していたかを実証した、ドラマチックな論文である。日本の農村を揺るがした日農の成立が、世界の民主的な潮流と連動していたことを明らかにして興味深い。読む人を引き込む展開で、林氏の文才をうかがわせる。

以下評者のコメント・感想を述べよう。

1．まず、林氏が農業・農村問題を地主小作関係（小作争議）に限定しないで明らかにしようと、苦闘したことを取り上げたい。例えば「経営的上層農民が、他ならぬ経営的下層農民の敵対する耕作地主層のうちに一体化されていたという事情」(155頁)、「重要な問題は、小作争議をふくむ農民の諸運動が、独占資本主義段階の歴史的規定性をどのように受けているかという、その関係構造の分析のはず」(285頁) という文章は、林氏のリアルな認識を示している。

しかし林氏の研究は、小作問題は農業問題の一環としてとらえられるべきであるということが、徹底しないままに終わっている。例えば、小作問題の「発見」(297頁)「小作人階級の発見」(林著『無産階級の時代』2000年・青木書店、93頁)、時代のキーワードとしての「無産」階級運動＝農民運動という言葉（同書14頁）等と、それに対する社会的関心の集中は、歴史の大きな流れから逸脱した時代思潮としてとらえるべきではないか。社会運動は、本来時代思潮・時代感覚と結合して「熱気」を帯びる傾向が強いものではないだろうか。この点について林氏は「本格的小作争議の展開は、一方で小作農民の小経営者意識の『覚醒』を促しました。しかし他方で、『農民運動はプロレタリア解放運動である』という主張が大きな声となり、運動体の急速な左翼化・プロレタリア化が進行したことも事実でした。それは、まさに、客観的なレベルでの中間層の形成と運動レベルでのプロレタリア化という乖離の過程にほかなりませんでした」(262-273頁) と、実態と意識との乖離を明記している。そのような乖離は、遅かれ早かれ埋められざるをえない。1910年代まで、農民運動が農民全体の運動として考えられ、日農にも当初そのようなものとしての認識があったこと、また昭和恐慌を経る中で、農民組合の全国組織も農民運動を農業経営者の運動とみる共通認識に到達せざるをえなかったことがそれを示しているのではないだろうか（評者著『現代資本主義形成期の農村社会運動』1996年・西田書店、参照）。

そうした背景には林氏が『無産階級の時代』で試みた経済と社会の二重構造（産業構造の重化学工業化にともなう農工間の生産力格差。農村と都市の格差）があったと考えるのが説得的ではないだろうか。

この点、戦前の土地所有関係が、地主といっても中小の地主が厚い存在を示していたこと（中小地主の支配的存在は共通認識である）は、一方で地主・小作間の利害対立、他方で農村の負担重・都市との経済格差という問題を複合的に現出させたこと、また農会・産業組合等の中小地主がリードする組織が農業経営者全体の利害を代表する中で、農民運動を展開せざるをえなかったことが、農民運動を困難にし、また試行錯誤を必然的なものとした、と考えるべきではないであろうか。

2. 論文5で小作争議研究に鋭く迫った後、農民運動史研究の方向を見失っているようにみえるのは、上記のことと関わるのではないかと思われる。そして林氏は、模索の一環として地域公共論という研究テーマに移行せざるをえなかったのではないだろうか。

3. 収録されている研究状況についての論評は、鋭くかつ的確な指摘が多い。その中で4点だけ記しておこう。①本書6での「中農層＝農民的小商品生産への過大な、または無限定的な評価によってかえって歴史の多様な可能性を見失う結果を招いている」(174頁)という指摘、②本書10での「小作農民の階級的覚醒が、……『農民的小商品生産の上からの組織化』を内容とする『協同主義』と、なぜ、いかなる意味で対立・矛盾の関係にあることになるか」(258頁)という批判、③本書11での「前進的農業と農民の商品生産者的発展は、小作争議＝農民運動の前進にも後退にも適用可能な両義的な条件として認識されている」(281頁)、「商業的農業の展開を視野に入れて小作争議の後退を考えるという方法は、栗原以後、いくつかの個別分析でみられる……これらの研究は……少なくとも、『農民的小商品生産』の発展を小作争議の促進要因とはみなしていない、という共通性をもって」いる（288頁）等の小商品生産と小作争議とを結びつけることの困難さの指摘、④本書9で、協調体制論について「部落＝大字は、農村『協調体制』論者が主張されるような意味で『集団的関係』を代位する機能など果たしえなかったし、何よりも、この共同体を現代的労使関係における『集団的関係』にみたてること自体が誤りである」(238頁)とする批

判等は、鋭い論評の一端である。

　評者の農民運動についての構造理解は林氏に一蹴されてしまっているが（285頁。その当否については、ここでは論評しない。評者の前掲書参照）、林氏の研究をあらためて読みなおして、小作争議研究の到達点、「公共関係」への着目と研究のシフトなど評者の理解とつながる見通しがあるのではないかという思いを抱いた。

　鋭い分析、的確な論評を読めなくなるのは淋しい。

(4) 横関　至著『農民運動指導者の戦中・戦後』書評

　本書は農民運動の全国組織の指導者を検討した研究書である。著者は1999年に『近代農民運動と政党政治』(御茶の水書房) を出版し、1920年代農民運動の先進地香川県を対象として、在地の農民運動指導者の行動の諸相を明らかにしている。本書はそれに続くものであり、第一部「農民運動指導部の動静」と第二部「農民運動指導者の戦中・戦後」から成り、第一部では1930年代以降の農民運動の全国的指導部の動静を、第二部では個別の指導者（杉山元治郎・三宅正一・平野力三）の思想と行動を検討する。以下各章の内容の紹介から始める。

　序章で本書の検証の重点を二つ指摘する。一つは、日本農民組合の創設者でその後も指導的立場にあった杉山元治郎の戦前・戦中・戦後と、「反共」の活動家であった平野力三を検討することである。もう一つは労農派の農民運動への関わりを検出し、理論集団というイメージで把握されてきた労農派の実践部隊、指導部としての実体を解明することである。著者は農民運動史研究全体を次のように批判する。「1960年代末までは、論者の支持する党派を基準として論断するという傾向が農民運動史研究に強かった。こうした傾向への批判として登場したのが、個別争議分析であった。しかし政治分析抜きの農民運動論や階層決定論におちいる場合が多」(6頁)く、農民運動・指導者の政治的検討が必要である。また戦時下の研究は、「運動指導者にとって触れられたくない時期であり、自伝や回想記、追想記の類においても言及されることが少な」(6〜7頁)く、検討の必要がある。

　第一部第一章「労農派と戦前・戦後農民運動」では、「労農派は、戦前・戦後を通して、農民運動の統一を一貫して希求し、政党と組合の区別の明確化を

主張した。戦前は反ファッシズムを掲げ、戦後は土地改革の必要性を説いた」（50頁）とする結論をえる。第二章「全農全会派の解体──総本部復帰運動と共産党多数派結成──」では、共産党の強い影響下にある全農内の「革命的反対派」を検討し、「全会派は農民運動の経験のない共産党農民部の主導により結成された」こと、全会派の解体は「農民運動の現場で活動していた『左派』の人々が共産党指導を批判し労農派主導の全農総本部への合流という方向を選択した」（74─75頁）ためであることを明らかにする。第三章「大日本農民組合の結成と社会大衆党──農民運動指導者の戦時下の動静──」では、人民戦線事件（日中戦争下の左翼弾圧事件──引用者注）後設立された「大日農の方針は、社大党の戦時政策に即応したもので、社大党・大日農は、戦争を円滑に遂行していくために、満州農業移民を推進した」（108頁）と時代状況の中に位置づける。第四章「旧全農全会派指導者の戦中・戦後」は、「戦時下において旧全会派の活動家は国内、植民地、『満州国』、中国において戦争推進のための活動に従事した」（133頁）こと、戦前共産党の農民運動指導者は戦後の共産党の中央部での指導的地位に就かず、共産党は戦前「左派」農民運動の経験を継承する要素が少ないことが明らかとなる。第五章「日本農民組合の再建と社会党・共産党」では全国単一組合として再建された日農で社会党が戦前農民運動の継承者の地位を獲得し、共産党は日本農民組合結成反対者という批判を受け、「方針を転換し日本農民組合結成に合流したが、転換しなければ農民運動の中で孤立してしまうという状態でのなし崩しの転換であった」（202頁）ことを明らかにする。

　第二部第六章「杉山元治郎の公職追放」は、公職追放解除関連文書で杉山の戦中・戦後の言動を探り、「杉山は戦時下の政治責任が問われて然るべき人物であったが、公職追放の解除を求めた杉山の弁明は自己の戦時下の言動に政治責任を認めようとしないものであった。それは総括なき転身であった」（253頁）という結論を示している。第七章「三宅正一の戦中・戦後」は、農民運動出発時からの活動家三宅正一の戦中・戦後の思想と行動を析出する。三宅は、戦時中は社大党の衆議院議員として「国防国家」建設のために「資本主義の改革」を唱え、戦後は「社会改革」を提唱する。三宅は「改革を唱えた政治家」として戦時下も戦後も一貫している。このことが、戦時下において戦争推進を図っ

たことへの反省を不要のものとする、と結論づける。第八章「平野力三の戦中・戦後——農民運動『右派』指導者の軌跡——」は、平野の一般的評価「権力と癒着した運動家、『反共』、社会運動分裂の仕掛け人という評価」(324頁)に対して、平野は「農民の生活の安定と権利の拡大のために地主と非妥協的に闘い農民運動に真剣に取り組んだ農民運動指導者であり、日本の実情に即した合法活動の重要性を説き農村での土地制度改革を主張した政治家であり、農相罷免、公職追放に対して裁判闘争を展開し占領行政と対抗した人物であった」、「従来の平野像は、平野の活動実態の分析を踏まえて構築された像ではないと言わざるを得ないものであり、再検討されなければならない」(384頁)と、平野の評価軸の転換を主張する。

終章「総括と今後の課題」では、本書の内容を要約し、今後の課題として、戦前農民運動指導者の戦後の軌跡、戦後社会党の支持基盤と共産党が農村で支持を拡大しえなかった原因の解明などをあげる。

著者は法政大学大原社会問題研究所に研究員として長年勤務した利点を生かし農民組合・政党の内部文書・書簡・メモ類などを資料とし、農民組合・政党の人脈・交友関係まで検証した密度の高い実証研究を本書に結実させた。本書の印象を一言でいえば「農民運動史研究のイデオロギーからの解放」である。それは、共産党・全会派の中央集権的でイデオロギー過剰の硬直的な農民運動への介入と平野力三の現実的な農民運動指導という対照的な描き方に示されている。もう一つの論点である労農派は、イデオロギーへの過度の執着から解放された柔軟な接着役として位置づけられることになる。

本書は農民運動の全体像の描き方の現在の到達点というべきであろう。論証は妥当で農民運動全国組織の人間関係・時代への対応等興味深い内容をもつ書である。若干批評的なことをいえば、農民運動指導者を戦争への協力・非協力という視点からみている面があるが(特に杉山元治郎について)、時代は資本主義の現代化＝経済への政策的介入の増大という転換期にあり、その点から農民運動指導者をみる必要がないかという点である。それは本書で取り上げられている黒川徳男の「社会主義そのものと国家総力戦体制との類似性」(272頁)、関口寛の「本気の戦争協力」(269頁)という視点に関わる。とはいえ、本書は農民運動のみならず、政治史・農村社会・農業問題に関心のある人にとっても

読むに値する本である。

終章

総括と展望

　本書は地主小作関係を農村・農民の市場経済意識と村落の調整機能に着目して論証し、また地主小作関係の経済的・理論的基礎を検討したものである。第9章の米生産費、第10章の農地所有の理論的検討から理解されるように本書は労働市場論的アプローチを徹底させたものである。また、本書は労働市場論的アプローチを前提として、日本の市場経済システム転換期の経済社会変動とそれに対応する経済社会問題の現出と農村社会の動向（政治・社会運動）の解明を目指したものである。1920〜30年代の市場経済システムの変動は、①現代資本主義の形成（産業的基礎としての重化学工業化、それを基礎とする賃金上昇と大衆消費社会の出発）、②経済の二重構造と農業・農村問題の現出、③植民地農業と本国農業の競合による農産物価格（米価）の低迷、この3点に示される。市場経済システムの転換は新たな調整システムの形成を必要とする。

　市場経済システムの転換が進む中で、1920年代前半の大きな経済社会問題は地主小作間の小作料調整（小作争議）であった。小作料調整は1930年代初めまでには村落内調整と小作調停法で基本的には終了する[1]。1929年恐慌以降1930年代には、商工業と農業、都市と農村の経済的格差が顕著となり「農村の窮乏」「農村の危機」が叫ばれる。農村社会運動の展開があり、日本の政治的危機と認識され、商工業と農業、都市と農村の経済的調整（所得再配分）が日本全体の経済的・政治的・社会的課題として認識される。農業・農村問題は市場経済の部分的調整（小作問題）から市場経済システムの全体的調整（農業・農村

問題）に転換することになる[2]。

1930年代の農業・農村問題は商工業と農業、都市と農村の間の所得再配分を求め、農業生産者・農村在住者全体に関わる問題として農業団体・農村団体（町村・政党を含む）によって要求され、政策過程に反映されることになる。農業団体・農村団体は圧力団体的性格をもつようになり、また直接政策過程に関わるようになる。これが政党の役割を低下させ、政党解消の素地をつくることになる[3]。

●注
1) 1938年の「農地調整法」以後の戦時農地立法は、一般的には小作関係が落着する中で、特定の地域、特定の農地問題に対応して小作問題の解消を目的とするものであり、村落内調整・小作調停法による調整の補完・完成のための法形成とみるべきである。「農地調整法」以後の戦時農地立法については、坂根嘉弘「小作料統制令の歴史的意義」（『社会経済史学』69-1、2003年）、同『日本戦時農地政策の研究』(2012年、清文堂) を参照されたい。
2) 農民運動では1920年代の小作争議が成功し過ぎたために、この転換は容易に進まない。なお、従来小作争議（「反封建」）の後に「反独占」の運動が続くと理解されているが、農民運動の方針転換は、市場経済の部分的調整（小作争議）から市場経済システムの全体的調整への転換として理解すべきである。「部分農民運動から全体農民運動への転換」（1933年の社会大衆党の方針。序章3頁）はそれを示している。
3) 1920〜30年代の政治過程では農業利益・農村利益要求が全面に現れ、地域的な地方利益要求は後景に退く（地方利益は農業社会というほぼ同質の社会間の地域的な要求から、農業利益・農村利益を中心とする異質な社会間の地域的な要求を基礎とするものに転換する）。なお、この政治過程は1950〜60年代の農業団体・農村団体が政権に強い影響力をもつ政治の原型を形成することになると思われる。

あとがき

　本書の各章は、既発表論文と書き下ろし論文が混在する。次にその論文の初出の時期と掲載誌名を記す。

序章　日本農業史研究の経緯と本書の構成（書き下ろし）
第1章　1920〜30年代農村社会変動の経済的基礎（書き下ろし）
第2章　1920〜30年代の農民組合の農村認識と運動方針——長野県の分析——（『山梨国際研究』4号、2009年）
第3章　「小作争議状況」と小作料調整——長野県の分析——（『山梨県立大学地域研究交流センター2009年度報告書、2010年）
第4章　小作料調整システムの形成と村落の平和祭—山梨県の分析—（『山梨県立大学地域研究交流センター2010年度報告書、2011年）
第5章　地方紙の小作関係報道——山梨日々新聞の分析——（書き下ろし）
第6章　小作関係調整システムの形成と「小作争議の時代」の終焉（書き下ろし）
第7章　1930年代の農業・農村利益要求——昭和前期政治史の基礎過程——（書き下ろし）
第8章　農地改革過程の特質——村落内調整の意識——（『山梨国際研究』第3号、2008年）
第9章　小作争議発生・終息の経済的条件——米生産費調査の検討——（書き下ろし）
第10章　日本資本主義と農地所有——地主の寄生形態およびその展開——（『山梨県立女子短期大学紀要』第21号、1988年）
第11章　農地政策の連続性と断絶性——農地改革について——（『山梨県立女子短期大学紀要』第21号、1988年）
第12章　書評と反論——研究状況に対するコメント——
　(1) 庄司俊作著『近代日本農村社会の展開』（『社会経済史学』57-6号、

1992年）
  (2)「『現代資本主義形成期の農村社会運動』——坂根嘉弘氏の批判に応えて——」（『社会経済史学』64-5号、1999年）
  (3) 林宥一著『近代日本農民運動史論』（『土地制度史学』第174号、2002年）
  (4) 横関至著『農民運動指導者の戦中・戦後』（『日本歴史』772号、2012年）
終章　総括と展望（書き下ろし）

　前著『現代資本主義形成期の農村社会運動』刊行から10年余、この本の刊行を構想するまでにはいくつかの契機がある。一つは山梨県史編さん過程で農地改革の資料をみているうちに農村・農民の思考・行動が「封建的」「前近代的」なものではなく、市場経済的な合理性に基づくものだったのではないかという認識に到達したことである。「封建性」「反動性」で語られた都留郡忍野村の農地改革が、実は「市場経済的な合理性」を基礎とする村落内調整を示すものであることを地方紙『山梨日々新聞』の一連の記事の中に見出したことが着想の契機となった。その「市場経済意識」と「村落内調整」をキー概念として第二次大戦前の農村を見直してみようということが出発点となった。
　第2の契機は、県立長野図書館調査である。農地改革の関連資料調査で、調査が一段落して持て余した時間に『長野県史　近代史料編第8巻（社会運動）』を読んでいるうちに、以前から気になっていた1920～30年代の農村の全体像をどう描くかという課題に迫れるのではないかという感触をもったということである。第2章・第3章で『長野県史　近代史料編第8巻（社会運動）』の使用が多いのはその間の経緯によるものである。
　第3の契機は、山梨県立大学で「経済政策論」の講義を担当することになったことである。経済政策が必要となる根拠としての「市場の失敗」という概念は、「資源配分メカニズムとしての市場機構のもつ欠陥」を指すが、その要因は、「独占」（競争の不公正な制限）、「公共財」（防衛・警察・裁判などの純公共財、および鉄道・道路・港湾などの社会資本）、「外部経済効果」（外部不経済としての環境問題など）、「不確実性」（経済の不均衡）などである。本書との関係では、「ケインズ経済学は、自由市場に任せておくと恐慌が起こるという『市場の失敗』に対する批判として登場した」（田代洋一他『現代の経済政策・新

版』2000年、有斐閣13頁）という指摘が示唆を与えた。この「市場の失敗」という議論を農業・農村に関わらせて理解するとどうなるか検討してみようということである。

　農村・農民の市場経済意識とは、日常的な生活に関わる経済意識だけではなく、日本の市場経済システム全体の「失敗」（＝破綻）に対する認識をも含むものではないかということである。いいかえれば、市場経済意識とは、肥料・農業資材や農業日雇賃金など農業に関わる諸要素だけではなく市場経済システムの失敗（＝破綻）という意識をも含むものではないかという理解である。そこから農業問題・農村社会問題を見直すことが本書全体のベースになっている。その延長線上に土地所有関係も市場経済システムの中に位置づけられると考えたのが、本書第10章「日本資本主義と農地所有——地主の寄生形態およびその展開——」である。この論文は発表してからだいぶ時間が経っているが、この間、経済史の研究動向が農業から離れたこともあり、語句を手直しして収録する意味はあると考えた。

　本書収録論文の作成でも、前著『現代資本主義形成期の農村社会運動』と同様に推理小説の難解なトリックを解くような興奮を味わいつつ資料を読み、執筆を行った。研究上のトリックとは、（1）戦前の農民運動は小作争議であるという「常識」、（2）米納の高率小作料と「封建的」な農村社会という認識、（3）農地改革で日本の農業・農村は変革されたという理解、この三つである。この三つのトリックを解くのに40年以上の年月を要したことになる。本書で解明した「小作農民運動からの脱却」が、長野県・山梨県という県レベルから提起されたということ、小作農は小作料の村落内調整を「かなり良い条件での解決」と認識し「満足」していたということ、したがって村落では小作争議が必要とされなくなってきたということ、そのような条件の下で、農民運動の転換は農村・農民の共通認識に基づいて提起されたということ、このような事実の発見はある意味では、前著『農村社会運動』以上に衝撃的ではないかと考えている。

　本書の論証は前著『農村社会運動』と同様に農業問題・農村問題理解の常識から逸脱するものであり、本書が受け入れられるには時間が必要かも知れない。1930～40年代という近い過去の常識を覆す事実の「発見」とそれに基づく論証

が易々と受け入れられないのは当然ともいえる。小作争議を担った農民運動指導者の農業・農村理解は、小作争議という大木をみて、農業・農村の全体像という森をみない性格のものであり、それに引きずられて研究者も「木を見て森を見ない」議論に陥ったのではないかというのが本書の出発点であり、メイン・テーマでもある。拙論はむしろ農業・農村関係の研究から距離を置いている人にとって読みやすく、理解しやすい論証ではないかと思われる（特に近代経済学の研究者にとっては納得しやすい論証であろう）。

　本書の刊行までにいろいろな人から刺激を受けた。山梨県史編さん過程での議論は有益であった。特に有泉貞夫氏（元商船大学教授）からは研究対象との距離の取り方（対象を突き放してみる）や厳しい批判精神について多くを学んだ。また、有泉氏の歴史学の役割についての見方「歴史学の本来的存在意義は直接に進歩のためよりも、むしろその時代が滑り出すかもしれない危うい方向に見合ったブレーキではないのか」(有泉貞夫『私の郷土史・日本近代史』2012年、262頁) は共感できる歴史学との距離の取り方である。近代民衆史研究会（稲田雅洋代表）では民衆・民衆意識のとらえ方についての議論から学ぶことが多かった。記して謝意を表したい（ただし、拙論の責任がすべて著者にあることは断るまでもない）。

　なお、資料調査にあたって、山梨県立図書館・県立長野図書館・法政大学大原社会問題研究所にお世話になった。記して謝意を表したい。

表索引

第1章

表 1-1	実質経済成長率	18
表 1-2	産業別実質国内純生産と就業人口	18
表 1-3	就業者1人当り産業別国内純生産（実質）	19
表 1-4	産業別国内純生産構成の推移	19
表 1-5	直接国税負担額でみた地域別経済力	20
表 1-6	1人当り直接国税	20
表 1-7	町村歳出	21
表 1-8	直接国税に対する地方税負担比率	22
表 1-9	町村歳出・税収・累年町村債	22
表 1-10	賃金の推移	23
表 1-11	日本内地の米の供給、生産、輸移入量	24
表 1-12	消費者指数（農村）と米価	24

第2章

表 2-1	農業生産（長野県）	28
表 2-2	耕地の広狭別所有関係（長野県）（1941年現在）	29

第5章

表 5-1	年月別小作関係記事（山梨日々新聞）	131

第9章

表 9-1	米生産費の構成（主要項目）	230
表 9-2	農業日雇賃金（男子）・米価・農業経常財価格の推移	232
表 9-3	小作農の米生産費調査（帝国農会）1922〜24年	233
表 9-4	小作農の米生産費調査（帝国農会）1925〜29年	234
表 9-5	小作農の1日当り労賃（1922〜29年帝国農会米生産費調査）	235
表 9-6	帝国農会調査と『長期経済統計』の米価比較	235

表9-7	『長期経済統計』日雇賃金による小作農の労賃充足率推計（帝国農会調査）1925〜29年	236
表9-8	小作農の米生産費調査（農林省）小作農労賃1933〜40年	236
表9-9	小作農の米生産費調査（帝国農会1937〜40年）	237
表9-10	暉峻「小作損益計算書」の検討	238
表9-11	米反収・小作料・小作料率・小作者取分（5ヶ年平均）	240
表9-12	地域別小作料の推移	241

第10章

表10-1	農業賃金の推移	253

著者紹介

島袋 善弘（しまぶくろ　ぜんこう）
　1943年　沖縄県に生まれる
　1972年　一橋大学大学院経済学研究科博士課程修了
　職　歴　一橋大学経済学部助手・山梨県立女子短期大学・山梨県立大学を経て
　現　在　山梨県立大学名誉教授

（主要著書）
『現代資本主義形成期の農村社会運動』西田書店、1996年
『山梨県の百年』（共著）、山川出版社、2003年
『山梨県議会史』（共著）、山梨県議会、1975～78年
『甲府市史』（共著）、甲府市役所、1989～1993年
『山梨県史』（共著）、山梨県、1998～2006年

きんだいにほん　のうそんしゃかい　のうちもんだい
近代日本の農村社会と農地問題

2013年7月25日　第1版第1刷発行

著　者　島袋善弘
発行者　橋本盛作
発行所　株式会社 御茶の水書房
〒113-0033　東京都文京区本郷5-30-20
電話　03-5684-0751
Fax　03-5684-0753
印刷・製本：㈱シナノ

Printed in Japan
SIMABUKURO ZENKOU ©2013

ISBN978-4-275-01038-4　C3021

日本資本主義と農業保護政策	暉峻衆三編著	菊判・八〇〇頁　価格一二〇〇〇円
昭和恐慌下の農村社会運動	西田美昭編著	A5判・九一〇頁　価格一五〇〇〇円
近代産業地域の形成	神立春樹著	A5判・二六〇頁　価格三四〇〇円
日本における地方行財政の展開	坂本忠次著	A5判・四八〇頁　価格八二〇〇円
地域産業構造の展開と小作訴訟	坂井好郎著	A5判・三〇〇頁　価格六五〇〇円
日本地主制の展開と構造	大栗行昭著	A5判・三二〇頁　価格六三〇〇円
近代日本における地主・農民経営	森元辰昭著	A5判・三一八頁　価格四八〇〇円
戸数割税の成立と展開	水本忠武著	A5判・三三八頁　価格七〇〇〇円
羽前エキストラ格製糸業の生成	森芳三著	A5判・四三〇頁　価格六五〇〇円
日本農地改革史研究	庄司俊作著	A5判・四一〇頁　価格六九〇〇円
大恐慌期日本の通商問題	白木沢旭児著	A5判・四二〇頁　価格七三〇〇円
両大戦間期日本の組合製糸	田中雅孝著	A5判・四八〇頁　価格七〇〇〇円
地主経営と地域経済	横山憲長著	A5判・八五〇頁　価格

御茶の水書房
（価格は消費税抜き）